Kohlhammer

Kohlhammer Edition Marketing

Begründet von: **Prof. Dr. Richard Köhler**
                        Universität zu Köln

                        Prof. Dr. Dr. h.c. mult. Heribert Meffert
                        Universität Münster

Herausgegeben von: **Prof. Dr. Hermann Diller**
                        Universität Erlangen, Nürnberg

                        Prof. Dr. Richard Köhler
                        Universität zu Köln

Werner Kroeber-Riel (†) und Franz-Rudolf Esch

Strategie und Technik der Werbung

Verhaltenswissenschaftliche Ansätze

6., überarbeitete und erweiterte Auflage

Verlag W. Kohlhammer

6., überarbeitete Auflage 2004

© 2004 W. Kohlhammer GmbH, Stuttgart
Umschlag: Gestaltungskonzept Peter Horlacher
Gesamtherstellung:
W. Kohlhammer Druckerei GmbH + Co. Stuttgart
Printed in Germany
ISBN 3-17-018491-1

Vorwort der Herausgeber

Mit dem vorliegenden Werk wird die »Kohlhammer Edition Marketing« fortgesetzt – eine Buchreihe, die in 24 Einzelbänden die wichtigsten Teilgebiete des Marketing behandelt. Jeder Band soll in kompakter Form (und in sich abgeschlossen) eine Übersicht zu den Problemstellungen seines Themenbereichs geben und wissenschaftliche sowie praktische Lösungsbeiträge aufzeigen. Als Ganzes bietet die Edition eine Gesamtdarstellung der zentralen Führungsaufgaben des Marketing-Managements. Ebenso wird auf die Bedeutung und Verantwortung des Marketing im sozialen Bezugsrahmen eingegangen.

Als Autoren dieser Reihe konnten namhafte Fachvertreter an den Hochschulen gewonnen werden. Sie gewährleisten eine problemorientierte und anwendungsbezogene Veranschaulichung des Stoffes. Angesprochen sind mit der Kohlhammer Edition Marketing zum einen die Studierenden an den Hochschulen. Ihnen werden die wesentlichen Stoffinhalte des Faches möglichst vollständig – aber pro Teilgebiet in übersichtlich komprimierter Weise – dargeboten. Zum anderen wendet sich die Reihe auch an Institutionen, die sich der Aus- bzw. Weiterbildung von Praktikern auf dem Spezialgebiet des Marketing widmen, und nicht zuletzt unmittelbar an Führungskräfte des Marketing. Der Aufbau und die inhaltliche Gestaltung der Edition ermöglichen es ihnen, einen raschen Überblick über die Anwendbarkeit neuer Ergebnisse aus der Forschung sowie über Praxisbeispiele aus anderen Branchen zu gewinnen.

Im vorliegenden Band »Strategie und Technik der Werbung« wird die Anwendbarkeit verhaltenswissenschaftlicher Ansätze in der Werbepolitik systematisch und mit vielen praktischen Beispielen aufgezeigt. Die Autoren kennzeichnen eingangs neuere Bedingungen, denen sich die Werbung (verstanden als versuchte Verhaltensbeeinflussung unter Einsatz besonderer Kommunikationsmittel) gegenübersieht: Informationsüberlastung, Bildkommunikation, Sättigungserscheinungen, zielgruppenspezifische Ansprache bei zunehmender Marktdifferenzierung, veränderte Wertorientierungen der Konsumenten.

Strategische und taktische Beeinflussungsziele der Werbung können – so eine Grundthese der Verfasser – nur erreicht werden, wenn die Kommunikationsgestaltung eine »Austauschbarkeit« vermeidet. Kroeber-Riel und Esch kritisieren, dass viele Werbemittel formal und/oder inhaltlich austauschbar erscheinen, d.h. der konkurrierenden Werbung so weitgehend gleichen, dass verschiedene Anbieter in den Augen der Empfänger kaum auseinander zu halten sind. Wie Werbung zu gestalten ist, um ein Angebot gegenüber der Konkurrenz klar abzugrenzen und für die Zielgruppen attraktiv zu machen, wird eingehend dargestellt.

Die Autoren gehen zuerst auf die strategische Grundlegung der Werbung ein. Sie heben dabei die besondere Bedeutung von Positionierungskonzepten hervor und erläutern ausführlich Formen und Effekte der integrierten Kommunikation.

Das umfangreiche Kapitel D (»Sozialtechniken der Werbung«) gibt sodann sehr konkrete Anhaltspunkte, wie strategische Werbekonzeptionen in wirkungsvolle Maßnahmen umgesetzt werden können.

Zuerst werden zielgruppenspezifische Wirkungsbedingungen (z.B. das Involvement der Empfänger) untersucht. Es schließt sich eine Schrittfolge »sozialtechnischer Regeln« an, deren verhaltenstheoretischer Hintergrund zusammen mit den Gestaltungskonsequenzen ausführlich behandelt wird: »Kontakt herstellen − Aufnahme der Werbebotschaft sichern − Emotionen vermitteln − Verständnis erreichen − Im Gedächtnis verankern«. Das Buch schließt mit einem kurzen Überblick über die Probleme von Werbetests.

Kroeber-Riel und Esch setzen sich mit den genannten Fragen sehr anschaulich und prägnant auseinander. Das in klarer Sprache geschriebene Buch enthält eine Fülle von Beispielen und Abbildungen, die in der Werbepraxis auf unmittelbares Interesse stoßen werden. So eingängig die Ausführungen formuliert sind, so wenig handelt es sich aber um ein einfaches »Rezeptbuch«. Die Bedingungen für bestimmte werbliche Gestaltungsmaßnahmen werden sehr differenziert dargestellt. Die Vorschläge zur »Sozialtechnik« beruhen auf theoretischen Grundlagen, die in der anwendungsbezogenen Institutionsarbeit vielfältig überprüft wurden.

Der vorliegende Band eignet sich deshalb, neben seiner Ausrichtung auf Werbepraktiker, ebenso als Lehrbuch für Studierende, die sich einen Überblick über die Nutzungsmöglichkeit verhaltenswissenschaftlichen Basiswissens für die betriebliche Werbepolitik verschaffen wollen.

Die nunmehr bereits sechste Auflage des Werkes belegt den außerordentlichen Lesenutzen, aber auch die Lesefreude, die dieses Buch vermittelt.

Nürnberg und Köln, im Mai 2004   Hermann Diller
                                                  Richard Köhler

Vorwort zur 6. Auflage

Werbung kann jeder. Dieser Eindruck drängt sich beim Blick in die Praxis auf. Während Finanzmanager oder Controller als Experten akzeptiert werden und sich nicht jeder berufen fühlt, in diesem Bereich mitzureden, traut sich in der Werbung jeder ein mehr oder weniger qualifiziertes Urteil zu, von der Frau des Vorstandsvorsitzenden bis zum Controller, der noch nie etwas über Werbewirkungsbeziehungen gehört hat. Der Grund ist einfach: Man hat ein Bauchgefühl und schließt von dem eigenen Geschmack auf den der Zielgruppe.

Mit der vorliegenden sechsten Auflage wird der Kampf gegen die Ignoranz und das Handeln wider besseren Wissens fortgeführt. Werbung ist eben kein Selbstzweck. Sie folgt strategischen Zielen und bedarf einer verhaltenswissenschaftlich fundierten Umsetzung, um die avisierten Zielgruppen auch wirksam zu erreichen. Dazu kann man vorhandenes Wissen und Erkenntnisse zur Werbung nutzen, mit denen man ganze Bibliotheken füllen könnte.

Die sechste Auflage wurde in allen Kapiteln aktualisiert, um neue Erkenntnisse bereichert und mit neuen Beispielen versehen. Das bewährte Buchkonzept wurde ansonsten beibehalten. Anhand einer Vielzahl von praktischen Beispielen werden wesentliche Erkenntnisse der Werbewirkungsforschung mundgerecht serviert.

Bei der Überarbeitung der sechsten Auflage waren mir meine Mitarbeiter, Herr Dipl.-Kfm. Eric Rempel und Herr cand. rer. oec. Alexander Fischer, bei der Suche nach Literatur und nach Beispielen behilflich. Das Korrekturlesen besorgte meine Sekretärin Angelika Straß-Klingauf. Dafür meinen herzlichen Dank.

Für die wie immer sorgfältige und schnelle Drucklegung sowie die angenehme Zusammenarbeit danke ich Herrn Dr. Alexander Schweickert und Frau Katrin Becker vom Kohlhammer Verlag.

Allen Lesern des Buches wünsche ich schon jetzt viel Spaß sowie gute Anregungen für die tägliche Arbeit! Über Anregungen und Kritik würde ich mich freuen. Meine Adresse lautet:

Prof. Dr. Franz-Rudolf Esch
Institut für Marken- und Kommunikationsforschung
Justus-Liebig-Universität Gießen
Licher Straße 66, 35394 Gießen
Fon 06 41 - 99 - 22 401, Fax 06 41 - 99 - 22 409
E-Mail: Franz-Rudolf.Esch@wirtschaft.uni-giessen.de

Gießen, im Mai 2004   Prof. Dr. Franz-Rudolf Esch

Vorwort zur 5. Auflage

Mein akademischer Lehrvater Werner Kroeber-Riel übertrug mir wenige Wochen vor seinem Tod sein Buch »Strategie und Technik der Werbung« zur Fortführung in gemeinsamer Autorenschaft.

Das Vertrauen Werner Kroeber-Riels in seinen jüngsten Habilitanden erfüllte mich mit Stolz. Gleichzeitig ist es eine große Herausforderung und Verantwortung, ein erfolgreiches Standardwerk weiterzuführen.

Die Überarbeitung für die fünfte Auflage orientierte sich an Notizen meines akademischen Lehrvaters. Das gesamte Buch wurde aktualisiert und auf den neuesten Stand der Erkenntnisse zur Werbung gebracht.

Folgende Inhalte wurden in ergänzenden Kapiteln oder in den jeweils relevanten Gliederungspunkten integriert:

- ein neues umfassendes Kapitel zur integrierten Kommunikation,
- ein Kapitel zu dem Modell der Werbewirkungspfade zur Veranschaulichung von Wirkungsunterschieden der Werbung,
- neue und umfassende Ausführungen zur Bildkommunikation in den Kapiteln zu den Sozialtechniken,
- Wirkungsweisen vergleichender Werbung in dem Kapitel »Verständnis erreichen«,
- ein Modell zur Messung der Austauschbarkeit von Werbung sowie
- Ergänzungen zu wichtigen Wirkungsaspekten von Fernsehwerbung.

Auf die vielen anderen notwendigen Aktualisierungen des Buchs, das seit 1988 in unveränderter Form nachgedruckt wurde, soll hier nicht weiter eingegangen werden.

Meinem verstorbenen akademischen Lehrvater muß ich ein großes Kompliment machen: Die stringente, richtungsweisende und zeitlose Buchstruktur, die Leichtigkeit und Einfachheit der Formulierungen, die geballtes Werbewissen verständlich und anschaulich auf den Punkt bringen, wurden mir bei der Überarbeitung des Buches richtig bewußt.

In der Hoffnung, dass die Ergänzungen an den Stil des Werks anknüpfen, wünsche ich allen Lesern viel Spaß bei der Lektüre des Buches und Anregungen für die tägliche Arbeit.

Danken möchte ich meiner Frau Dipl.-Kffr. Dany Hesse-Esch und meinen Mitarbeitern, allen voran Herrn Dipl.-Kfm. Tobias Langner, sowie den Herren Dipl.-Kfm. Sören Bräutigam, Marco Hardiman, Andreas Wicke, Marcus Fuchs und Frau Dipl.-Kffr. Simone Roth für das Korrekturlesen und für Hinweise zum Buch.

Für die sorgfältige und schnelle Drucklegung sowie für die angenehme und unkonventionelle Zusammenarbeit danke ich Herrn Dr. Alexander Schweickert vom Kohlhammer Verlag.

Gießen, im Januar 2000 Prof. Dr. Franz-Rudolf Esch

Inhaltsverzeichnis

A Bedingungen der Werbung

1 Kommunikationsbedingungen

Die Bedingungen für die Kommunikation haben sich in den letzten Jahrzehnten in dramatischer Weise geändert. Diese Veränderungen werden deutlich, wenn man Werbung aus den 60er Jahren mit Werbung von heute vergleicht. Dabei wird in den meisten Branchen ein starker Trend zu weniger Information und mehr Bild sichtbar (Abbildung 1). Mit diesen Veränderungen beschäftigen sich die nächsten Kapitel.

1.1 Informationsüberlastung

Die bei weitem wichtigste Bedingung ist die zunehmende Informationsüberlastung. Unter Informationsüberlastung oder Informationsüberschuss[1] versteht man den Anteil der nicht beachteten Informationen an den insgesamt angebotenen Informationen.

Ermittlung der Informationsüberlastung: Um die Informationsüberlastung zu berechnen, geht man in drei Schritten vor:

---

[1] Mit »Informationsüberlastung« bezeichnet man unterschiedliche Sachverhalte, unter anderem: (1.) ein Zuviel an verfügbarer Information, das zur Beeinträchtigung der Informationsverarbeitung führt, (2.) ein subjektiv empfundenes Gefühl, durch ein übermäßiges Informationsangebot unter Druck zu stehen (Informationsstress) und (3.) einen Informationsüberschuss, der dadurch entsteht, dass nur ein Teil der verfügbaren Informationen beachtet und aufgenommen wird. Dieser zuletzt genannte Begriff wird hier benutzt, er ist auch in der Umgangssprache verbreitet. Informationsüberlastung ist also nicht wertend oder im Sinne von Informationsstress zu verstehen. Vgl. zu diesen Begriffen mit weiteren Literaturhinweisen Hagemann, 1988.

Abbildung 1: Historischer Vergleich von Anzeigen

Audi-Anzeigen aus den 60er Jahren und von heute

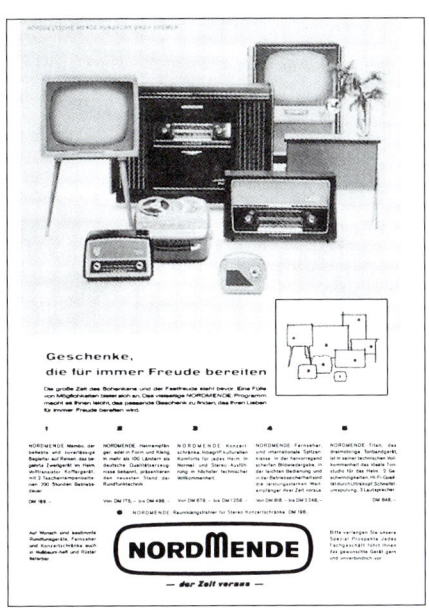

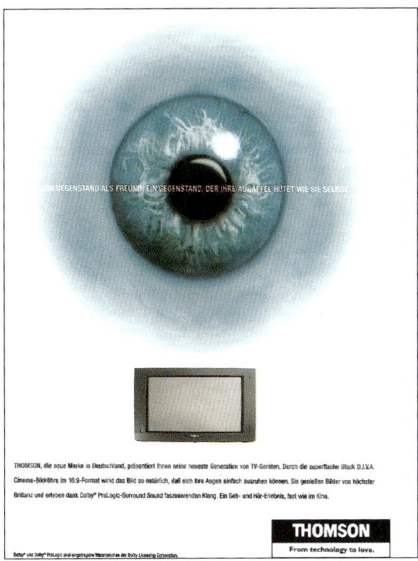

Nordmende-Anzeige aus den 50er Jahren und Thomson-Anzeige von heute

Anmerkung: Nordmende wurde im Rahmen einer Mehrmarkenrestrukturierung in die Marke Thomson überführt.

Erster Schritt: Man stellt die Informationseinheiten (die Informationsmenge) fest, die einem Empfänger insgesamt zur Verfügung stehen, wenn er ein Medium benutzt[2].

Beispiel: Um die in einer Ausgabe des STERN angebotenen sprachlichen oder bildlichen Informationseinheiten aufzunehmen, würde ein Leser je nach Lesegenauigkeit 4,5 bis 7 Stunden benötigen.

Zweiter Schritt: Man ermittelt durch empirische Messungen – hilfsweise durch Schätzungen aufgrund von Mediennutzungsdaten – wie viele Informationseinheiten vom Empfänger tatsächlich beachtet und aufgenommen werden.

Beispiel: Für eine Nummer des STERN sind das bei mehrmaliger Benutzung (Blättern und Lesen) 9600 Informationseinheiten für eine Lesezeit von 60 Minuten.

Dritter Schritt: Aufgrund dieser Daten kann man nun die Informationsüberlastung bestimmen: Das Informationsangebot des STERN umfasst im Mittel 345 Minuten Lesezeit, davon werden Informationen von 60 Minuten aufgenommen. Nicht beachtet werden also Informationen für eine Lesezeit von 285 Minuten, das macht etwa 83 % der angebotenen Informationsmenge aus. Das ist der Anteil an verfügbarer Information, der unbeachtet bleibt.

Gesamtgesellschaftliche Informationsüberlastung: In den USA wurde bereits 1980 eine gesamtgesellschaftliche Informationsüberlastung von 99,6 % berechnet (De Sola Pool, Inose u. a., 1984). Für die Bundesrepublik ergaben sich etwas niedrigere Werte (Brünne, Esch, Ruge, 1987; Kroeber-Riel, 1987 b)[3]:

Informationsüberlastung in Deutschland	98 %
Informationsüberlastung durch die wichtigsten Medien:	
Rundfunk	99 %
Fernsehen	97 %
Zeitschriften	94 %
Zeitungen	92 %

---

[2] Als Informationseinheit wird hier jedes visuelle oder akustische Element verstanden, das von einem Individuum aufgenommen und psychisch verarbeitet werden kann. **Visuelle** Informationseinheiten sind die vom Blick fixierten Elemente. Sie lassen sich durch Blickaufzeichnung messen. Vgl. Kroeber-Riel, 1987 b und die dazu geführte Diskussion in der Zeitschrift DBW, 1987.

[3] Bei der Berechnung der Informationsüberlastung treten zahlreiche Mess- und Schätzprobleme auf, so dass die folgenden Angaben mit Vorsicht zu behandeln sind (Brünne, Esch, Ruge, 1987).

Bei der Interpretation dieser Zahlen ist zu beachten, dass die so berechnete Informationsüberlastung auch den Streuverlust enthält. Darunter versteht man den Teil des Informationsangebotes, der an ein breites Publikum weitergegeben wird, aber von vornherein nur für eine ganz bestimmte Zielgruppe vorgesehen ist: Sportnachrichten im STERN richten sich an das sportlich interessierte Publikum. Es ist nicht damit zu rechnen, dass diese Reportagen von allen STERN-Benutzern beachtet werden.

Allerdings darf man die Streuverluste nicht überschätzen. Die Informationsüberlastung kommt vor allem dadurch zustande, dass **selbst das Zielpublikum** die angebotenen Informationen nur zu einem sehr geringen Prozentsatz nutzt. Auch die Sportnachrichten werden von den Sportinteressenten nur selektiv aufgenommen.

Die Informationsüberlastung wird gern verniedlicht und verharmlost. Man kommt jedoch nicht an der Tatsache vorbei, dass fast alle angebotenen Informationen die vorgesehenen Empfänger nicht erreichen und unwirksam bleiben.

Von Jahr zu Jahr wird die Informationsüberlastung größer. Das Informationsangebot steigt vor allem dadurch, dass neue Anbieter und neue Medien hinzukommen. Andererseits nimmt der Konsum von Information nur geringfügig zu, weil der Reizaufnahme von Seiten der Empfänger natürliche (biologische) Restriktionen gesetzt sind.

Nach amerikanischen Studien hat das Wachstum des Informationsangebots in den letzten zwei Jahrzehnten im Durchschnitt jährlich um 260 % über der Zunahme des Informationskonsums gelegen! Auch in Deutschland kann man von einem entsprechenden Überangebot an Information ausgehen.

Informationsüberlastung durch Werbung: Die in der Werbung in den verschiedenen Medien entstehende Informationsüberlastung ist ebenfalls sehr hoch.

Um alle Informationen aufzunehmen, die in einer Anzeige in Publikumszeitschriften enthalten sind, müssten die Leser etwa 35 bis 40 Sekunden aufwenden. Tatsächlich wenden sich die Leser einer Anzeige knapp zwei Sekunden zu.

Die Informationsüberlastung durch gedruckte Werbung beträgt danach mehr als 95 %. Es ist damit zu rechnen, dass Werbung in elektronischen Medien noch mehr Informationsüberlastung verursacht. Das bedeutet: Höchstens 5 % der angebotenen Werbeinformation erreichen ihre Empfänger, der Rest landet auf dem Müll.

Nach bisher vorliegenden Erkenntnissen ist die Informationsüberlastung durch Werbung, die sich an spezielle Zielgruppen richtet und diese über besondere Medien wie Fachzeitschriften anspricht, nicht viel geringer. Das hat folgende Gründe:

Auf der einen Seite stehen gerade Zielgruppen mit starkem beruflichen Interesse an Informationen wie Ärzte oder industrielle Einkäufer unter erheblichem Zeitdruck und großer Informationsüberlastung, so dass sie besonders stark selektieren müssen. Auf der anderen Seite packen die Anbieter von Informationen, die sich an interessierte Zielgruppen richten, im Vertrauen auf das Interesse der Zielgruppe mehr Informationen als in die übliche Publikumswerbung hinein. Dadurch ist der Anteil der beachteten Informationen meistens auch nicht höher als in der Publikumswerbung.

Das wird unter anderem durch die Pharmawerbung in Ärztezeitungen und -zeitschriften belegt. Die durchschnittliche Zeit der Zuwendung zu solchen Anzeigen beträgt nur 2,5 bis 3,5 Sekunden, sie macht 3 % bis 5 % der Lesedauer aus, die für solche Anzeigen erforderlich wäre (vgl. u. a. Kosaris, 1985, von Keitz, 1986 a).

Folgerung: Die Werbung steht vor der Aufgabe, in dieser Informationsflut zu überleben und auch dann wirksam zu werden, wenn sie nur flüchtig und bruchstückhaft aufgenommen wird. Der größte Teil der Werbung ist allerdings den Bedingungen, die durch die Informationsüberlastung entstehen, nicht angepasst: Entweder wird dann die Werbebotschaft gar nicht aufgenommen (Vermeiderverhalten) oder die aufgenommenen Bruchstücke der Werbung reichen zum Verständnis und zur Wirkung der Werbebotschaft nicht aus.

Diese Problematik wird noch zunehmen, da Experten mit einem weiteren dramatischen Anstieg der Werbemittel rechnen. So rechnet man in Deutschland bis zum Jahr 2010 mit einer Vervierfachung der Fernsehwerbung und einer Verdopplung der Werbung in den Printmedien (Bild, 1997, S. 373)[4]. Die Schere zwischen Informationsangebot und Informationsnachfrage wird künftig noch weiter auseinander klaffen, da die Informationsverarbeitungskapazitäten der Konsumenten begrenzt sind (Kroeber-Riel, Weinberg, 2003), die Informationsflut hingegen weiter steigt.

1.2 Dominanz der Bildkommunikation

In engem Zusammenhang mit der Informationsüberlastung steht das Vordringen der Bildkommunikation. Die elektronischen Medien, die entscheidend zur Informationsüberlastung beitragen (sie machen in den USA allein 98 % des Informationsangebots aus), sind bildbetonte Medien: Im Fernsehen dominiert das visuelle Bild, im Rundfunk das akustische Bild (Musik). Mit dem Internet entstehen völlig neue Möglichkeiten, in Bildwelten einzutauchen und Teil dieser Bildwelten zu werden.

---

[4] Ausgangspunkt der Prognose war das Jahr 1995.

Durch diese Mediendominanz ist der Realität Konkurrenz entstanden (Kroeber-Riel, Weinberg, 2004). Diese Konkurrenz wird plakativ als zweite Wirklichkeit bezeichnet, also die durch Medien vermittelte Umwelt, die wesentlichen Einfluss auf unser Denken, Fühlen und Handeln nimmt (Merten, Schmidt, Weischenberger, 1998, O'Guinn, Shrum, 1997).

Die Wirklichkeitsentwicklung durch Medien nimmt dabei dramatische Formen an: Lehrer beklagen sich über das aggressive Verhalten von Schülern an Montagen, weil diese am Wochenende in großen Dosen Fernsehen konsumiert haben. Kinder übernehmen brutale Verhaltensmuster aus dem Fernsehen und üben sie in der Wirklichkeit. Der Tod von Lady Diana, eines durch die Medien hochstilisierten Aschenbrödels, berührte weltweit viele Menschen mehr als der Tod einer Person in der Nachbarschaft – Anzeichen dafür, dass die zweite Wirklichkeit das menschliche Verhalten stark beeinflussen kann. Diese zweite Wirklichkeit wird jedoch stark durch Bilder und Bildwelten geprägt.

Informationsüberlastete Konsumenten bevorzugen auch in den anderen Medien Bilder, denn diese ermöglichen eine besonders schnelle und gedanklich bequeme Informationsaufnahme. Das Fernsehen ist heute das Leitmedium. An dem Strickmuster der simplen, aufreizenden und bildbetonten Gestaltung dieses Leitmediums haben sich andere Medien – selbst Printmedien – zu orientieren.

Schnelle Aufnahme und Verarbeitung von Bildinformation: Um ein Bild von mittlerer Komplexität so aufzunehmen, dass es später wieder erkannt werden kann, sind 1,5 bis 2,5 Sekunden erforderlich. In der gleichen Zeit können ca. zehn Wörter aufgenommen werden. Diese vermitteln aber im Allgemeinen wesentlich weniger Information über einen Sachverhalt als ein Bild. Beispiel: Um den Trend von jährlichen Umsatzgrößen von drei Firmen über fünf Jahre hinweg zu erkennen und zu vergleichen, benötigt man mindestens 5 Sekunden, wenn die Information in Form einer Tabelle dargeboten wird, aber nur 1,5 Sekunden, wenn die Information in eine Graphik gebracht wird (Kroeber Riel, 1986 e, 1993).

Die Geschwindigkeit der Bildkommunikation fällt noch mehr ins Gewicht, wenn es nicht um die Vermittlung von Sachinformationen, sondern um die Vermittlung von emotionalen Eindrücken geht. Der erotische Eindruck einer Frau, die sich auf einem Sofa räkelt, lässt sich durch ein Bild in 1,5 Sekunden vermitteln, die sprachliche Wiedergabe – unvollständiger und eindrucksschwächer – würde ein Mehrfaches an Zeit erfordern.

Die zunehmende Informationsüberlastung verstärkt den Druck auf die Empfänger von Information, sich einen raschen Überblick über ein Informationsangebot zu verschaffen und die wesentlichen Schlüsselformationen schnell aufzunehmen. Diesem Druck kommt die Informationsdarbietung über Bilder – Fotos, Zeichnungen, Graphiken, Piktogramme usw. – entgegen.

Geringe gedankliche Anstrengung bei der Verarbeitung von Bildern: Die Verarbeitung von Bildern im Gehirn folgt anderen Regeln als die sprachliche Informationsverarbeitung (Spoehr, Lehmkuhle, 1982, Behrens, Hinrichs, 1986, Kroeber-Riel, 1993). Ein wesentlicher Unterschied ist darin zu sehen, dass Bilder automatisch, mit geringerer gedanklicher Beteiligung und Anstrengung, verarbeitet werden.

Die geringe Anstrengung, die mit der Aufnahme und Verarbeitung von Bildern verbunden ist, führt dazu, dass Bildinformationen vor allem von wenig involvierten, passiven Empfängern bevorzugt werden, die sich gedanklich nicht anstrengen wollen. Die Werbung hat es vorwiegend mit solchen Empfängern zu tun.

In diesem Zusammenhang sind noch weitere Vorteile der Bildkommunikation für die Werbung zu beachten: Bilder haben einen größeren Erlebnis- und Unterhaltungswert als sprachliche Informationen, sie aktivieren stärker und werden besser erinnert.

Die zunehmende Bevorzugung von Bildinformationen in der gesamten Kommunikation äußert sich seit Jahren in einem rückläufigen Konsum von »harten« Druckmedien mit vorwiegend sprachlicher Informationsvermittlung. Vor 20 Jahren erreichten Tageszeitungen noch 64 % der 14- bis 29jährigen, heute sind es gerade noch 40 % (Schneller, 1997, S. 368, AWA, 2003). Bei Büchern fiel die Reichweite noch stärker[5].

Wenn Jugendliche heute überhaupt noch lesen, dann nutzen sie bevorzugt Fernsehprogrammzeitschriften. Es darf deshalb nicht verwundern, dass laut Allensbacher Werbeträgeranalyse 2003 drei Fernsehprogrammzeitschriften zu den Top-Ten-Zeitschriftentiteln gehören. Nicht zuletzt deshalb spricht man heute bereits von der »visuellen Generation« (Schulz, Tannenbaum, Lauterborn, 1994, S. 19). Zeitschriften passen sich diesen Veränderungen an. In einer Analyse der Zeitschrift STERN von 1960 bis 1990 kommt Stark (1992, S. 134) zu folgendem Ergebnis: »Der Stil der Zeitschrift STERN wird von zunehmender Plakativität geprägt.« Dies äußert sich vor allem in der Nutzung größerer Bilder. »Sehen statt Lesen« wird zur Vorgabe wirksamer Informationsvermittlung (vgl. Kroeber-Riel, 1993, S. 4). Dies wird auch durch eine neuere, umfassende inhaltsanalytische Studie von Schierl (2000) bestätigt: Während im Jahr 1985 gerade einmal 19 % der in der Zeitschriftenwerbung verwendeten Bilder einen Blickfang nutzten, waren es 1997 bereits 49 %. In dem gleichen Betrachtungszeitraum ging zudem die Zahl der Wörter in Headlines von 8,7 auf 7,5 und beim Fließtext sogar von 124 auf 94 Wörter zurück.

---

[5] Der Bildanteil der Werbung für Konsumgüter bewegt sich in Publikumszeitschriften um 70–80 %. In den 60er Jahren waren es noch 50 %.

Bildkommunikation prägt die Anforderungen an die Informationsdarbietung: Das Vordringen der Bildkommunikation in unserer Gesellschaft ist nicht nur aus quantitativer Sicht beachtenswert. Die Bildkommunikation bestimmt mehr und mehr die Erwartungen, die an **jede** Form der Informationsvermittlung – auch an die sprachliche – gestellt werden.

Die Konsumenten werden durch das tägliche Fernsehen und die bildbetonten Medien daran gewöhnt, mehr passiv zu schauen und zu erleben als aktiv zu lesen. Der Überfluss an Informationen bringt sie dazu, bevorzugt Informationen aufzunehmen, die auffallen und griffig dargeboten werden, statt nach Informationen zu suchen.

So entstehen neue Verhaltensmuster bei der wenig involvierten Informationsaufnahme: Um wirksam zu sein, müssen Informationen in kleinen handlichen Einheiten, schnell verständlich, aktivierend und unterhaltsam verpackt angeboten werden. Bilder werden anstelle sprachlicher Informationen zur Grundlage der Überzeugungen wenig involvierter Konsumenten (Kroeber-Riel, 1993, S. 4). Die Auswirkungen dieser Entwicklung sind dramatisch. Die Macht der Bilder wurde auch in der Studie »Kampa – Meinungsklima und Medienwirkung im Bundestagswahlkampf 1998« von Noelle-Neumann, Kepplinger und Donsbach eindrucksvoll belegt. Die Analyse bestätigt überspitzt ausgedrückt, dass die Medien Gerhard Schröder zum Kanzler gemacht haben (Handwerk, Ruzas, 1999, S. 305).

Postman (1985, S. 100, 110) bringt diese Entwicklung auf folgende Formel: »Das Fernsehen ist zu einer Einrichtung geworden, die uns vor Augen führt, auf welche Art und Weise man Wissen erlangt (...).« Die Unterhaltung wird zum »natürlichen Rahmen« für die Vermittlung von Informationen und Erfahrungen. Kurzum: In der Schule soll es so zugehen wie in der Fernsehsendung Sesamstraße, um den durch das Fernsehen geprägten Erwartungen der Kinder zu entsprechen. Eine Entwicklung, die von Postman durchaus kritisch betrachtet wird (Postman, 1985, S. 175). Allerdings ist diese Entwicklung nicht aufzuhalten: Das Fernsehen bestreitet über die Hälfte der gesamten Mediennutzung in der Freizeit. Schon 18jährige haben in ihrem Leben mehr Zeit vor dem Fernseher (13.000 Stunden) als in der Schule verbracht (12.000 Stunden) (Gangloff, 1995, S. 9). Laut Gfk Fernsehforschung haben im Jahr 2003 die Deutschen 203 Minuten täglich vor der »Glotze« verbracht.

> Das heißt: Auch die sprachliche Informationsdarbietung muss sich nach den Strickmustern der Bildkommunikation richten.

Das ist das Erfolgsrezept von Druckmedien, die sich an ein wenig involviertes Publikum wenden. Ein Beispiel ist die amerikanische Tageszeitung USA Today, die in wenigen Jahren zur zweitgrößten Tageszeitung in den Vereinigten Staaten aufgestiegen ist. Diese Zeitung gliedert die Informationen in kleine, leicht überschaubare Einheiten, sie benutzt eine unterhaltsame und bildhafte Ausdrucksweise und setzt ausgiebig Bild und Graphik –

auch und gerade zur Veranschaulichung von Sachinformationen – ein (Abbildung 2)[6].

Auch der Siegeszug der Zeitschrift Focus ist nur dadurch erklärbar: Über viele Jahre hinweg konnte das Denkmal Spiegel mehr als 50 Angriffen auf die eigene Machtposition trotzen. Erst dem Focus gelang es, mit einer Zeitschrift, die dem Strickmuster der Bildkommunikation folgt, diese Position zu erschüttern. Heute rangiert der Focus in der Reichweite bereits knapp vor dem Spiegel. Zwar vermitteln beide Zeitschriften ähnliche Inhalte, allerdings sind die Beiträge des Focus wesentlich kürzer, prägnanter und bildhafter. Die Informationen werden in kleinen und unterhaltsamen Häppchen präsentiert.

Die Werbung muss diese Bedingungen beachten. Ungeheure Wirkungsverluste gehen darauf zurück, dass die Möglichkeiten zur Bildkommunikation in der Werbung zu wenig und nicht professionell genutzt werden und dass die sprachliche Informationsvermittlung zu trocken, zu langweilig und nicht anschaulich genug ist.

2 Marktbedingungen

Neben den Änderungen im Kommunikationsbereich sind für die Marktkommunikation vor allem noch die grundlegenden Änderungen der Marktbedingungen zu beachten. Es handelt sich hauptsächlich um die Marktsättigung und die damit zusammenhängenden Verhaltensweisen der Konsumenten.

2.1 Gesättigte Märkte

Weltweit gelten 75 % aller Märkte als gesättigt (Harrigan, 1989). Auf gesättigten Märkten ist das Marktpotential weitgehend ausgeschöpft. Ein Anbieter kann seinen Anteil an einem Produkt- oder Dienstleistungsmarkt nur noch zu Lasten anderer Anbieter wesentlich vergrößern. Das bedeutet im Vergleich zu wachsenden Märkten verstärkte Konkurrenz und Verdrängungswettbewerb[7].

---

[6] Zur kommunikationstechnischen Gestaltung von USA Today vgl. Petri, 1987, zur technischen und wirtschaftlichen Entwicklung vgl. Rust, 1988.

[7] Zur Marktsättigung und zur Marketingstrategie auf gesättigten Märkten vgl. Meffert, 1983, Bauer, 1988, zur Kommunikationspolitik auf gesättigten Märkten vgl. Kroeber-Riel, 1984 a.

Abbildung 2: Bildinformation in USA-Today

Anmerkung: Im Gegensatz zur Bild-Zeitung setzt diese Zeitung nicht nur emotionale Fotos, sondern auch zahlreiche Graphiken zur Veranschaulichung von sachlichen Informationen ein.

Auf diesen Märkten sind die Produkte im Allgemeinen ausgereift. Sie weisen kaum noch innovative Eigenschaften auf. Die objektive und funktionale Qualität der von verschiedenen Anbietern auf den Markt gebrachten Produkte und Dienstleistungen (Marken) gleicht sich mehr und mehr an.

Austauschbare Angebote: Die geringen Qualitätsunterschiede führen zu austauschbaren Angeboten. Beispiele bietet die austauschbare Qualität von Marken auf dem Markt für Bier oder Zigaretten, für Kühlschränke oder Elektroherde, ja sogar für bestimmte Autotypen wie Kompaktwagen. Bei Dienstleistungen ist an die austauschbar gewordenen Angebote von Banken und Versicherungen oder von Fluglinien zu denken. Es darf deshalb nicht verwundern, dass Testergebnisse oft nur marginale Unterschiede zwischen Marken aufweisen: In 102 Tests der Stiftung Warentest wurden 85 % der getesteten Produkte gleich mit »gut« bewertet (Michael, 1994).

Hinzu kommt, dass sich die Konsumenten auf den gesättigten Märkten einer hochentwickelten Industriegesellschaft weitgehend auf die Qualität der angebotenen Güter verlassen können, nicht zuletzt wegen der verbraucherpolitischen Maßnahmen.

Unter diesen Marktbedingungen können sich die verschiedenen Anbieter kaum noch auf objektive Produkt- und Leistungsvorteile gegenüber ihrer Konkurrenz berufen.

Kanter stellte bereits 1981 fest, dass die meisten Konsumenten in den europäischen Staaten die Qualität führender Marken auf typischen Konsumgütermärkten ungefähr gleich einschätzten. Diese wahrgenommene Markengleichheit spiegelt sich auch in einer Untersuchung der Werbeagentur BBDO (1993) wider. Kurz gesagt: Die objektive und funktionale Qualität der angebotenen Produkte und Dienstleistungen wird mehr und mehr zu einer Selbstverständlichkeit.

Nachlassendes Informationsinteresse: Das hat Folgen für die Bedeutung der Produktinformationen. Angaben über ausgereifte Güter ohne innovative Eigenschaften und über geringe, oft triviale Qualitätsunterschiede zwischen den verschiedenen Anbietern sind für den Konsumenten nur noch von untergeordnetem Interesse.

Entgegen ideologischen Behauptungen, die Konsumenten würden informationsbewusster, lässt das Interesse an Qualitätsinformationen auf vielen Märkten nach. Das wird auch in einer von der Allensbacher Werbeträgeranalyse ausgewiesenen Schlüsselzahl zum Ausdruck gebracht: Von der erwachsenen Bevölkerung über 14 Jahren äußerten 1979 insgesamt 30 % besonderes Interesse an den Ergebnissen von Warentests, 1986 waren es weniger als 25 %, 2003 nur noch 21 %.

Dabei ist zu beachten, dass bei Befragungen weit mehr Interesse geäußert wird als tatsächlich vorhanden ist. Zudem wird in vielen Situatio-

Abbildung 3: Wahrgenommene Markengleichheit in Deutschland

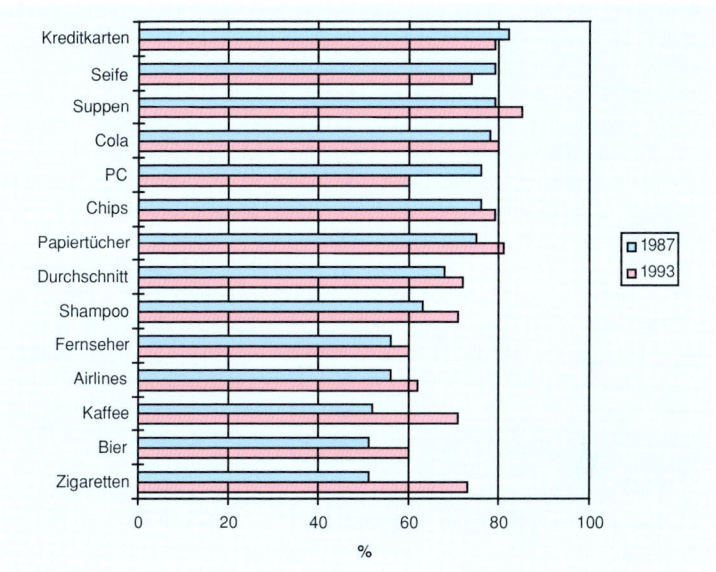

Quelle: BBDO, 1993.

nen – wie Zeitdruck oder Informationsüberlastung – so gehandelt, als ob das Produktinteresse gering sei.

Die Zeitschrift »DM« hat deshalb ihre Kommunikationspolitik geändert. Statt sachlicher Informationen über Qualität und Gebrauchswert der Produkte wird verstärkt über den Erlebniswert der Produkte und Dienstleistungen berichtet, also über ihren Beitrag zum Lebensstil der Konsumenten.

Versagen der informativen Werbung: Qualitätsinformationen bieten auf gesättigten Märkten nur schwache Anhaltspunkte für Markenpräferenzen.

Die Werbung kann demzufolge kaum noch mit Informationen über die sachliche Qualität argumentieren. Wenn sie nicht bloß Pseudovorteile der angebotenen Produkte und Dienstleistungen hervorheben will (»wäscht noch weißer, fährt noch schneller, bietet noch mehr Sicherheit«), ist sie darauf angewiesen, das Erlebnisprofil der angebotenen Produkte und Dienstleistungen in den Mittelpunkt zu stellen (auf diese Positionierungsstrategie wird in Kapitel C. 4 eingegangen).

Aus Inhaltsanalysen der amerikanischen Werbung geht hervor, dass im Zuge der Marktentwicklung und des Ausreifens von Produkten und Dienstleistungen die informative Werbung mit ihren rationalen Appellen immer mehr abnimmt (Leiss, Kline, Jhally, 1997, S. 268).

Nicht zu übersehen ist, dass die informative Werbung auf gesättigten Märkten leicht zu einem austauschbaren Auftritt führen kann:

Bei austauschbarer Qualität beziehen sich die Informationen eines Anbieters zwangsläufig mehr oder weniger auf gleiche oder ähnliche Eigenschaften wie die Qualitätsinformationen der konkurrierenden Anbieter. Dadurch werden die in der Werbung angebotenen Informationen austauschbar. Ein Beispiel dafür stellte 1998 die »Euro-Manie« der Banken dar: Alle deutschen Banken vermittelten in ihrer Werbung gleichermaßen Informationen zum Euro, um dadurch ihre Kompetenz zu manifestieren. Aus Sicht der Kunden waren diese Maßnahmen nichts anderes als ein informativer Einheitsbrei, der keine Differenzierungsmöglichkeit zwischen Banken bot. Ein weiteres Beispiel bildet die Airbag-Welle Mitte der 90er Jahre in der Automobilwerbung. Kaum eine Automobilwerbung, ob bei Mercedes-Benz, Opel oder VW, verzichtete auf die stereotype Darbietung geöffneter Airbags zur Demonstration der Sicherheit des jeweiligen Automobils.

Wir finden deswegen auf den gesättigten Märkten nicht nur austauschbare Produkte und Dienstleistungen, sondern häufig auch eine austauschbare Werbung und damit eine weit verbreitete Unfähigkeit, sich wirksam gegenüber der Konkurrenz zu positionieren. Eine Positionierung setzt ja voraus, dass das eigene Angebot anders als die Angebote der Konkurrenz wahrgenommen wird.

Beispiele für austauschbare Leistungen und zugleich für einen auswechselbaren Auftritt im Laden und in der Werbung bieten die klassischen Warenhäuser Karstadt und Kaufhof.

2.2 Zunehmende Marktdifferenzierung

Sehr vereinfacht kann man modernes Marketing als ein Denken in Zielgruppen umschreiben. Um die Abnehmer mit einem Produkt oder einer Dienstleistung besser zu erreichen, teilt man den gesamten Absatzmarkt in verschiedene Marktsegmente auf. Das sind Gruppen von Abnehmern mit gleichen oder weitgehend ähnlichen Verhaltensweisen, auf die man dann die Absatzpolitik (Produktgestaltung, Werbung, Distribution usw.) abstellen kann.

Beispiele sind die Segmentierung des Marktes nach Lebensalter (Jugendliche, mittleres Alter, Senioren), nach sozialer Schicht oder psychologischer Einstellung (wie Persönlichkeitsstärke oder Gesundheitsbewusstsein), nach Lebensstil oder Beruf[8].

---

[8] Über die zweckmäßige Segmentierung des Marktes sind zahlreiche Bücher erschienen, Frank, Massy, Wind, 1972, Weinstein, 1987, McDonald, Dunbar, 1995, in Deutschland u. a. von Freter, 1983, 1995, 2004, Martin, 1992.

Abbildung 4: Entwicklung des Angebots von Zahncremes in England (1950 – 1995)

Anzahl der Größen / Varianten		Anzahl der Größen / Varianten		Anzahl der Größen / Varianten	
1950					
Colgate	1	Mentasol	1	Odol	1
Col Chlorophyll	1	Gleem	1	Phillips Dental	1
Macleans	1	Gordon Moore's	1	Magnesia	1
SR	1	Kolynos	1	Punch & Judy	1
Pepsodent	1	Less	1		
1989					
Colgate		**Elida Gibbs**		**Macleans**	
Blue Minty	7	Mentadent	8	Freshmint	9
Great Reg Flavour	7	Signal	6	Mildmint	9
Ultrabrite	6	SR	5	Milk Teeth	2
Tartar Control	4	Close Up	4	**P&G Crest**	
Junior	2	**Aquafresh**	8	Regular	4
Enthymol Original	1	**Oral B Zendium**	3	Gel	3
				Tartar Control	3
				Fresh Mint	2
1995					
Colgate-Palmolive		**Beecham**		**Henkel Cosmetics**	
Great Regular	10	Fresh & Minty	10	Theramed 2 in 1	3
Tartar Control	10	Mild & Minty	8	Theramed Fresh Mint	2
Blue Minty	9	B/C Soda	4	Theramed Strong Mint	2
Total	8	Cool Minty Gel	1	Theramed C/N	1
B. Soda D.	2	Extra Minty Gel	1	**J.A. Marketing**	
Great Original Taste	2	**Macleans**		Sejem Freshmint	2
C/N T.Paste	1	Freshmint	11	Sejem Mild Mint	2
P. Whitening T. Paste	1	Sensitive	7	Tartar Control	1
Sensitive Care	1	Mildmint	6	Fresh Mint	1
O-6 Gel	1	B. Soda	5	**Keyline Brands**	
Carter Walface		Coolmint	5	Topol Baking Soda	1
Pearl Drops Mty	4	C/N T. Paste	3	Topol Smokers	1
Pearl Drops Smoker	1	Tooth Whitening	3	Topol Smokers Gel	1
Chemist Brokers		**Mentadent**		Topol Whitening	1
Arm & Hammer BSM	3	SR	7	Topol Toothpaste	1
Arm & Hammer BSFM	3	P./S. Standard	7	**Grafton Internat.**	
Addis Maws C/N	1	B. Soda	3	Rembrandt Mint	2
Ultrabrite	9	P. Mint	3	Rembrandt Original	1
Dewitt Clinomyn	2	Night Action	2	**Signal Toothpaste**	1

Quelle: Andresen, Nickel, 2001, S. 651.

Für die Kommunikation ist zu beachten, dass die zunehmende Markt-segmentierung zu stärkerer Differenzierung des Angebots und der Markt-kommunikation führt.

Differenzierung des Angebots: Beginnen wir mit einem Beispiel aus dem Markt für Kochgeschirr. Wurden früher nur wenige Pfannen für »den« Haushalt angeboten, so gibt es heute zahlreiche Pfannen, die sich in Material und Design nach verschiedenen Marktsegmenten richten: kleine Pfannen im »Single-Set« für Ein-Personen-Haushalte, größere Pfannen für Mehrpersonen-Haushalte, Pfannen aus Guss, Stahl und Kupfer, emaillierte und beschichtete Pfannen, Pfannen für normale Elektroherde, für Glaskeramikherde und für Induktionsherde, Pfannen für erlebnisbetonte Konsumenten aus »Schwarzem Stahl« (von Silit), modischem Dekor usw.

Eine derartige Auffächerung schlägt sich auf den Märkten in einer Vervielfältigung des Markenangebots der gleichen Hersteller nieder, zudem treten aufgrund der Marktsegmentierung neue Hersteller in die vorhandenen Märkte ein. Dazu eine Zahl: Das Angebot an Zahnpasta hat sich in England von 14 Marken und Varianten im Jahr 1950 auf 177 Varianten im Jahr 1995 erhöht (Andresen, Nickel, 2001). Ein Globus-SB-Warenhaus in Deutschland bietet rund 100 Zahnpastamarken und -varianten an (Esch, Wicke, 2001).

Von der Angebotsausdehnung sind vor allem die gesättigten Märkte betroffen, weil durch die Marktsegmentierung die Chancen wachsen, einzelne Marktsegmente, auf denen die Konkurrenz schwächer ist, gezielt durch das Marketing anzusprechen und für das eigene Angebot zu gewinnen.

Durch die Angebotserweiterung wird der Markt für die Konsumenten immer unübersichtlicher. Um die Konsumenten auf die vielfältigen Angebote hinzuweisen, wird immer mehr Marktkommunikation erforderlich, so dass auch aus diesem Grund auf den gesättigten Märkten die Informationskonkurrenz laufend zunimmt.

Von 1975 bis 1995 hat sich die Zahl der beworbenen Marken von 25.000 auf 56.473 mehr als verdoppelt, in einigen Branchen mit starker Marktdifferenzierung sogar mehr als verdreifacht (Nielsen, Market Research, 2004). Im Markt für Automobile gab es 1970 288 Marken und Modelle, 1985 waren es bereits 911 und 2003 2.045 Marken und Modelle. Bei Computern gab es einen vergleichbaren Zuwachs (von 367 Marken im Jahr 1970 auf 1.845 Marken im Jahr 2003)[9]. Dadurch kam es auch zwangsläufig zu einer drastischen Erhöhung der Anzeigenseiten in Publikumszeitschriften (von 85.000 im Jahr 1970 auf 283.621 im Jahr 2002) (Nielsen S+P Werbeforschung, 2002). Besonders deutlich wird die Werbeflut im Fernsehen: Laut Nielsen S+P Werbeforschung konnte man bereits im Jahr 1992 1.498 Werbespots pro Tag schauen. Das entspricht einer Werbezeit von 11 Stunden. 2002 waren es bereits mehr als 45 Stunden Werbefernsehen am Tag (= 7.169 Spots täglich)!

---

[9] Diese Daten wurden zusammengestellt aus der Spiegel-Dokumentation über Daten, Fakten und Trends von 1947 bis 1987 (Spiegel-Verlag, Hamburg, 1987), der Zeitschrift Auto Katalog Modelljahr 2003 (47. Jahresausgabe, 2003/2004, Vereinigte Motor-Verlage, Stuttgart, S. 187 – 259) sowie aus der DCI Database for Commerce and Industry GmbH in Starnberg. Durch den Bruch der Datenquellen nach 1985 können sich aufgrund anderer Operationalisierungen marginale Verzerrungen der Zahlen ergeben.

Es wird deswegen für einen einzelnen Anbieter immer schwieriger, zur Menge der wahrgenommenen Kaufalternativen zu gehören.

Differenzierung der Marktkommunikation: Um die verschiedenen Marktsegmente durch die Kommunikation wirksam anzusprechen, ist es notwendig,

- die Werbebotschaft auf die verschiedenen Zielgruppen abzustimmen und
- Medien zu nutzen, die sich an die speziellen Zielgruppen richten.

Als besonders einfacher Weg, mit einer Werbebotschaft eine bestimmte Zielgruppe zu erreichen, gilt die Abbildung von Zielgruppen in der Werbung. Zur genaueren Kennzeichnung der Zielgruppen wird dabei häufig ein bestimmter Lebensstil abgebildet.

Die aus dem Denken in Marktsegmenten folgende Abbildung von Zielgruppen in der Werbung kann auch an Veränderungen des Werbestils abgelesen werden. Die bloße Darstellung von Produkten hat seit den 50er Jahren bis heute laufend abgenommen (von fast 60 % aller Bildmotive in der Werbung auf unter 20 %). Dagegen bestimmen heute Darstellungen der Produktverwendung durch die Zielgruppen – oft in einem lebensstiltypischen Umfeld – die Werbebotschaft (Leiss, Kline, Jhally, 1997, S. 268).

Zur Abstimmung der Werbung auf einzelne Zielgruppen benötigt der Werbetreibende Einsichten in das Verhalten, insbesondere in den Lebensstil der Zielgruppen. Das ist schwierig, denn die psychologische Entfernung von denjenigen, die Werbung machen, zu den Zielgruppen ist oft groß.

Um die Marktsegmente gezielter ansprechen zu können, werden verstärkt Medien (Programme) eingesetzt, die auf verschiedene Segmente zugeschnitten sind. Die Marktsegmentierung spiegelt sich demzufolge in einem Wachstum der »Special Interest Titel« wie Zeitschriften für Essen und Trinken, für Sport, Autofahren usw. wider. Für manche Interessengebiete gibt es mehr als ein Dutzend oft hart konkurrierender Zeitschriften wie

Werken und Basteln	96 Titel
Reisen	61 Titel
Pferdesport	20 Titel
Computer	166 Titel [10]

---

[10] Die Angaben stammen aus dem MediaDigest 2000: Zeitschriften/Basics, das von Martini herausgegeben wird. Extreme Entwicklungen gab es auch im Bereich der Kundenmagazine. Deren Zahl hat sich seit 1990 auf mehr als 2.400 Magazine verdoppelt.

Zielgruppen unterscheiden sich demnach nicht nur hinsichtlich ihrer Bedürfnisse und Wünsche an bestimmte Angebote, sondern auch stark in Bezug auf das Mediennutzungsverhalten. Laut GfK sind 37 % der Fernsehzuschauer ab 14 Jahren Selektivseher, 33 % Durchschnittsseher und 30 % Intensivseher. Vielseher oder Couch Potatoes sitzen täglich sechseinhalb Stunden im Pantoffelkino und bekommen dabei 31 Minuten lang Werbespots serviert (o. V., 2003). Selektivseher verbringen hingegen gerade einmal 58 Minuten am Tag vor dem Fernseher und sehen nur vier Minuten Werbespots. Gerade Selektivseher sind jedoch für die Markenwerbung wichtig, da diese besonders einkommensstark sind. Der Anteil an Selektiv- und Vielsehern schwankt je nach Produktgruppe erheblich, so dass man dies bei der Wahl der Werbemedien sehr genau berücksichtigen sollte (o. V., 2003, Franz, Hofsümmer, 2003).

Alles in allem trägt diese Entwicklung erheblich zur Informationsüberlastung auf den Märkten bei, denn das Informationsangebot wächst aufgrund der mit der Marktsegmentierung verbundenen Flut von zusätzlichen Werbebotschaften und von zusätzlichen Medien erheblich stärker als der Informationskonsum.

Eine Werbung, die in dieser Informationsflut ihre Zielgruppen erreichen will, muss die Psychologie dieser Zielgruppen treffen.

Anders ausgedrückt: zielgruppenspezifische Kreativität wird notwendig. Der 25jährige alleinlebende Kreative mit hohem Einkommen ist in der Regel unfähig, Werbung zu machen, die sich an kinderreiche Familien, berufstätige Ehefrauen unter Zeitdruck oder an Senioren wendet. Ein Ergebnis dieser Unfähigkeit sind die vielen unwirksamen Klischees, die uns die Werbung serviert, weil die besonderen Wünsche und Vorstellungen der Zielgruppe auch nicht annähernd getroffen werden. Das Marketing ist deswegen in zunehmendem Maße auf die Hilfe der psychologischen Marktforschung angewiesen, um die Werbung auf den Lebensstil der Zielgruppen einzustellen.

3 Gesellschaftliche Bedingungen: Wertewandel

Mit den aufgeführten Kommunikations- und Marktbedingungen sind nur die wichtigsten Bedingungen genannt, denen sich die Marktkommunikation stellen muss. Hinzu kommen noch wichtige gesellschaftliche Bedingungen.

Recht: Als erstes sind die Rechtsnormen für die Kommunikation hervorzuheben wie die einschlägigen Vorschriften des UWG (Gesetz gegen den unlauteren Wettbewerb), die sich unter anderem gegen die Irreführung der Umworbenen und die Ausnutzung von Gefühlen richten. Ergänzt werden diese Rechtsnormen durch EU-Richtlinien wie die vom Oktober 1997 zur vergleichenden Werbung, die laut Urteilsbegründung des Bundesgerichtshofs nun auch in Deutschland möglich ist (Esch, 1998 g).

Einen regulierenden Einfluss hat auch die Selbstkontrolle der Werbewirtschaft mittels freiwilliger Verhaltensregeln (wie Regeln zur Werbung mit und für Kinder) und Kontrollorganen wie dem Deutschen Werberat.

Öffentliche Meinung: Die mehr oder weniger kritische Haltung der Bevölkerung gegenüber der Werbung ist eine weitere Einflussgröße. Diese ist nicht zuletzt dafür verantwortlich, in welchem Maße sich die Bevölkerungsgruppen der Werbung aussetzen und wie sie die Werbung aufnehmen und verarbeiten. Werbung, der die Umworbenen kritisch gegenüberstehen, löst sehr viel eher Irritation und Ablehnung aus als eine Werbung, die mit geringer Kritik aufgenommen wird.

Allgemein gilt, dass die Sensibilität gegenüber werblicher Beeinflussung in den letzten Jahrzehnten gestiegen ist. So hat sich beispielsweise die kritische Haltung gegenüber einer Werbung verstärkt, die für umweltschädliche Produkte eintritt oder gegen die Emanzipation der Frauen verstößt (Abbildung 5).

Wird bei der Werbung auf diese Sensibilität der Umworbenen keine Rücksicht genommen, so wird der Beeinflussungserfolg aufs Spiel gesetzt: Irritationen, die bei den Umworbenen entstehen, schränken die Beeinflussungswirkungen der Werbung ein.

Das gilt vor allem für die gefühlsmäßige Verunsicherung der Umworbenen, die dann entsteht, wenn Werbung die ungeschriebenen Gesetze der öffentlichen (zielgruppenspezifischen) Meinung verletzt (Abbildung 5).

Die von der Werbung ausgelöste und beim Test gemessene »Irritation« ist deswegen in den letzten Jahren zu einem wichtigen Indikator für die Werbewirkung geworden (Kroeber-Riel, Esch, 1988).

Wertorientierungen: Die genannten Beispiele (wie Werbung für umweltschädliche Produkte) verdeutlichen die Bedeutung, welche die Werthaltungen der Umworbenen haben. Man versteht darunter die in einer Kultur bestehenden Überzeugungen und Normen, an denen sich das Verhalten orientiert.

Für die Marktkommunikation sind vor allem grundlegende Trends zu beachten, die auf das Konsumentenverhalten durchschlagen. Das sind an erster Stelle[11]:

– Erlebnis- und Genussorientierung,
– Gesundheits- und Umweltbewusstsein,
– Betonung der Freizeit,
– internationale und multikulturelle Ausrichtung sowie
– Suche nach Individualität.

---

[11] Übersichten zu Wertewandel und Marketing bieten Tietz, 1982, Pitts, Woodside, 1984, Windhorst, 1985, Raffée, 1988, Schürmann, 1988, Wiswede, 1991, Naisbitt, Aburdene, 1991, Weinberg, 1992, Opaschowski, 1993, 2001.

Abbildung 5: Zur Irritation von Zielgruppen

a) älteres Beispiel   b) Beispiel aus jüngerer Zeit

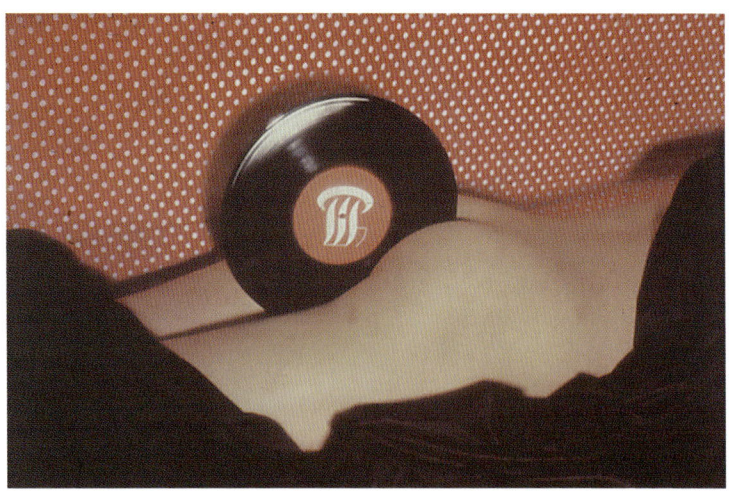

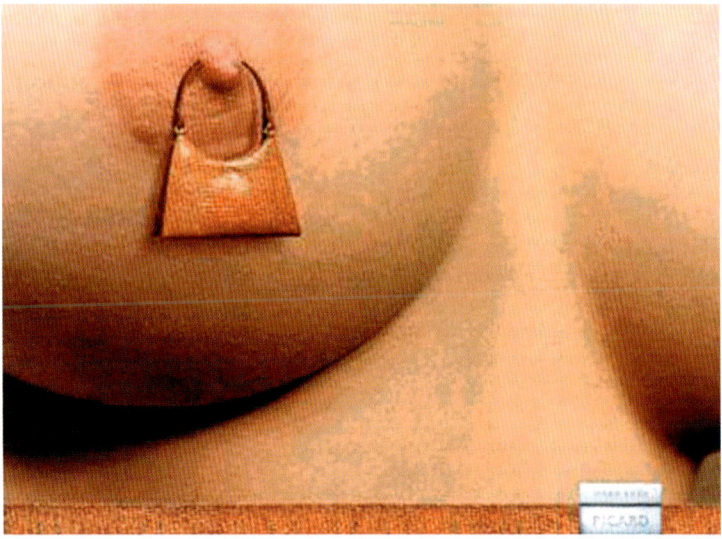

Anmerkung: Die Schallplattendarstellung wurde in einer Ausstellung »Frau und Werbung« kritisiert, weil sie nach Ansicht der Frauenreferentin eines Ministeriums die Werthaltung von Frauen verletzt. Quelle: Tani, 1983.

Diese Wertorientierungen lassen sich als Ausprägungen eines übergeordneten Trends zur Selbstverwirklichung auffassen.

Vor allem die Erlebnis- und Genussorientierung prägt die Marktkommunikation mit den Konsumenten. Sie kommt in einem Bedürfnis der Konsumenten nach emotionaler Anregung und Erfahrung zum Ausdruck.

Ob in der Natur, in der Stadt, in der Kommunikation: Die Konsumenten präferieren in zunehmendem Maße eine anregende und lustbetonte Umwelt. Beispiele: Freizeitparks ziehen in Deutschland allein in einem Jahr über 20 Millionen Besucher an. Faith Popcorn (2001) führt dies auf einen Trend zurück, den sie als »Fantasy Adventure« bezeichnet. Freizeitparks ermöglichen in diesem Sinne »Abenteuer im Kopf«, die man ohne Gefahr für Leib und Leben bewältigen kann. Oder: In Städten leiden die kommunalen Schwimmbäder an Besucherschwund, obwohl sie einen ausgezeichneten funktionalen Service bieten. Die Besucher wandern zu erlebnisbetonten Freizeiteinrichtungen (Erlebnisbädern) ab usw.

Auf einen kurzen Nenner gebracht kann man sagen:

Der erlebnisorientierte Konsument ist auf dem Vormarsch[12].

Laut Opaschowski (1998, S. 29) zählt sich heute nahezu die Hälfte der deutschen Bevölkerung zur Gruppe der Erlebniskonsumenten. Was zählt, ist der Spaßfaktor und »Dinge, die das Leben schön machen« (Opaschowski, 1998, S. 30). In der Sozialwelt der Erlebnisgesellschaft gilt der Satz »Ich tue, was mir gefällt. (...)«. Man betrachtet die Welt als Speisekarte und stellt sich ein optimales Menü zusammen.« (Schulze, 1998, S. 305). Marktforschungsuntersuchungen aus allen Bereichen spiegeln diesen Trend wider.

Bei der festgestellten Erlebnisorientierung geht es darum, das Leben hier und heute zu genießen, etwa im Bereich der Ernährung durch das Ausprobieren von reizvollen Rezepten und exotischen Speisen, durch häufige Restaurantbesuche, sensualistische Tischdekorationen usw. Der Geländewagenboom in Deutschland ist ebenfalls nicht durch deren sachliche Produkteigenschaften erklärbar. Die meisten Geländewagen haben nachweislich noch nie Schlamm unter den Rädern gespürt (Esch, 2000 d, S. 243). Vielmehr werden sie aus Gründen der Selbstverwirklichung, eskapistischen Motiven, dem Gefühl der Überlegenheit usw. gekauft.

Diese Erlebnisorientierung ist in der jüngeren Generation stärker ausgeprägt als in der älteren Generation. Selbstverständlich äußert sich die Erlebnis- und Genussorientierung auch in den verschiedenen Marktsegmenten in ganz unterschiedlichen Verhaltensweisen. Unberührt von dieser

---

[12] Vgl. Kroeber-Riel, 1984 c, Schulze, 1992 mit weiteren Literaturhinweisen und empirischen Angaben.

Haltung sind nur kleine Minderheiten. Zu diesem Schluss gelangt auch der Soziologe Schulze in seiner umfassenden Studie zur Erlebnisgesellschaft. Nach seinen Erkenntnissen werden viele Angebote fast ausschließlich aus innenorientierten Motivationen nachgefragt:

»Fernseh- und Radioprogramme, Musikkonserven, Zeitschriften, Urlaubsreisen, modische Accessoires, Ausstellungen, Theater, Konzerte, Belletristik und vieles mehr. Bei anderen Produkten mischen sich außenorientierte und innenorientierte Komponenten, wobei die Bedeutung des innenorientierten Komplexes in den letzten Jahren gewachsen ist: Bekleidung, Fahrzeuge, Eigenheime, Möbel, Nahrungsmittel, um nur das wichtigste zu nennen. Es fällt schwer, noch irgendwelche Angebote ausfindig zu machen, deren Konsum überwiegend außenorientiert wäre – von Schuhcreme, Kochsalz, Blumendünger und ähnlichen Nebensächlichkeiten abgesehen, bleibt kaum etwas übrig. ... Der Markt für Investitionsgüter ist das letzte Reservat von Wirtschaftsbeziehungen, für deren Verständnis es genügt, außenorientierte Motivationen zu untersuchen.« (Schulze, 1992, S. 427 f.).

Der Erfolg der Marktkommunikation hängt demzufolge in zunehmendem Maße davon ab, inwieweit es gelingt, die angebotenen Produkte und Dienstleistungen in die emotionale Erfahrungs- und Erlebniswelt der Empfänger einzupassen. Dies trifft – neueren Erkenntnissen zufolge – selbst für das »Reservat« der Investitionsgüterwerbung zu. Auch hier lässt sich das Beeinflussungspotenzial der Werbung durch den Einsatz von Erlebniswerten erhöhen (Lasogga, 1998, S. 89). Nach einer umfassenden Studie von Lasogga (1999) verbessert emotionale im Vergleich zur informativen Werbung im Business-to-Business-Bereich die Kontaktchancen, erhöht die Anmutungsqualität und führt zu einer besseren Produktbeurteilung sowie einer höheren Erinnerungsleistung.

Dass sich die Werbung immer mehr auf die erlebnisbetonten Empfänger einstellt, geht aus Langzeituntersuchungen von Werbebotschaften, insbesondere aus den USA, hervor (Belk, Pollay, 1985, Leiss, Kline, Jhally, 1997).

B Zielsystem der Werbung

Werbung lässt sich als versuchte Verhaltensbeeinflussung mittels besonderer Kommunikationsmittel auffassen.

Diese Definition grenzt Werbung von anderen Formen der Meinungsbeeinflussung ab, bei denen keine besonderen Kommunikationsmittel (Werbemittel) eingesetzt werden, wie dies bei der Verhaltensbeeinflussung durch persönlichen Verkauf oder durch Verkaufsförderung der Fall ist. Wenn man ohne weiteren Zusatz von Werbung spricht, so meint man üblicherweise die Absatzwerbung für Konsum-, Dienstleistungs- oder Investitionsgüter: Die Abnehmer sollen durch die Werbung dazu gebracht werden, die angebotenen Güter zu kaufen.

Werbung wird aber auch auf anderen Märkten als den Absatzmärkten eingesetzt, auf Beschaffungsmärkten, Finanzmärkten, Personalmärkten usw.

Wachsende Bedeutung erhält die Werbung im nicht kommerziellen Bereich. Beispiele sind die Werbung für Wohlfahrtsverbände, Bildungseinrichtungen, Städte, Parteien, Kirchen usw. Die Werbung hat hier in erster Linie dafür zu sorgen, dass das Angebot der nicht kommerziellen Anbieter von den angesprochenen Zielgruppen beachtet, positiv beurteilt und in Anspruch genommen wird.

1 Probleme der Zielformulierung

Fast immer zielt Werbung auf eine Beeinflussung des Verhaltens ab, ein Produkt zu kaufen, eine Partei zu wählen oder ein Museum zu besuchen. Manchmal sollen auch nur Meinungen und Einstellungen beeinflusst werden, die sich in einer Vielzahl verschiedener Verhaltensweisen niederschlagen (Beispiel: Werbung für einen bestimmten Glauben).

Um mittel- und langfristige Werbestrategien zu formulieren, ist es allerdings nicht zweckmäßig, die Ziele der Werbung direkt auf das beobachtbare Verhalten zu beziehen. Solche Ziele sind als Handlungsanweisungen für Werbetreibende nicht geeignet. Sie erfüllen nicht die Voraussetzung einer operativen Zielsetzung, dass derjenige, der die Ziele verfolgen soll, auch einen kontrollierbaren Einfluss auf die Zielerreichung hat. Wenn zum Beispiel einem Manager, der für die Werbung verantwortlich ist, Umsatzziele vorgegeben werden, so liegt es (im Allgemeinen) nicht in seiner

Macht, diese Ziele mittels Werbung zu erreichen. Das Verhalten der Abnehmer, das zum Umsatz führt, hängt von einer Vielzahl weiterer Einflüsse ab, die der Werbemanager nicht kontrollieren kann, von Qualität und Preis des Produktes oder von der Distribution, von Empfehlungen und Normen der sozialen Umwelt usw.

Zielvorgaben wie »Erhöhe den Umsatz mittels Werbung« oder »Beeinflusse das Wahlverhalten zugunsten einer Partei« sind viel zu abstrakt, um als Handlungsanweisungen zu dienen, weil

- im Allgemeinen keine **direkten** Beziehungen zwischen Werbung und Verhaltensänderungen nachweisbar sind (Zurechnungsproblem);
- ganz unterschiedliche Werbemaßnahmen zur Beeinflussung des Verhaltens eingesetzt werden können (Operationalisierungsproblem).

Solange die Beziehungen zwischen den Werbemaßnahmen und der angestrebten Verhaltensbeeinflussung offen bleiben, kann man gut über den Werbeerfolg streiten; ein unzureichender Werbeerfolg − wie fehlende Umsatzzuwächse − lässt sich dann leicht auf andere Einflussgrößen sowie auf unzureichend formulierte Ziele oder unwirksame Techniken der Kommunikation schieben. Diese Überlegung führt zu der Forderung:

> Werbeziele müssen so konkret formuliert werden, dass der Erfolg den Werbemaßnahmen zugerechnet werden kann.

Das gilt sowohl für langfristige als auch für kurz- und mittelfristige Ziele. Dazu ein Beispiel aus dem nicht kommerziellen Bereich:

Die Vorgabe »Sorge durch die Werbung dafür, dass mindestens 7 % der Bevölkerung − oder eines Bevölkerungssegments − die FDP wählen«, kommt als Zielsetzung für die Werbung nicht in Frage: Aufgrund der zahlreichen Einflüsse auf das Wahlverhalten der Bevölkerung ist es auch nicht annähernd möglich, eine direkte Beziehung zwischen Werbemaßnahmen und Wahlerfolg für die FDP herzustellen. Demzufolge bleibt es offen, ob Werbemanagement oder Agentur gute Arbeit geleistet haben, sie können sich stets auf nicht durchschaubare andere Einflüsse auf das Wahlverhalten berufen.

Das ist nicht mehr möglich, wenn man die Werbeziele genauer festlegt, so dass kontrolliert werden kann, ob die Werbung ihr Ziel erreicht hat oder nicht. Ein solches Ziel ist zum Beispiel eine Positionierung der FDP, die darauf hinausläuft, dass der FDP in den Augen der Bevölkerung gewisse (attraktive) Eigenschaften zugeordnet werden. Da man die Wahrnehmung der Bevölkerung vor und nach der Werbung messen kann, wird die Zielerreichung wenigstens grob und annähernd nachweisbar.

Das Zurechnungsproblem: Um das hier sichtbar gewordene Zurechnungsproblem in den Griff zu bekommen, wählt man meistens als Ziel statt der letztlich angestrebten Verhaltensbeeinflussung hilfsweise die Beeinflussung von Haltungen (Verhaltensdispositionen), die »hinter« dem Verhalten stehen. Verbreitete Ziele sind die Erhöhung der Markenbekanntheit, die Stabilisierung oder Änderung von Einstellungen und die Verstärkung von Kaufabsichten.

Derartige Zielvorgaben setzen voraus, dass

- die Verhaltensdisposition (wie die Einstellung zur Marke) durch die Werbung beeinflusst werden kann;
- die Beeinflussung durch die Werbung mit Hilfe von Messungen nachweisbar ist und
- die beeinflusste Verhaltensdisposition tatsächlich die angestrebte Verhaltensänderung nach sich zieht.

Die Ableitung der konkreten Werbeziele verlangt also ein psychologisches Modell über das Zustandekommen und die Beeinflussbarkeit des menschlichen Verhaltens. Darauf wird im nächsten Abschnitt eingegangen.

Beispiel für die zweckmäßige Transformation eines Marketingziels: Die Deutsche Bank wird statt des direkt auf das Verhalten von Menschen gerichteten Ziels »Gewinne durch die Werbung mehr mittelständische Kunden« das besser kontrollierbare Ziel »Verbessere die Einstellung des mittelständischen Publikums gegenüber der Bank« angeben (= Beeinflussung einer Verhaltensdisposition). Dieses Werbeziel ist hinsichtlich Inhalt, Zielgruppe und Umsetzungszeitraum noch genauer zu fassen, damit es als Handlungsanweisung dienen kann. So kann etwa vorgegeben werden, das Image vor allem dahingehend zu verbessern, dass die Bank als weniger elitär beurteilt wird.

Die Beziehung zwischen dieser angestrebten Imagebeeinflussung und dem Verhalten der Zielgruppe kann mit Hilfe der Marktforschung abgeleitet werden. Zum Beispiel lässt sich feststellen, dass das mittelständische Publikum die Dienste der Deutschen Bank weniger als zu erwarten in Anspruch nimmt, weil diese Bank ein zu elitäres Image in der Zielgruppe hat.

Zusammenfassend: Der Vorteil von konkret formulierten, psychologischen Zielgrößen wie »Verbessere die Einstellung« oder »Verstärke die Kaufabsicht« liegt darin, dass man die Zielerreichung der Werbung erheblich besser zurechnen kann, als wenn man die letztlich angestrebten Verhaltensänderungen als Ziele nimmt.

Wer auf konkrete und kontrollierbare Zielsetzungen für die Werbung verzichtet, überlässt den Werbeerfolg dem Zufall und entlässt diejenigen aus der Verantwortung, welche die Werbung zu gestalten haben.

Die Vorgabe von solchen Werbezielen lässt aber für die praktische Umsetzung noch immer einen zu großen Spielraum. Die Ziele müssen so genau gefasst werden, dass überprüfbare Handlungsanweisungen entstehen.

Das Operationalisierungsproblem: Die Operationalisierung der Werbeziele besteht darin, Wege und Techniken aufzuzeigen, mit denen die Ziele erreicht werden können. Zur Verdeutlichung führen wir das Beispiel über das Werbeziel der Deutschen Bank fort:

Das erwähnte Ziel »Vermindere den elitären Eindruck der Deutschen Bank« kann auf unterschiedliche Weise erreicht werden: Ein Weg könnte darin bestehen, durch die Werbung sachliche Informationen über die Bank zu vermitteln, die nachweisen, dass die Bank gar nicht so elitär ist, dass ihre Angebote auch für die gewöhnlichen mittelständischen Kunden vorgesehen und geeignet sind. Ein ganz anderes Vorgehen könnte darauf abzielen, der Bank – ohne weitere Information – durch eine bildbetonte Werbung einen emotionalen Erlebniswert zu geben, der die beabsichtigte Imagekorrektur herbeiführt.

Für diese beiden Beeinflussungstechniken werden unterschiedliche Werbemittel und Medien benötigt, sie lösen auch unterschiedliche Verhaltenswirkungen aus. Zum Beispiel sind für die Einstellungsänderung durch emotionale Beeinflussung mehr Kontakte erforderlich, dafür sind die erzielten Änderungen stabiler als solche, die durch die informative Werbung ausgelöst werden. Um den erreichten Werbeerfolg zu ermitteln, sind auch unterschiedliche Testmethoden heranzuziehen.

Dieses Beispiel lässt sich verallgemeinern: Fast immer gibt es unterschiedliche Wege und Techniken, um vorgegebene Werbeziele (die psychologische Beeinflussung) zu erreichen. Die Zielvorgaben bleiben also unvollständig, ihre Umsetzung ist nicht hinreichend kontrollierbar, wenn sie nicht weiter operationalisiert werden:

> Zur Operationalisierung der Werbeziele sind die Beeinflussungstechniken anzugeben, mit denen die Ziele erreicht werden sollen!

Statt von Beeinflussungstechniken kann man auch von Sozialtechniken sprechen (vgl. S. 127). Von den ausgewählten Sozialtechniken hängt die Wirksamkeit der Werbemittel ab. Sie bestimmen, wie die Werbung gestaltet und über die Medien gestreut wird. Genaueres über die zur Verfügung stehenden Sozialtechniken folgt im Kapitel D.

2 Die Beeinflussungsziele

Bevor wir auf die strategischen Zielsetzungen der Werbung eingehen, müssen wir zwei entscheidende Fragen beantworten:

– Welche Beeinflussungziele kommen für die Werbung in Frage?
– In welcher Beziehung stehen diese zu den übergeordneten Marketingzielen?

Zur Beantwortung der ersten Frage formulieren wir ein **Modell** der Verhaltensbeeinflussung durch Werbung, welches das komplexe System von Werbezielen und -wirkungen auf eine einfache Struktur mit drei **grundlegenden Beeinflussungszielen** reduziert; das sind:

1. Aktualisierung – erzeuge Aktualität für das Angebot!
2. Emotion – löse Emotionen für das Angebot aus!
3. Information – vermittle Informationen über das Angebot!

Bei diesen Beeinflussungszielen handelt es sich um psychologische Zielgrößen, über die man das Verhalten der Abnehmer auf dem Markt beeinflussen kann. Welches der Beeinflussungsziele für die Werbung auszuwählen ist, hängt davon ab, unter welchen Bedingungen die Veränderung des Abnehmerverhaltens angestrebt wird (mehr dazu später).

Jedem Beeinflussungsziel können auf Seiten der Abnehmer entsprechende Wirkungen zugeordnet werden (Abbildung 6). Der Zusammenhang zwischen den verschiedenen Beeinflussungswirkungen und dem (Kauf-) Verhalten lässt sich zur ersten Orientierung als Verhaltensablauf beschreiben, bei dem mehrere Wirkungen ineinander greifen:

- **Wahrnehmung:** Das in der Werbung dargestellte Angebot (zum Beispiel eine Konsumgütermarke) wird als aktuelle Alternative für die Kaufentscheidung wahrgenommen.
- **Emotion:** Aufgrund der in der Werbebotschaft dargebotenen Reize wird das Angebot emotional erlebt.
- **Information:** Der sachliche Inhalt der Werbebotschaft löst eine rationale Beurteilung des Angebots aus.
- Das Zusammenwirken von emotionaler Haltung zum Angebot und rationaler Beurteilung führt zu **komplexen inneren Haltungen** (»Einstellungen«[13]), die das Verhalten beeinflussen.

Jedes dieser Verhaltenssegmente umfasst wiederum zahlreiche gedankliche und emotionale Einzelwirkungen: Die rationale Beurteilung kann sich beispielsweise mehr oder weniger automatisch oder bewusst, nach vereinfachten Denkschemata oder nach logischen Überlegungen, mit oder ohne vorhandene Produktkenntnisse usw. vollziehen.

Zur Verknüpfung der Beeinflussungswirkungen ist Folgendes hervorzuheben:

---

[13] Je nach Sprachgebrauch und Einstellungsmodell werden auch die emotionalen Angebotserlebnisse und die rationale Angebotsbeurteilung als Einstellung bezeichnet.

Der emotionale Eindruck geht der rationalen Beurteilung voraus:
Nach den klassischen Einstellungsmodellen wird angenommen, dass die Eigenschaften eines Angebotes zunächst wahrgenommen und dann beurteilt werden. Erst nach der sachlichen Beurteilung bildet sich eine positive oder negative Haltung heraus.

Das bedeutet, dass die gedankliche (»kognitive«) Einsicht in die Vorteile und Nachteile eines Gegenstandes darüber entscheiden, ob dieser akzeptiert wird und wie das Verhalten gegenüber dem Gegenstand aussieht.

Forschungsergebnisse – insbesondere von Zajonc (1980) – und die neuere Kritik an den kognitiven Einstellungsmodellen sprechen jedoch dafür, dass ein solches Verhalten im Bereich der Konsumentenentscheidungen ein **Sonderfall** ist. Es tritt nur bei extensiven Entscheidungen auf, bei denen sich der Konsument eingehend mit den Eigenschaften des Produktes oder der Dienstleistung auseinander setzt. Aber selbst dann beeinflusst die spontan zustande gekommene emotionale Haltung die rationale Beurteilung erheblich.

Extensive, überlegte Entscheidungen sind jedoch selten. Die gedankliche Auseinandersetzung mit dem Angebot ist häufig gering, oft kaum vorhanden. Dann spielt der emotionale Eindruck eine dominierende Rolle. Er bestimmt direkt die Entscheidung (wie bei Impulskäufen) oder er kanalisiert die rationalen Überlegungen, die sich auf das Angebot richten.

Das gilt vor allem für die vielen Konsumentscheidungen, die mit geringem Involvement getroffen werden, von der Wahl einer Biermarke bis zur Wahl eines Kühlschranks[14].

Es ist deswegen nicht übertrieben, wenn man den emotionalen Eindruck eines Produktes oder einer Dienstleistung als **Angelpunkt** für die meisten Konsumentenentscheidungen ansieht, als eine »Vor-Entscheidung«, die das Verhalten direkt oder indirekt lenkt. Dieser Sachverhalt wird in der Werbung allzu oft vernachlässigt. Jede langfristige Strategie muss dahingehend überprüft werden, inwieweit die emotionalen Wirkungen sichergestellt sind, welche für die Akzeptanz des Angebots erforderlich sind.

Auswahl der Ziele nach den Beeinflussungsbedingungen: Wir erörtern nun, unter welchen Bedingungen dieses oder jenes Beeinflussungsziel der Werbung vorzugeben ist, um das Käuferverhalten zu beeinflussen (Abbildung 6).

---

[14] In einer Untersuchung von Laurent und Kapferer (1985) brachten Konsumenten Kühlschränken ein weitaus geringeres Involvement (Interesse) entgegen als Kleidern. Beim Kauf von Kleidern wird ein hohes soziales Risiko empfunden, während der Kauf von Kühlschränken mit nur geringen wirtschaftlichen und funktionalen Risiken verknüpft ist.

Abbildung 6: Die grundlegenden Beeinflussungsziele und die Bedingungen für ihre Wirksamkeit

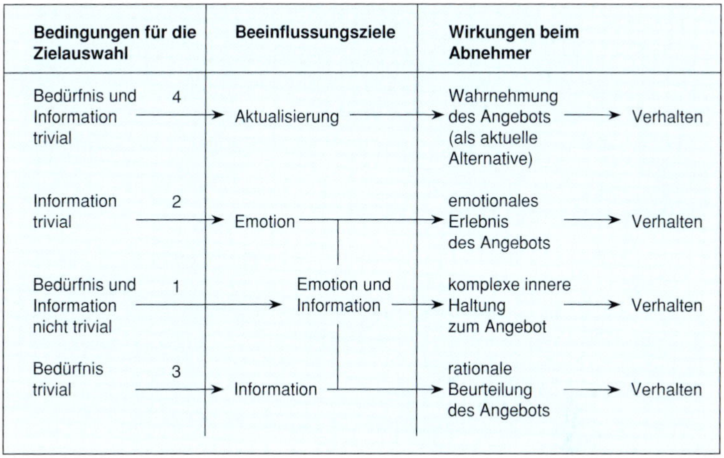

Bedingungen für die Zielauswahl	Beeinflussungsziele	Wirkungen beim Abnehmer	
Bedürfnis und Information trivial 4	→ Aktualisierung	→ Wahrnehmung des Angebots (als aktuelle Alternative)	→ Verhalten
Information trivial 2	→ Emotion	→ emotionales Erlebnis des Angebots	→ Verhalten
Bedürfnis und Information nicht trivial 1	Emotion und → Information	→ komplexe innere Haltung zum Angebot	→ Verhalten
Bedürfnis trivial 3	→ Information	→ rationale Beurteilung des Angebots	→ Verhalten

Notwendig, aber meist nicht hinreichend ist die Wahrnehmung des Angebots als aktuelle Alternative. Beim Einkauf werden ja nicht alle Alternativen (Marken) beachtet, sondern nur solche, die zur Menge der wahrgenommenen und von vornherein akzeptierten Alternativen gehören. So lange ein Angebot – eine Marke – nicht dazugehört, und sei es nur in kleinen Zielgruppen, so lange können auch positive Beurteilung oder attraktives Image nicht wirksam werden.

Aktualität eines Angebots zu erreichen, ist demzufolge ein unumgängliches Ziel der Werbung, das mit jeder anderen Zielsetzung zu verbinden ist, wenn die Werbung ihre Aufgaben auf dem Markt erfüllen soll[15]. Bei der Vielzahl der um die Aufmerksamkeitsgunst der Konsumenten ringenden Angebote ist die Verankerung einer Marke im Kopf der Konsumenten ein erster notwendiger Schritt zur Schaffung einer starken Marke (Esch, 2004). Die Schlüsselfrage lautet unter der herrschenden Kommunikationsflut heute nicht mehr »What evokes the brand?« sondern »What can evoke the brand?« (Holden, Lutz, 1992).

---

[15] Zur Aktualität als Werbeziel vgl. auch Burdich, Kaplitza, 1987, Holden, 1993, Rossiter, Percy, 1996.

An die erste Stelle jeder Checkliste zur Überprüfung der Werbung gehört deswegen die Kontrolle, ob die Werbung ihre Aktualisierungsaufgaben erfüllt[16].

Das Ziel »Aktualität« wird nachfolgend nicht jedes Mal von neuem aufgeführt, es wird im Zielsystem nur dann ausdrücklich genannt, wenn sich die Werbung vorrangig auf dieses Ziel bezieht.

Dies vorausgesetzt ist jetzt das erste Beeinflussungsziel zu bestimmen:

Emotion und Information als Ziel

In vielen Fällen haben die angebotenen Produkte und Dienstleistungen Eigenschaften, die den Abnehmern noch nicht hinreichend bekannt sind oder die sie nicht in der vom Anbieter gewünschten Weise beurteilen. Dann wird Information über die Eigenschaften des Angebots ein Ziel der Werbung.

Aber Information allein reicht nicht aus, wenn sie keine aktuellen Bedürfnisse und Ansprüche beim Abnehmer anspricht. Was nützen z. B. Informationen über die Vorteile von Wohnzimmermöbeln, wenn die Konsumenten der Zielgruppe keine Bedürfnisse empfinden, ihre Wohnzimmer mit neuen oder zusätzlichen Möbeln auszustatten?

Informationen über Produkte und Dienstleistungen bewegen nur dann das Verhalten, wenn sie auf Bedürfnisse stoßen, durch die sie für die Empfänger relevant werden. Diese Bedürfnisse können durch die Werbung aktualisiert, verstärkt, neu geschaffen und/oder auf bestimmte Produkte und Dienstleistungen gelenkt werden. So kann man bei den Konsumenten Erlebnisse des schöner Wohnens, der Abwechslung, der Modernität oder Nostalgie, der Gastfreundschaft usw. ansprechen, wenn man sie für Informationen über Möbel empfänglich machen möchte.

Neben der Information ist also der emotionale Appell ein grundlegendes Werbeziel.

Das gilt aber nur unter der Bedingung, dass die Abnehmer für Informationen und emotionale Appelle aufgeschlossen sind. Das ist meist auf wenig entwickelten und neuen Märkten der Fall. Die Produkte und Dienstleistungen sind dann im Allgemeinen noch nicht ausgereift und es bestehen erhebliche Qualitätsunterschiede zwischen den Angeboten.

Dann ist (1.) die Information über die Qualität noch nicht trivial und (2.) die Bedürfnisbefriedigung durch die angebotenen Produkte noch nicht selbstverständlich. Der Konsument ist deswegen auch an den (bedürfnis-

---

[16] Zur Messung der Aktualität und zu Anforderungen an eine Aktualisierungswerbung vgl. im Einzelnen Kapitel C. 5.

abhängigen) Verwendungszwecken der Güter mehr oder weniger interessiert.

Die unter diesen Bedingungen wirksame Kombination der Beeinflussungsziele »Information« und »Emotion« entspricht dem **klassischen Muster der Einstellungsbeeinflussung**:

- appelliere an ein Bedürfnis, zum Beispiel: »Achte auf Sicherheit beim Autofahren«;
- informiere über Eigenschaften des Angebots, die dazu dienen, das Bedürfnis zu befriedigen, zum Beispiel: »Volvo ist ein sicheres Auto«.

Nach diesem Muster können die Prädispositionen (Einstellungen) der Abnehmer zu den angebotenen Produkten und Dienstleistungen beeinflusst werden. Diese bestimmen dann in einer bestimmten Kaufsituation das Verhalten gegenüber den Produkten oder Dienstleistungen (im Einzelnen mit weiteren Literaturangaben Kroeber-Riel, Weinberg, 2003, S. 168 ff.).

Fast immer erfolgt der Bedürfnisappell durch das Bild und die Information über den Text der Werbung. Zur Verdeutlichung kann die Land Rover-Anzeige in Abbildung 7 beitragen. Das Bild appelliert an das Bedürfnis, sich mit einem Geländewagen in unberührter Natur und im unwegsamen Gelände fortbewegen zu können. Der Text weist darauf hin, dass der Land Rover genau der richtige Geländewagen dafür ist.

Nun gibt es Bedingungen, unter denen es zweckmäßig ist, von diesem Grundmuster der Beeinflussung abzugehen und entweder nur zu informieren oder nur Emotionen auszulösen oder sogar auf beides zu verzichten und nur Aktualität für das Angebot anzustreben.

Information als Ziel

Wenn die Umworbenen aktuelle Bedürfnisse haben und wenn ihnen klar ist, dass diese Bedürfnisse von bestimmten Produkten und Dienstleistungen befriedigt werden, so sprechen wir davon, dass die Bedürfnisse trivial sind (Bedingung 3 in Abbildung 6). Die Werbung kann sich dann einen gesonderten Bedürfnisappell ersparen; der Abnehmer würde von einem solchen Appell wenig berührt. Es genügt, über solche Eigenschaften des Angebots (einer Marke) zu informieren, die der Bedürfnisbefriedigung dienen.

Beispiel: In den Zielgruppen für LKWs spielen Informationen zum Ladevolumen und zu Lademöglichkeiten von LKWs eine wichtige Rolle. Es ist nicht mehr erforderlich, in der Werbung an das Bedürfnis nach maßgeschneiderten und bequemen Sattelzugkonzepten zu appellieren. Die Werbung kann sich in diesem Fall auf die Information beschränken, dass die angebotene LKW-Marke variable Sattelzugkonzepte für unterschiedliche Volumen bietet. Abbildung 7 zeigt eine solche informative MAN-Werbung, die keinen expliziten Bedürfnisappell enthält (aber, nebenbei bemerkt, in der Informationsgestaltung noch optimiert werden könnte).

Abbildung 7: Unterschiedliche Beeinflussungsziele in der Werbung (in Abhängigkeit von den Marktbedingungen)

Oben: Aktualisierungswerbung:
Die Marke soll »sichtbar« gemacht und thematisiert werden.

Unten: Gemischte Werbung nach dem grundlegenden Muster:
Bedürfnisappell + Angebotsinformation.

Oben: Informative Werbung: Bedürfnis ist evident.

Unten: Emotionale Werbung: Information ist trivial.

Emotion als Ziel

Oft ist es umgekehrt: Die relevanten Eigenschaften eines Produkts sind bekannt, und eine Marke unterscheidet sich in ihren Eigenschaften kaum von konkurrierenden Marken. Informationen über die – austauschbaren – Eigenschaften der verschiedenen Angebote werden dann trivial. Das ist vor allem auf gesättigten Märkten mit ausgereiften Produkten der Fall (Bedingung 2 in Abbildung 6). Eine Marke kann sich in diesem Fall von anderen Marken dadurch abheben, dass sie Konsumerlebnisse vermittelt, die andere Marken nicht vermitteln.

Die Werbung konzentriert sich dann darauf, Emotion statt Information zu bieten. Ihr wesentliches Ziel besteht darin, Produkte und Dienstleistungen mit emotionalen Konsumerlebnissen zu verknüpfen und diese zu Medien für besondere Marken- und Firmenerlebnisse zu machen.

Beispiel: Sportwagen weisen ähnliche Eigenschaften auf. Informationen über die nebensächlichen Unterschiede der konkurrierenden Marken sind für viele Zielgruppen kaum noch interessant. Die Werbung dient dazu, besondere Konsumerlebnisse einer Marke herauszustellen: Der Chevrolet wird zu einem Auto, mit dem man sich Kindheitsträume verwirklichen, den Zwängen der Umwelt entfliehen und seinem Rennfahrerherz frönen kann (Abbildung 7). Sachliche Information über das Auto wird nur am Rand geboten.

Aktualität als Ziel

Schließlich gibt es Produkte und Dienstleistungen, die beim Konsumenten auf triviale Bedürfnisse stoßen, auf Bedürfnisse, die ganz offensichtlich vom Angebot befriedigt werden. Und über das Angebot selbst gibt es kaum etwas zu informieren.

Die Werbung braucht dann weder emotionale Bedürfnisse anzusprechen noch Informationen über Produkteigenschaften zu vermitteln. Um das Kaufverhalten zu beeinflussen, genügt es, wenn das Angebot Aktualität besitzt und von den Konsumenten beim Einkauf als eine beachtenswerte Alternative wahrgenommen wird.

Beispiele bietet die Werbung für Toilettenpapier oder Mineralwasser. Eine Werbung für Toilettenpapier durchschnittlicher Qualität kann weitgehend darauf verzichten, Informationen zur Produktbeurteilung zu liefern und besondere Erlebnisse zu vermitteln. Kaufentscheidend ist eine hohe Aktualität des Angebots. Abbildung 7 gibt eine solche Anzeige für Chiquita wieder, die Aktualität als Werbeziel hat, nach dem Motto: Banane = Chiquita. Aktualität als Werbeziel würde hingegen bei so komplexen Produkten wie Autos alleine langfristig nicht ausreichen.

Die Aktualität gewinnt als grundlegendes Werbeziel vor allem auf gesättigten Märkten mit ausgereiften Produkten und Dienstleistungen an Bedeutung. Die Konsumenten nehmen dort kaum noch Informationen auf und sind auch emotional wenig involviert. Unter dieser »Low-Involvement-Bedingung« wenden sie sich Angeboten zu, die gerade in der Markt-szene »in« sind, die ihnen lediglich durch ihre Aktualität psychisch nahe ge-bracht werden.

3 Die marktstrategischen Ziele

Wir unterscheiden **strategische und taktische Ziele**. Strategische Wer-beziele sind die wesentlichen Ziele, die mittel- oder langfristig im Dienste des Markterfolges stehen. Taktische Ziele sind untergeordnete Ziele und solche, die nur kurzfristig umgesetzt werden, im Allgemeinen, um vorü-bergehende Engpässe und Schwächen auf dem Markt auszugleichen.

Jedes der angegebenen Beeinflussungsziele kann strategischen oder tak-tischen Zwecken dienen. Das heißt: Die Werbung kann vorübergehend und aus taktischen Gründen ihren Schwerpunkt auf eines der Beeinflus-sungsziele oder sogar auf mehrere legen, auch wenn die langfristige Strate-gie anders aussieht. Damit sollen u.a. Engpässe in der Wahrnehmung der Abnehmer ausgeglichen werden. (Problematisch wird es, wenn man den Ausgleich von Engpässen bereits für eine Strategie hält, vergleiche dazu Seite 52).

Der Engpassausgleich wird nachfolgend kurz veranschaulicht:

Aktualität als taktisches Beeinflussungsziel, um einen Engpass auszuglei-chen: Die AOK stellte fest, dass sie ein Defizit an Aktualität bei jugendli-chen Berufsanfängern hat. Diese Gruppe nahm die AOK bei der Wahl der (gesetzlichen) Krankenkasse nicht hinreichend als aktuelle Alternative wahr. Der Landesverband Baden-Württemberg der AOK startete daraufhin eine Kampagne mit Comics (»Bürolocher gesucht«), um die AOK bei die-ser Gruppe ins Gespräch zu bringen. Diese kurzfristige Kampagne hatte nichts mit der langfristigen Kommunikationsstrategie der AOK (»Wir ma-chen uns stark für Ihre Gesundheit«) zu tun.

Auch für die Einführung neuer Produkte und Dienstleistungen ist Ak-tualität ein vorrangiges taktisches Werbeziel.

Emotionalität als taktisches Ziel, um einen Engpass auszugleichen: Die Post erfuhr in den 70er Jahren aus der Marktforschung, dass das Postsparen zwar bekannt war, aber dass die Post ein bürokratisches und wenig attrak-tives Image hatte. Dieses Image stellte eine Barriere für das Verhalten ge-genüber der Post und auch für das Postsparen dar. In einer Werbekampa-gne der Lintas wurden sehr emotionale und gefällige Bildmotive mit dem Postsparen in Zusammenhang gebracht, um das emotionale Defizit der Post abzubauen. Auch diese Kampagne spiegelte nicht die langfristige Werbe-strategie wider.

Information als taktisches Ziel, um einen Engpass auszugleichen: Altbekannte Unternehmen wie die AEG in den 80er Jahren oder Shell Anfang der 90er Jahre können in Krisensituationen (Vergleich, Brent-Spar-Affäre) dazu gebracht werden, durch kurz- und mittelfristige Werbekampagnen Informationen zu verbreiten, die dazu dienen, imagegefährdende Informationsdefizite in der Bevölkerung oder in speziellen Zielgruppen abzubauen. Diese informative Werbung kann nicht mit dem langfristigen und strategischen Auftritt dieser Firmen gleichgesetzt werden.

Ableitung der marktstrategischen Werbeziele

Das marktstrategische Hauptziel in konkurrenzwirtschaftlichen Systemen ist die Positionierung des Angebots.

Unter **Positionierung** versteht man alle Maßnahmen, die darauf abzielen, das Angebot so in die subjektive Wahrnehmung der Abnehmer einzufügen, dass es sich von den konkurrierenden Angeboten abhebt und diesen vorgezogen wird.

Nur in wenigen Fällen erfordert die Positionierung des Angebots keine Abgrenzungen gegenüber der Konkurrenz, wenn auf dem Markt keine oder nur unbedeutende Konkurrenten auftreten oder wenn die Imitation eines Konkurrenten zweckmäßig ist[17]. Diese Marktbedingungen werden hier ausgeklammert.

Ordnet man die Beeinflussungsziele der Werbung dem vom Marketing verfolgten Hauptziel der Positionierung unter, so erhält man die folgenden marktstrategischen Werbeziele, kurz als **Werbestrategien** bezeichnet:

- Positionierung durch Emotion und Information,
- Positionierung durch Emotion,
- Positionierung durch Information und
- Positionierung durch Aktualität.

Anders ausgedrückt: Eine attraktive Position des Angebots in der Wahrnehmung der Abnehmer kann über unterschiedliche Beeinflussungsziele erreicht werden: entweder nur durch emotionale Appelle oder nur durch Information, durch eine kombinierte emotionale und informative Beein-

---

[17] Solche Me-Too-Strategien trifft man in der Praxis häufig an. Sie können strategisch beabsichtigt und auf oligopolistischen Märkten Ausdruck wirtschaftsfriedlichen Verhaltens sein (Brockhoff, 1992). Es besteht jedoch gerade bei diesen Strategien eine große Abhängigkeit von den Konkurrenzaktivitäten (Bednarczuk, 1990). Zudem kann bei Imitationsstrategien kein klares Markenimage und -bild aufgebaut werden.

flussung oder nur dadurch, dass die Werbung Aktualisierung für das Angebot anstrebt.

Die zuletzt genannte »Positionierung durch Aktualität des Angebots« ist erst in den letzten Jahren in das Blickfeld der Marketingforschung gerückt. Sie verlangt, wie in Kapitel C. 5 noch genauer ausgeführt wird, ein wesentliches Umdenken:

Mit dieser Positionierungsstrategie soll die gedankliche Präsenz des Angebots – nicht das Wissen über Eigenschaften des Angebots, nicht das emotionale Angebotserlebnis – so verstärkt werden, dass sie die gedankliche Präsenz von konkurrierenden Angeboten übertrifft. Die Marke soll »top of mind« werden, wie es im Marketingdeutsch heißt, und aus diesem Grund bevorzugt werden.

Welche Positionierungsstrategie zum Zuge kommt, bestimmen die Beeinflussungsbedingungen. Unter einer Bedingung wird die emotionale Positionierung wirksam, unter einer anderen die Positionierung durch Aktualität des Angebots usw.

Beeinflussungsbedingung und Marktsituation hängen eng zusammen. Dabei spielt die Marktsättigung eine wichtige Rolle:

Stellen wir einmal zwei extreme Marktsituationen gegenüber: Das eine Extrem wird durch das Angebot von Produkten geschaffen, die noch nicht ausgereift sind und innovative Eigenschaften aufweisen. Die Konsumenten interessieren sich für die Eigenschaften des Produktes. Sie sind auch für Bedürfnisappelle empfänglich, die sich vor allem auf Verwendungszweck und Erlebniswert der angebotenen Produkte beziehen. Ein Beispiel könnte der Markt für Erlebnisreisen sein. Von einer Werbung für Erlebnisreisen erwartet der Empfänger emotionale Anregungen, die sich auf die Art der gebotenen Erlebnisse (Einsamkeit, Urtümlichkeit, Gefahr usw.) beziehen, sowie Informationen über das angebotene Reiseprogramm. Die Positionierung eines Reiseanbieters kann in diesem Fall durch eine Werbung erfolgen, welche die Konsumenten emotional und informativ anspricht.

Die andere extreme Marktsituation entsteht bei ausgereiften und austauschbaren Produkten und Dienstleistungen. Die verschiedenen Angebote (Marken) stoßen bei den Konsumenten auf weitgehende Gleichgültigkeit. Das Konsumenteninvolvement ist sehr gering, sowohl Informationen als auch emotionale Appelle sind für die Konsumenten »trivial«. Die Positionierung kann fast nur noch über die Aktualisierung des Angebots durchgeführt werden.

Wir haben uns hier auf das kommerzielle Marketing für Konsumgüter bezogen. Selbstverständlich lässt sich die Ableitung der strategischen Ziele auch in den nicht-kommerziellen Bereich übertragen, etwa auf das Marketing für gesetzliche Krankenversicherungen, für Wohlfahrtsorganisationen oder für Bildungseinrichtungen.

In diesem Zusammenhang wird wieder deutlich, dass es nicht möglich ist, schlechthin von »der« Werbung zu sprechen. Die verschiedenen strategischen Werbeziele verlangen unterschiedliche Formen der Werbung, die bei den Konsumenten wiederum unterschiedliche Verhaltensweisen auslösen und deswegen jeweils anders kontrolliert (getestet) werden müssen.

C Strategien der Werbung

1 Positionierung als übergeordnete Marktstrategie

1.1 Regeln der Positionierung

Die Positionierung ist die hohe Schule des Marketing in einem konkurrenzwirtschaftlichen Wirtschaftssystem.

Die Werbung soll im Dienste der Positionierung die Wahrnehmung der Abnehmer so beeinflussen, dass das Angebot

– in den Augen der Zielgruppen so attraktiv ist
  und
– gegenüber konkurrierenden Angeboten so abgegrenzt wird,

dass es den konkurrierenden Angeboten vorgezogen wird.

Maßstab für die Positionierung ist also stets die Marktposition der Konkurrenz, von der sich das Angebot vorteilhaft abheben soll. »Eine Marke kann deswegen keine Position haben, solange sie keine Konkurrenzmarken hat, mit denen sie verglichen werden kann« (Rothschild, 1987, S. 155). Mit einer solchen Position ist die Stellung einer Marke in den Köpfen der Konsumenten gemeint. Positionierungsmodelle geben demnach räumliche Positionen von Marken wieder, ähnlich wie Landkarten die Anordnung von Städten. Statt der Himmelsrichtungen werden hierbei jedoch die Ausrichtungen durch die relevanten Positionierungseigenschaften geprägt.

Das klassische Positionierungsmodell in Abbildung 8 eignet sich gut zur Analyse von Positionierungsproblemen. Im Modell wird von zwei Eigenschaften ausgegangen. Das ist selbstverständlich eine Vereinfachung, da bei der Positionierung oft mehr als zwei Eigenschaften zu berücksichtigen sind. Andererseits kann diese Vereinfachung einer Reduzierung der Eigenschaften auf zwei wesentliche Eigenschaften dienen, die man einer kompakten Positionierung zugrunde legen kann. Die Positionierung einer Marke zielt nämlich immer auf eine Fokussierung und Konzentration ab: Eine Marke kann immer nur für wenige relevante Positionierungseigenschaften stehen.

Abbildung 8: Einfaches, zweidimensionales Positionierungsmodell

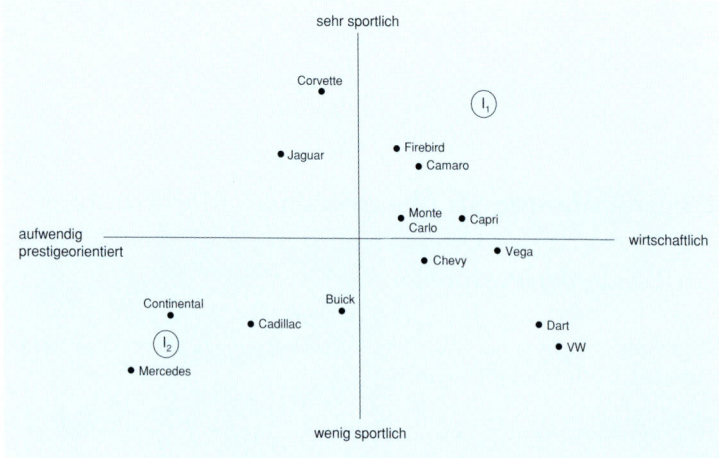

Anmerkung: Die Abbildung weist die Positionen verschiedener Automarken in der Wahrnehmung der Konsumenten und die Idealpositionen für Autos (1 und 2) in zwei Marktsegmenten aus. Quelle: Wind, 1982, S. 87.

Eigenschaften können die sachliche und funktionale Produktqualität oder emotionale Produkterlebnisse sein. In dem entstehenden (zweidimensionalen) Eigenschaftsraum werden nun folgende Positionen eingetragen:

- die Position der eigenen Marke,
- die Positionen von konkurrierenden Marken und
- die idealen Positionen aus der Sicht der Zielgruppen.

Im vorliegenden Modell sind zwei Idealpositionen I_1 und I_2 für zwei Zielgruppen eingetragen. Wie man aus der relativen Position der eingetragenen Marken erkennen kann, liegt zum Beispiel die Marke Buick weiter von der Idealvorstellung I_2 der zweiten Konsumentengruppe weg als die konkurrierenden Marken. Dadurch wird die Kaufwahrscheinlichkeit der Marke beeinträchtigt.

Je näher die wahrgenommene Position einer angebotenen (eigenen) Marke an den Idealvorstellungen der Konsumenten liegt, und je weiter die anderen – konkurrierenden – Marken davon entfernt sind, um so größer ist die Kaufwahrscheinlichkeit der angebotenen Marke (vgl. Wind, 1982).

Es geht bei der Positionierung durch die Werbung also darum, der Marke durch die Marktkommunikation in der subjektiven Wahrnehmung der Abnehmer eine solche Position zu verschaffen, dass sie den Idealvorstellungen der Konsumenten nahe kommt und den Konkurrenzpositionen fernbleibt. Demnach stellen solche Positionen keine faktischen Realitäten, sondern subjektive Sichtweisen der Konsumenten dar. Was diese nicht wahrnehmen, leistet demnach auch keinen Beitrag zur Markenpositionierung.

Beispiel: Objektiv hat ein Pelikan-M 800 Füllfederhalter zwar eine bessere Qualität als ein Montblanc-Meisterstück, subjektiv wird die Wertigkeit des Montblanc jedoch von den Konsumenten höher eingeschätzt (Esch, Andresen, 1996 a, S. 95, Esch, 2004).

Die Idealvorstellung zu erreichen und sich von Konkurrenten zu differenzieren, ist leichter gesagt als getan. Wahrscheinlich geht der unzureichende Markterfolg der meisten Angebote auf Mängel bei der Positionierung zurück. Nachfolgend werden typische Mängel sowie Regeln zu ihrer Überwindung erörtert.

Besonderheiten des Angebots herausstellen: Bei innovativen Produkten mit neuen und für den Konsumenten relevanten Eigenschaften ist schnell geklärt, welche Besonderheit durch die Werbung herausgestellt werden soll. In dieser beneidenswerten Lage sind jedoch nur wenige Anbieter. Die für die Positionierung geeigneten Eigenschaften von Produkten und Dienstleistungen zu finden, ist meistens eine schwierige Aufgabe. Es gibt zwei klassische Ansatzpunkte dafür:

(1.) Die Werbung kann an **sachliche und funktionale Eigenschaften** des Produktes anknüpfen. Sie ist dann mehr oder weniger informativ angelegt. Beispiel: herkömmliche Computerwerbung. Als positionierungsgeeignete Eigenschaften kommen auch Besonderheiten des Designs, der Verpackung usw. in Frage.

Bei Gütern, die bei den Konsumenten auf geringes Interesse (Involvement) stoßen, können es auch ganz nebensächliche Eigenschaften sein wie das Loch in einer Pfefferminzrolle (Polo, USA), die Farbe einer Zahnpasta (Signal) oder die Verpackung einer Schokolade (Ritter Sport: quadratisch, praktisch, gut). Solche Eigenschaften können als kleiner Vorteil unter ohnehin nebensächlichen Vorteilen ausreichen, um das Angebot in der Wahrnehmung der Konsumenten gegenüber der Konkurrenz abzuheben.

Es ist allerdings gefährlich, krampfhaft nach solchen Vorteilen zu suchen, wenn sie den Konsumenten nicht sinnvoll vermittelt werden können. Bei ausgesprochenen Low-Involvement-Gütern kann man ganz auf das Hervorheben von Besonderheiten verzichten. Die Aktualität des Angebots genügt dann als Anlass zum Kauf (Seite 42 ff.).

(2.) Die Werbung kann dem Produkt ein besonderes **Erlebnisprofil** geben. Manchmal wird dann von »kommunikativer Positionierung« gesprochen. Beispiel: herkömmliche Zigaretten- oder Bierwerbung.

Unabhängig von der sachlichen und funktionalen Qualität oder nur lose damit verknüpft vermittelt die Werbung dann emotionale Erlebnisse und Erfahrungen, die mit dem angebotenen Produkt verknüpft und von den konkurrierenden Angeboten nicht geboten werden.

Die erlebnisbetonte Positionierung gewinnt immer größere Bedeutung, sie reicht heute bis zur Positionierung von Banken und Investitionsgütern (Kroeber-Riel, 1986 b).

Die Grenzen zwischen informativer und emotionaler Werbung sind allerdings fließend, denn manchmal wird eine Produkteigenschaft wie die Sicherheit eines Autos als Erlebnis vermittelt (Sicherheitserlebnis eines Autos), das sich mehr oder weniger von der sachlichen Eigenschaft löst.

Für den Konsumenten attraktiv sein: Welche Besonderheit des Angebots für die Positionierung auch immer ausgewählt wird, sie muss stets von den Konsumenten als attraktive Eigenschaft des Produkts bzw. der Dienstleistung wahrgenommen oder erlebt werden. Bildlich gesprochen:

Der Köder muss dem Fisch und nicht dem Angler schmecken!

Hier liegt ein neuralgischer Punkt der Positionierung: Allzu oft stellt die Werbung Produkteigenschaften und Erlebnisse in den Vordergrund, die mehr das Engagement des Anbieters für seine Produkte oder die emotionale Erfahrungswelt eines Kreativen zum Ausdruck bringen als die Interessen und Wünsche der Konsumenten. Dies bestätigen Untersuchungsergebnisse von Sebastian und Simon (1989), wonach die Vorstellungen der Manager und der Konsumenten bezüglich relevanter Eigenschaften oft auseinander klaffen. »Anbieter neigen dazu, in Produkteigenschaften zu denken, aber die Konsumenten kaufen keine Produkteigenschaften, sondern subjektiven Produktnutzen« (Rothschild, 1987, S. 156).

Zu dieser wichtigen Differenzierung meinte bereits Charles Revlon treffend: »In the factory we make cosmetics, but in the stores we sell hope.« Ebenso klar differenzierte Leo McGinnero zwischen Eigenschaften und Nutzen: »Kunden wollen keine Viertel-Zoll-Bohrer. Sie wollen Viertel-Zoll-Löcher.«

Schon zu Beginn der 80er Jahre waren auf manchen Märkten 50–60 % der Konsumenten der Ansicht, dass die Werbung nebensächliche und unbedeutende Informationen über die Marken herausstellt. Es darf deshalb nicht überraschen, dass nach Analysen der Werbeagentur BBDO über viele Produktkategorien hinweg eine hohe wahrgenommene Markengleichheit herrscht (BBDO, 1993).

Wenn man nach den Eigenschaften und Erlebnissen sucht, die für den Konsumenten wichtig sind, ergibt sich häufig folgendes Problem:

Die Idealvorstellungen der Konsumenten werden in der Praxis meist durch die Marktforschung ermittelt. Die Marktforschung spielt aber nur die zur Zeit auf dem Markt verbreiteten Ansichten über Produkte und Dienst-

54

leistungen zurück. Positionierung ist aber stets zukunftsorientiert, sie soll den Interessen und Wünschen der Konsumenten von **morgen** entsprechen. Die auf einem Markt vorherrschenden Idealvorstellungen von einem Produkt oder einer Dienstleistung werden oft von Klischees geprägt, welche die derzeitige Werbung – insbesondere die Werbung des Marktführers – vermittelt. Wer sich bei der Positionierung zu stark an der Marktforschung orientiert, übernimmt leicht Branchenklischees, die veraltet und verbraucht sind und seine Werbung austauschbar machen.

Sich gegenüber der Konkurrenz abheben: Nehmen wir einmal an, man erfährt durch die Marktforschung tatsächlich, welche langfristig wirksamen Ansprüche die Konsumenten an ein Produkt oder an eine Dienstleistung stellen. Diese Erkenntnis ist in der Regel allen konkurrierenden Anbietern zugänglich. Es besteht dann die Gefahr, dass Produkteigenschaften und -erlebnisse, die diesen Ansprüchen in ganz besonderem Maße entsprechen, von allen Anbietern in der Werbung herausgestellt werden. Gerade solche wichtigen Produkteigenschaften und -erlebnisse sind deswegen mit höchster Vorsicht für die Positionierung heranzuziehen.

Sternthal und Craig (1982, S. 109) berichten von folgendem typischen Fall: Die Mundwassermarken Fact, Vote, Que und Reef wurden ungefähr zur gleichen Zeit mit den gleichen Argumenten positioniert: »bakterientötend« und »wohlriechend«. Die stets am Gestrigen orientierte Marktforschung hatte nachgewiesen, dass gerade diese Eigenschaften für die Konsumenten besonders wichtig waren. Durch die übereinstimmende Positionierung der vier Marken kam es zu einer verheerenden Konkurrenzsituation mit kumulierten Verlusten auf dem amerikanischen Markt von etwa 100 Millionen Mark. Dies verdeutlicht einen Reinfall, der durch unzureichende Einsicht in Probleme der Positionierung sowie durch unzureichende Einschätzung der Konkurrenz verursacht wurde.

Zwei Folgerungen sind besonders wichtig:

- **Vorsicht** vor der ewig gestrigen Marktforschung, sie fördert Klischeevorstellungen zutage, die für die Positionierung gefährlich sind.
- **Antizipiere** stets die zukünftige Marktsituation.
  Positionierung ist immer auf die Zukunft gerichtet.

Die zur Positionierung erforderliche eigenständige Strategie ist stets auf die Entwicklung von neuen und zukunftsbezogenen Konzepten angewiesen. Die Positionierung erhält dadurch spekulative Elemente, die zwar durch die Anwendung von sozialtechnischen Erkenntnissen verringert, aber nicht umgangen werden können. Das Aufbauen auf Ergebnissen der Marktforschung täuscht meistens lediglich Sicherheit vor.

Langfristige Positionen aufbauen: Eine Positionierung ist mittel- bis langfristig anzulegen. Das erfordert ein Werbekonzept, das nicht alle zwei Jahre geändert wird (siehe dazu Seite 100 ff.). Ein eklatanter Widerspruch zum strategischen Denken liegt vor, wenn sich die Werbung im Ausgleich von Imagedefiziten erschöpft.

Es ist weit verbreitet, dass man zur Vorbereitung der Firmenwerbung Imageuntersuchungen durchführt und dabei Defizite im Vergleich zum Image der Konkurrenten oder zum Idealimage feststellt. Viele Unternehmen entdecken zum Beispiel zur Zeit einen Mangel an »Jugendlichkeit« und an »Dynamik«. Sie weisen dann der Werbung die Aufgabe zu, solche Imagedefizite auszugleichen.

> Ein solcher Ausgleich von Imagedefiziten durch die Werbung ersetzt kein strategisches Konzept.

Er spiegelt vielmehr ein reaktives Marketing wider. Das Unternehmen reagiert – in taktischer Weise – auf die Wahrnehmung der Abnehmer. Es rennt bloß hinter dem Ausgleich von Imagedefiziten her. Ist die Werbung nach einiger Zeit erfolgreich und das Imagedefizit ausgeglichen, so werden wieder andere Imagedefizite sichtbar und zum Gegenstand der Werbung. So folgt zum Beispiel auf das Defizit an Dynamik (ausgeglichen durch eine Werbung mit der Darstellung von Jugendlichen) ein Defizit an Zuverlässigkeit (das nun durch eine Werbung mit seriösen Präsentern ausgeglichen wird) usw.

Auf diese Weise erreicht das Unternehmen niemals eine klare Position. An die Stelle einer Imagedefizitausgleichswerbung sollte eine strategisch angelegte Werbung treten, mit der eine eigenständige Position des Unternehmens angestrebt wird. Diese führt im Allgemeinen auch zur Abschwächung von Imagedefiziten. Zudem ist es möglich, durch die Gestaltung der Werbung **nebenbei** Imagedefizite auszugleichen, ohne das Hauptziel einer langfristigen und eigenständigen Positionierung aufzugeben.

Akademisch ausgedrückt: Der Ausgleich von Imagedefiziten sollte als Nebenbedingung für eine Werbestrategie gesehen werden und nicht als selbstständiges strategisches Kommunikationsziel.

Die Werbung für die Automobilmarke Citroën stellt ein typisches Beispiel für eine Defizitausgleichsstrategie dar: So wurde u. a. ein wahrgenommenes Defizit hinsichtlich der Sicherheit des Automobils durch die Betonung der Sicherheit in der Kommunikation und ein anderes Defizit bezüglich der Erwartungen der Konsumenten durch den Slogan angesprochen (»Mehr als Sie erwarten«). Zweifelsfrei wäre hier eine Konzentration auf die Stärken der Marke, die vor allem in einem bequemen und komfortablen Fahren »wie in einer Sänfte« liegen, besser gewesen.

1.2 Beeinträchtigung durch austauschbare Werbung

Die wichtigste Aufgabe einer Positionierung ist die Abgrenzung des Angebots gegenüber den konkurrierenden Angeboten. Gerade an dieser Aufgabe scheitert ein Teil der Werbung, weil sie weitgehend austauschbar ist:

Eine Werbung ist austauschbar, wenn sie in Form und/oder Inhalt der konkurrierenden Werbung so gleicht, dass die Empfänger der Werbung die verschiedenen Anbieter kaum noch auseinander halten können.

Es ist zweckmäßig, zwei Arten der **Austauschbarkeit** zu unterscheiden:

- **formale** Austauschbarkeit: Das Werbemittel gleicht in der äußeren Gestaltung anderen Werbemitteln, so dass es den Empfängern auf den ersten Blick schwerfällt, die Werbung einer bestimmten Marke oder Firma zuzuordnen. Diese Austauschbarkeit erschwert vor allem die Erkennbarkeit und Einprägsamkeit des Marken- oder Firmenauftritts. Sie ist von besonderem Nachteil, wenn es um die Aktualisierung einer Marke oder Firma geht.
- **inhaltliche** Austauschbarkeit: Das Werbemittel kann hier zwar in der äußeren Gestaltung durchaus eigenständig gestaltet sein, die informative oder emotionale Werbebotschaft ist jedoch austauschbar. Diese Austauschbarkeit beeinträchtigt eine informative oder emotionale Positionierung.

So war zum Beispiel die frühere Sparkassenwerbung formal eigenständig. Das rund geformte Bild in den Anzeigen und das Sparkassensignet signalisierten auf den ersten Blick, dass es um Sparkassenwerbung ging.

Der Inhalt des Bildes umfasste meistens eigenständige Ansätze zur Positionierung (die Sparkassen bieten ihren Kunden Sicherheit, Geborgenheit und soziale Nähe), aber die sprachliche Werbebotschaft war im Allgemeinen austauschbar. Sie enthielt die gleichen Sprüche wie die Werbung anderer Banken.

Die neue Sparkassenwerbung hat sich von dem runden Bild gelöst und ihre formale Eigenständigkeit weitgehend eingebüßt. Bild und Sprache vermitteln nun ähnliche Botschaften wie andere Banken. Dadurch leidet die Positionierungskraft dieser Werbung.

Die Austauschbarkeit der Werbung ist selbstverständlich graduell zu sehen. Es gibt mehr oder weniger austauschbare Formen und Inhalte der Werbung. Die Positionierung wird demzufolge bei schwächerer Austauschbarkeit nicht verhindert, sondern nur geschwächt.

Wir wenden uns jetzt unterschiedlichen inhaltlichen Ausdrucksformen der Austauschbarkeit zu. Dabei werden nur die wesentlichen Bestandteile der Werbung – bei Anzeigen Bildmotiv und Headline – betrachtet, denn diese bestimmen bei den üblichen kurzen Betrachtungszeiten die Wahrnehmung.

Stereotyper Auftritt: Wort und Bild der Werbung entsprechen weit verbreiteten Klischees der Werbebranche; in der Konkurrenzwerbung tauchen sie aber nicht auf. Besonders typisch sind die glücklichen und flotten jungen Leute, in Gruppen vereint, die in der Werbung von zahlreichen Branchen abgebildet werden und die der Leser in jedem Journal, in jeder Fernsehsendung mehrfach wieder findet.

Die Praxis liefert ein Sperrfeuer von Klischeebildern. Jung und von Matt (2002, S. 189) führen u. a. folgende Stereotypen in ihrem Buch »Momentum« auf:

- lachende Frau und Blumenstrauß = Frauenglück,
- Schmuck und Herz = Liebe,
- weißhaariger Herr beim Angeln oder mit Enkel = sorgloses Alter,
- junge Leute mit altem amerikanischen Cabrio =
  jugendliches Angebot oder
- kleines Kind auf dem Rücksitz eines Autos = Sicherheit.

Der Einsatz bekannter Persönlichkeiten in der Werbung könnte man ebenfalls der Rubrik »stereotype Gestaltung« zuordnen und ist deshalb auch mit Vorsicht zu genießen. Es ist eine Form des »borrowed interest«. Überspitzt ausgedrückt könnte man auch von einem Mangel an Umsetzungsfantasie oder gar von einem Strategieproblem bei den handelnden Managern sprechen. Prominente wie Verona Feldbusch, Franz Beckenbauer oder die Klitschko-Brüder sind zwar Eye-Catcher, die dahinter stehenden Marken werden aber durch diese Persönlichkeiten oft überlagert. Dies umso mehr, weil diese meist für mehrere Marken gleichzeitig werben. So zeigte sich in einer IMAS-Umfrage mit 1.000 Befragten, dass 30 % bei Verona Feldbusch die Expo-Werbung nennen konnten, gerade einmal 13 % noch Iglo, 7 % die Telekom nannten, obwohl Frau Feldbusch für Telegate warb, die gerade einmal von 2 % der Befragten genannt wurden, und nur 2 % eine Zuordnung zu Schwartau herstellen konnten (Michaelis, 2001, S. 24)[18].

Diese stereotype Gestaltung verringert generell die Auffälligkeit und Einprägsamkeit der Werbung. Wort und Bild der Werbung können einer Marke oder Firma weniger gut zugeordnet werden als bei einem eigenständigen Auftritt. Positionierungsprobleme tauchen kaum auf, weil sich die Austauschbarkeit nicht direkt auf konkurrierende Marken oder Firmen bezieht (Abbildung 9 oben).

---

[18] Zur Wirkung von Präsentern allgemein vgl. u. a. Gierl, Praxmarer, 2000, Mittelstaedt, Riesz, Burns, 2000.

Abbildung 9: Austauschbare Werbung

Werbung verschiedener Branchen mit stereotypen Bildmotiven.

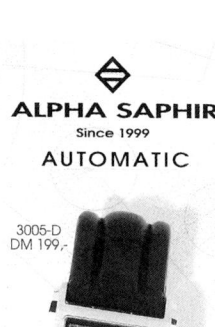

Austauschbare informative Werbung für Armbanduhren
von drei konkurrierenden Anbietern.

Anmerkung: Süffisanterweise sind alle Uhren auf 10 nach 10 eingestellt. Dr. Ul-
rich Lachmann, ehemaliger Marktforschungsleiter von Philips, spricht deshalb vom
10 nach 10-Syndrom der Uhrenindustrie. Offensichtlich hat ein findiger Mensch
herausgefunden, dass diese Stellung ein lächelndes Gesicht ergibt. An dieser »Regel«
wird nun eisern festgehalten, egal, ob die Uhr schräg, liegend oder auf dem Kopf
präsentiert wird. Selbst die Einstellung von Digitaluhren bleibt von dieser »Erkenntnis« nicht verschont!

Austauschbare emotionale Werbung für französisch-belgische Biermarken. Die abendliche Stimmung der abgebildeten Szenen stimmt bis in kleinste Farbnuancen überein.

Austauschbar mit der Konkurrenz: Hier geht es um die Austauschbarkeit von Wort und Bild in der Werbung von Anbietern, die miteinander konkurrieren. Diese Austauschbarkeit geht auf Kosten der Positionierung. Hier einige aufschlussreiche Beispiele:

Die Werbung für VW und Audi bildet in Anzeigen die Autos vor dem gleichen sonnengefärbten Horizont in einer schönen Landschaft ab: Die gleiche Stimmung, die gleiche Färbung, die gleichen Wolken – völlig austauschbar!

Man hört förmlich die Produktmanager beider Unternehmen sagen: Wir müssen mehr Emotionalität in die Werbung bringen. Technik braucht heutzutage einen weichen emotionalen Touch. Auf dieses Briefing reagierten dann die Agenturen mit den gleichen stereotypen Vorstellungen über das, was man in dieser Branche als emotionale Stimmung bezeichnet. Abbildung 9 zeigt weitere Fälle austauschbarer Werbung.

Es gibt kaum eine Wettbewerbspräsentation von Agenturen, bei der nicht weitgehend ähnliche und austauschbare Entwürfe vorgestellt werden. Die meisten Kreativen sind jedoch bei der Präsentation ihrer Gestaltungsentwürfe überzeugt, eigenständige und nicht austauschbare Bildmotive und Formulierungen zu liefern. Sie überschätzen in berufstypischem Selbstbewusstsein ihre Originalität. Ihnen wird nicht bewusst, dass sie genau die Klischees benutzen, die in der kreativen Subkultur gerade »in« sind.

Der Verband Deutscher Zeitschriftenverlage (VDZ) hat zur Untermauerung von Printwirkungen die Kampagne »Print wirkt« initiiert (VDZ, 2004, www.printwirkt.de), bei der Werbesujets bekannter Kampagnen anonymisiert beworben werden. Viele dieser Klassiker sind so eigenständig gestaltet, dass man sie aufgrund ihrer formalen bzw. inhaltlichen Eigenständigkeit korrekt den jeweils dahinter stehenden Marken zuordnen kann (Abbildung 10).

Mitverantwortlich dafür ist die heutige Massenkommunikation. Sie fördert in besonderem Maße das imitative Verhalten in der Gesellschaft. Die Massenmedien machen schnell und bis in jede Stube hinein publik, was gerade »in« und aktuell ist. Ein Beispiel ist die Verbreitung und Kommentierung der auf den Filmfestspielen in Cannes ausgezeichneten Werbespots. Dadurch werden den Kreativen **gemeinsame** Orientierungen für ihre Arbeit geliefert. Auswüchse dieser Orientierungen waren in den 90er Jahren Fernsehspots ohne Sprache mit vereinzelten Worteinblendungen oder Schwarz-weiß-Spots. Kreative suchen demnach offensichtlich ebenso nach solchen Orientierungen für ihre Arbeit und imitieren wie andere Leute auch.

Hinzu kommt, dass durch das Wachstum der Werbebranche immer mehr Werbeleistungen nachgefragt werden. Dadurch kommen immer mehr durchschnittliche und unterdurchschnittliche Gestaltungsleistungen zum Zuge.

Für den Werbetreibenden ist es wichtig, diese Ursachen zu durchschauen und gegenüber den kreativen Leistungen skeptisch zu sein. Er sollte

Abbildung 10: Print wirkt: Anonymisierte Werbeauftritte bekannter Marken

Anmerkung: Werbung für Lucky Strike, Telekom, Beck's, Milka.

kompromisslos Ansprüche an die Originalität – an die Nichtaustauschbarkeit – der kreativen Leistungen stellen. Das bedeutet zugleich, nicht an diesen Leistungen zu sparen, sondern die Besonderheit dieser Leistungen anzuerkennen und zu honorieren.

Als **Vorkehrungen** gegen die Austauschbarkeit sind zunächst einmal systematische Kontrollen zu nennen. Ein einfaches Verfahren besteht darin, in den Werbemitteln die Markennamen und -zeichen abzudecken und die Testpersonen zu fragen, um welche Marken es geht. Das gleiche Verfahren kann auch auf Produktklassen bezogen werden. Die Testpersonen vergleichen dabei die von der Werbung vermittelten Eindrücke mit ihren inneren Markenbildern. Je austauschbarer eine Werbung (das davon bestimmte Markenbild) ist, um so häufiger wird sie anderen Marken zugeordnet.

Nommensen (1990) hat dazu ein sehr aufschlussreiches Anonymisierungsverfahren entwickelt. Danach lassen sich unterschiedliche Anonymisierungsstufen bilden, je nachdem, ob neben dem Markennamen auch das Produkt, der Slogan oder das Bild verdeckt werden. Die Werbung lässt sich im Ergebnis einer Vierfelder-Matrix zuordnen (Nommensen, 1990, S. 108). Eine Achse der Matrix kennzeichnet das Ausmaß der Werbediffusität, die andere Achse die Trefferquote, also das Ausmaß der unverwechselbaren Markenpersönlichkeit.

Dabei gilt:

– Je häufiger eine Markenwerbung vielen verschiedenen Konkurrenzmarken zugeordnet wird, desto größer ist die Werbediffusität.
– Je seltener die Werbung korrekt der eigenen Marke zugeordnet wird, desto weniger ausgeprägt ist die Markenpersönlichkeit bzw. das Markenbild.

Je nach Zuordnung einer Marke in eines der Matrix-Felder können Normstrategien für die Markenpositionierung abgeleitet werden (Nommensen, 1990, Esch, 2004):

1. Feld: Geringe Werbediffusität und gleichzeitig niedrige Trefferquote deuten auf eine »Me-Too«-Strategie hin. Das klassische Beispiel dazu stammt aus dem Zigarettenmarkt in den achtziger Jahren, wo West erfolglos versuchte, wie Marlboro die Erlebniseigenschaften »Abenteuer« und »Freiheit« zu belegen. Hier war die Werbediffusität ebenfalls niedrig und die Trefferquote gering, weil die meisten Konsumenten diese Werbung Marlboro zuordneten. Es besteht demnach ein Repositionierungsbedarf (= **Positionserneuerung**).

2. Feld: Hohe Werbediffusität und niedrige Trefferquote stehen für Marken ohne eindeutige und unverwechselbare Positionierung. Eine **Positionsprofilierung** ist erforderlich.

3. Feld: Dieses Feld ist sowohl durch eine hohe Trefferquote als auch durch hohe Werbediffusität gekennzeichnet. Zwar können eine ganze

Abbildung 11: Normstrategien zur Vier-Felder-Matrix

TREFFERQUOTE
(Ausmaß „unverwechselbarer Produktpersönlichkeit")
niedrig   hoch

	niedrig	hoch
RELATIVE ENTROPIE (Ausmaß der Werbediffusität) — hoch	Unklare Werbebotschaft **DESHALB** Austausch mit mehreren Konkurrenzmarken	Klare, aber nur wenig bekannte Werbebotschaft Wenn zugeordnet wird, dann Unterstützung der eigenen Marke
niedrig	Klare Werbebotschaft **ABER** Unterstützung einer (oder weniger) Konkurrenzmarke(n)	Klare Werbebotschaft **UND** Eindeutige Unterstützung der „eigenen" Marke

Messung der Eigenständigkeit des Markenauftritts: Normstrategien

TREFFERQUOTE
(Ausmaß „unverwechselbarer Produktpersönlichkeit")
niedrig   hoch

	niedrig	hoch
RELATIVE ENTROPIE (Ausmaß der Werbediffusität) — hoch	**Positionsprofilierung**	**Positionsfestigung**
niedrig	**Positionserneuerung**	**Positionswahrung**

Quelle: Nommensen, 1990, S. 111.

65

Abbildung 12: Austauschbarkeit von Markenauftritten

präsentierte Anzeige:	Zuordnung zu den Marken in %						
	KIM	Lord	Atika	Ernte 23	HB	Camel	Marlboro
KIM	72	10	3	7	-	-	-
Lord	7	52	24	3	10	3	-
Atika	3	10	35	3	3	-	-
Ernte 23	17	-	24	35	10	-	-
HB	-	3	-	31	45	7	-
Camel	-	-	-	3	7	90	
Marlboro	-	-	-	-	-	-	93

Anmerkung: Die Zahlen geben die Zuordnung in % der befragten Personen wieder, die unterlegte Diagonale enthält die Trefferquoten. Zum Beispiel wurde die Anzeige für Ernte 23 zu 35 % der eigenen Marke und zu 24 % der Zigarettenmarke Atika zugeordnet.

Bei dieser im Jahr 1986 durchgeführten Untersuchung wurden 220 Probanden befragt. Davon waren 34 % Raucher und 66 % Nichtraucher. Raucher und Nichtraucher unterschieden sich jedoch nicht hinsichtlich der Zahl der wahrgenommenen Zigarettenmarken.

Quelle: in Anlehnung an Nommensen, 1990, S. 72, 83 ff., Ruge, 2001.

Reihe der Testpersonen die Werbemaßnahmen korrekt der Marke zuordnen, einer Vielzahl von Probanden ist jedoch keine Zuordnung möglich, weil ihnen die Werbung für die Marke (noch) nicht bekannt ist. Deshalb empfiehlt Nommensen (1990, S. 110) hier eine **Positionsfestigung** durch Intensivierung der Kommunikation.

4. Feld: Das vierte Feld stellt das Zielfeld einer Markenpositionierung dar: Eine niedrige Werbediffusität und eine hohe Trefferquote sprechen für eine unverwechselbare Markenpersönlichkeit mit eigenständigem Marktauftritt. Beispiele hierfür sind Marlboro, Beck's oder Ferrero Rocher. Die **Positionen** solcher Marken gilt es auch künftig zu **halten**.

In einer Untersuchung, die auf diese Weise durchgeführt wurde, um die Austauschbarkeit von Zigarettenmarken zu ermitteln, ordneten fast alle Personen die Marlboro-Werbung richtig zu. Dagegen wurde die Werbung für Krone zu zwei Dritteln anderen Marken – unter anderem der Marke Lord – zugeordnet, weil sie damals besonders austauschbar war (siehe Abbildung 12).

Dieses spezielle Verfahren ist nur zweckmäßig, wenn es sich um Werbemittel handelt, bei denen die Empfänger bereits die Möglichkeit hatten, den werblichen Auftritt des Anbieters kennen zu lernen und ein Markenbild zu erwerben (das durch die Werbung verstärkt werden soll).

Mit solchen Kontrollen und dem Erkennen des Problems allein ist es nicht getan. Den Unternehmen stehen zahlreiche Möglichkeiten offen, Vorkehrungen gegen die Austauschbarkeit zu treffen. Dazu gehören:

(1.) Wettbewerbspräsentationen. Sie bieten eine Stichprobe von kreativen Leistungen, die Hinweise liefert, was bei den Kreativen gerade aktuell ist. Klischees lassen sich dann eher erkennen und voraussagen. Die Wettbewerbspräsentationen vergrößern außerdem das Repertoire an kreativen Ideen, die man für die weitere Entwicklung einer Werbekampagne nutzen kann (siehe Seite 84). Ferner sollte sichergestellt sein, dass bei dem Entscheidungsprozess über ein neues Konzept immer die komplette Konkurrenzwerbung verfügbar und sichtbar in den jeweiligen Besprechungsräumlichkeiten präsent ist.

(2.) Vorkehrungen zugunsten einer qualifizierten Beurteilung von Originalität, die beispielsweise verhindern, dass Fehlurteile aufgrund ungeeigneter Testmethoden gefällt werden (siehe Seite 279 ff.).

(3.) Organisatorische Vorkehrungen, um Risikoentscheidungen zugunsten von originellen Entwürfen zu fördern, zum Beispiel durch Beschränkung der Mitspracherechte von marketingfernen Mitarbeitern, welche die Bedeutung der werblichen Originalität nicht erfassen.

2 Positionierung durch emotionale und informative Beeinflussung

Nach diesen für jede Positionierung geltenden Ausführungen beschäftigen wir uns in den folgenden Kapiteln mit den vier Werbestrategien, die der Positionierung eines Angebots dienen können.

Als erste Werbestrategie wurde die Positionierung durch emotionale und informative Beeinflussung aufgeführt (Positionierung durch Emotion und Information). Sie richtet sich nach dem bereits angegebenen

Grundmuster der Verhaltensbeeinflussung:

– appelliere an ein Bedürfnis,
– informiere über Eigenschaften eines Gegenstandes, die dazu dienen, dieses Bedürfnis zu befriedigen.

Beispiel: Im politischen Wahlkampf positioniert sich eine Partei X als »Umweltpartei«: In ihrer Werbung wird der emotionale Appell »engagiere Dich für die Umwelt!« mit der Information verbunden, dass die Partei X sich besonders stark für eine ökologieorientierte Politik einsetzt.

Zur emotionalen Beeinflussung: Der dazu eingesetzte emotionale Appell zielt darauf ab, Bedürfnisse anzusprechen, die den Konsumenten veranlassen, das angebotene Produkt zu kaufen oder die angebotenen Dienstleistungen in Anspruch zu nehmen. Er kann sich darauf beziehen,

– die bisher von der Werbung angesprochenen Bedürfnisse zu verstärken oder zu verändern, bzw.
– andere oder sogar neue Bedürfnisse durch die Werbung anzusprechen.

Beispiel: Nehmen wir an, in der Autowerbung wären bisher bevorzugt Sicherheitsbedürfnisse im Konsumenten angesprochen worden. Durch den Appell »Sicherheit geht vor« und die Abbildung einer schwangeren Frau, die am Fenster steht und sehnsüchtig auf die Rückkehr ihres Mannes wartet, kann das Sicherheitsbedürfnis bei einer Zielgruppe von Autofahrern aktualisiert und verstärkt werden. Durch den Appell »Spaß muss sein« mit einem Bildmotiv, das junge Leute beim flotten Fahren zeigt, werden andere Bedürfnisse als das Sicherheitsstreben angesprochen. Schließlich kann sich die Werbung auch auf neue soziale Bedürfnisse richten wie die Volvo-Werbung: Mit einem Volvo kann man der Individualität frönen und dem Alltagsleben entfliehen.

Für die Positionierung bieten sich zwei Alternativen an:

– Appelliere an die gleichen Bedürfnisse wie die Konkurrenz!
– Appelliere an andere Bedürfnisse als die Konkurrenz!

Im ersten Fall wird man meistens auf solche Bedürfnisse zurückgreifen, die bereits durch die vorhandene Autowerbung abgedeckt werden, aber man setzt den Schwerpunkt anders als die Konkurrenz bzw. setzt den Bedürfnisappell anders in der Werbung um.

Zur informativen Beeinflussung: Der Hinweis auf bestimmte Eigenschaften dient dem Zweck, auf die Wahrnehmung des Angebots durch die Abnehmer einzuwirken und diese entweder zu festigen oder zu verändern. Dazu stehen wie beim Bedürfnisappell zwei Möglichkeiten zur Verfügung:

– Informiere so, dass vorhandene Kenntnisse über die Eigenschaften des Angebots verstärkt oder verändert werden.
– Informiere über Eigenschaften des Angebots, die der Abnehmer bisher nicht wahrgenommen hat. Das können bereits vorhandene Eigenschaften oder neue sein.

Im Hinblick auf die Positionierung kommen wieder zwei alternative Richtungen in Frage:

- Weise auf die gleichen Eigenschaften wie die Konkurrenz hin!
- Weise auf andere Eigenschaften als die Konkurrenz hin!

Kombinieren wir die aufgezeigten Möglichkeiten zur informativen und emotionalen Positionierung, so erhalten wir vier grundlegende Werbestrategien, die in Abbildung 13 zusammengestellt sind.

Das Strategiesystem: Die vier zusammengestellten Strategien erhöhen sich auf neun, wenn wir die unterschiedlichen Möglichkeiten einbeziehen, (1.) an vorhandene Bedürfnisse der Abnehmer oder an neue zu appellieren und (2.) auf vorhandenes Wissen der Abnehmer zurückzugreifen oder neues Wissen zu schaffen.

Da es für diese neun Strategien wieder zahlreiche Variationen gibt, kommen wir zu einem komplexen System von Positionierungswegen. Wir veranschaulichen einmal die strategischen Kombinationen 3 oder 4, denen unterschiedliche Bedürfnisappelle zugrunde liegen:

Ein Anbieter A für Gewürzmischungen oder Suppenextrakt spricht das Bedürfnis »Schnelligkeit der Zubereitung« an. Um sich von der Konkurrenz abzusetzen, kann Anbieter B an andere Bedürfnisse appellieren, an solche, welche die Konsumenten in der Küche bereits erleben – etwa »Kochen wie zu Großmutters Zeiten« – oder solche, die ihnen bisher kaum bewusst sind, beispielsweise das Bedürfnis nach abwechslungsreichem bunten Aussehen oder farblicher Abstimmung der Speisen (»das Auge isst mit«).

Bei so unterschiedlichen Bedürfnisappellen können beide Konkurrenten auf gleiche oder auf verschiedene Suppeneigenschaften hinweisen, auf die Zuverlässigkeit der Zubereitung, auf den Geschmack, das Herstellverfahren, die Natürlichkeit, die Farbwirkungen usw.

Bedenkt man, dass die verschiedenen emotionalen Appelle und die Informationen in der Werbung visuell und sprachlich stets auf unterschiedliche Weise umgesetzt werden können, dann erscheint die Austauschbarkeit der Positionierungswerbung nicht mehr als ein verzeihlicher Mangel an Kreativität, sondern als unzureichende Professionalität.

Kehren wir zu den vier grundlegenden Strategien zurück: Eine Positionierung wird möglich, wenn eine der aufgeführten Kombinationen von emotionalem Appell und Information ein von der Konkurrenz abweichendes Vorgehen umfasst, also bei den Kombinationen 2 bis 4. Die stärkste Abgrenzung von der Konkurrenz ist zu erwarten, wenn informative und emotionale Beeinflussung anders als bei der Konkurrenz aussehen (Kombination 4).

Selbst die Kombination 1 – gleicher emotionaler Appell und gleiche Information wie die Konkurrenz – lässt noch eine Positionierung zu, wenn die Werbebotschaft sprachlich und bildlich anders als bei der Konkurrenz gestaltet wird.

Anpassung an die Marktbedingungen: Die gemischte emotionale und informative Positionierung kann unter den meisten Marktbedingungen

Abbildung 13: Grundlegende Werbestrategien bei der informativen und emotionalen Positionierung

Werbe-strategien	Appell an die Bedürfnisse	Information über Angebotseigenschaften
1	wie Konkurrenz	wie Konkurrenz
2	wie Konkurrenz	anders als Konkurrenz
3	anders als Konkurrenz	wie Konkurrenz
4	anders als Konkurrenz	anders als Konkurrenz

umgesetzt werden: Durch Veränderungen der Schwerpunkte – mehr oder weniger emotionaler Appell, mehr oder weniger Information – lässt sich die Strategie unterschiedlichen Bedingungen anpassen, vor allem unterschiedlichem Involvement auf Seiten der Abnehmer.

Ist das gedankliche (kognitive) Involvement relativ stark, so wird man die Werbung mehr auf die Vermittlung von Informationen ausrichten. Bei geringerem Involvement, insbesondere bei zunehmender Austauschbarkeit der angebotenen Produkte und Dienstleistungen, wird man die emotionalen Appelle, das heißt die Vermittlung von emotionalen Konsumerlebnissen, verstärken[19]. Man erhält auf diese Weise **fließende Übergänge** zur rein informativen Positionierung und zur rein emotionalen Positionierung.

Letztlich kann man also mit der Wahl einer gemischten Strategie keinen schwer wiegenden strategischen Fehler machen.

Allerdings holt man mit dieser Strategie unter einigen Marktbedingungen, die in den folgenden Kapiteln analysiert werden, nicht das Optimum für die Positionierung heraus.

Positionierung von Unternehmen (Imagewerbung): Ein typisches Anwendungsfeld für die kombinierte – emotionale und informative – Beeinflussung ist die Imagewerbung von Unternehmen. Die mittels Imagewerbung angestrebte Positionierung des Unternehmens zielt im Allgemeinen darauf ab, dem Unternehmen in den Augen der Umworbenen (Abnehmer, Konsumenten, Öffentlichkeit) eine besondere Kompetenz zu geben, die das Unternehmen attraktiv macht und von der Konkurrenz abgrenzt.

---

[19] Gleiches gilt bei starkem emotionalen Involvement.

In diesem Zusammenhang sind zwei Arten von Kompetenz auseinanderzuhalten:

- die Sachkompetenz,
  zum Beispiel leistungsfähige chemische Produkte oder Computer herzustellen,
- die Erlebniskompetenz,
  zum Beispiel als besonders zuverlässiger oder fortschrittlicher Lieferant zu gelten.

Die frühere Esso-Werbung bot ein gutes Beispiel: Die in der Werbung dargestellte Sachkompetenz war die Förderung und Verarbeitung von Rohöl. Dazu kam die vermittelte Erlebniskompetenz, nach der Esso männlich, anpackend, dynamisch, zukunftsorientiert und optimistisch ist: »Es gibt viel zu tun, packen wir's an!«.

Unternehmen, die eine wettbewerbsstarke Positionierung suchen, müssen ein Sach- und ein Erlebnisprofil entwickeln, mit dem sie sich deutlich gegenüber ihren Konkurrenten absetzen. Die sachliche Kompetenz von Unternehmen wird in hochentwickelten Industriegesellschaften in zunehmendem Maße austauschbar. Es kommt deswegen bei der Positionierung immer mehr auf das Erlebnisprofil an.

Anforderungen an die Positionierung durch emotionale und informative Beeinflussung: Hier können wir uns kurz fassen, weil im großen und ganzen solche Anforderungen für die werbliche Umsetzung einzuhalten sind, die für die informative und für die emotionale Postionierung gelten und in den folgenden Kapiteln 3 und 4 erörtert werden. Besonderheiten ergeben sich lediglich aus der Gleichzeitigkeit von emotionaler und informativer Beeinflussung. Die wichtigste Anforderung lautet deswegen:

Die Wechselwirkungen zwischen emotionaler und informativer Beeinflussung sind zu beachten.

Dazu sind zwei Schlüsselfragen zu stellen: (1.) Werden durch die Werbung tatsächlich verhaltenswirksame Bedürfnisse angesprochen? (2.) Machen die vermittelten Informationen hinreichend klar, dass das Angebot (Marke, Unternehmen) Eigenschaften hat, die der Befriedigung gerade dieser Bedürfnisse dienen? Oder anders gesehen: Werden genau die Bedürfnisse angesprochen, welche durch die sachlichen Produkteigenschaften befriedigt werden können?

Für eine ältere Pampers-Werbung standen unter anderem zwei alternative Anzeigenentwürfe zur Diskussion: In beiden Fällen hieß die sachliche Information »Besserer Nässeschutz durch Pampers-Windeln«. Der durch ein Bild ausgedrückte emotionale Appell bezog sich in einer Anzeige auf die Zufriedenheit der Babies. Man sah ein Baby mit nass glänzendem Po (ohne Pampers Nässeschutz) und ein anderes mit trockenem Po und zufriedenem Gesicht (mit Pampers Nässeschutz). In einer anderen Anzeige wurde durch das Bild an Mutterliebe und Mutterglück appelliert. Das Bild zeigte eine junge und hübsche Frau mit Baby im Schaukelstuhl. Offensichtlich trägt der Nässeschutz für das Baby dazu bei, das Mutterglück zu vergrößern.

Hier ergibt sich eine typische Frage zur Beziehung zwischen sachlicher Information und emotionalem Appell: Welcher Appell ist stärker? Ist es wirksamer, die sachliche Darstellung des Nässeschutzes mit dem einen oder dem anderen Appell zu verknüpfen? Fragen, die sich am besten – wie bei Procter & Gamble – durch einen experimentellen Test beantworten lassen.

3 Informative Positionierung

In diesem Fall zielt die zur Positionierung dienende Werbung darauf ab, Informationen über die Eigenschaften eines Angebots zu vermitteln, die die besondere Eignung des Angebots zur Befriedigung von vorhandenen Bedürfnissen deutlich machen. Auf einen emotionalen Appell kann die Werbung verzichten, weil die Abnehmer aktuelle Bedürfnisse haben und weil es offensichtlich ist, dass diese durch die angebotenen Produkte und Dienstleistungen befriedigt werden.

Die informative Positionierung kann als traditionelle Form der Positionierung bezeichnet werden. Sie entspricht dem überkommenen Leitbild der Verbraucherpolitik, nach dem sachliche Information genügt (und genügen soll), um die Konsumenten für ein bestimmtes Angebot zu gewinnen.

Unter welchen Marktbedingungen ist nun die informative Beeinflussung zur Positionierung eines Angebots geeignet? Sie kann zunächst einmal auf **wenig entwickelten Märkten** eingesetzt werden, auf denen die angebotenen Güter auf starke und noch wenig befriedigte Bedürfnisse stoßen. Dies wird durch eine Studie von Chandy, Tellis u. a. (2001) bestätigt, nach der rationale, sachorientierte Werbung besser für sich entwickelnde (junge) Märkte geeignet ist, emotionale Werbung hingegen besser für ältere (gesättigte) Märkte.

Beispiel: Mobilität und Reisen sind ein starkes Grundbedürfnis der Konsumenten. Es ist offensichtlich, dass Autos diesem Bedürfnis dienen. In den ersten Jahrzehnten des Automobilbaus und in den Mangeljahren nach dem Krieg konnte sich die Autowerbung auf Informationen beschränken, welche die besonderen Vorteile einer Marke herausheben. Die Autos wurden demzufolge bei gegebenen Bedürfnissen vor allem durch informative Positionierung auf dem Markt untergebracht.

Mit zunehmender Marktsättigung nahm die Werbung immer mehr Bedürfnisappelle auf. Diese richten sich auf Unterbedürfnisse des allgemeinen Mobilitätsbedürfnisses und auf weitere Bedürfnisse wie Sportlichkeit, Eleganz, Bequemlichkeit, Geräumigkeit usw. bei den einzelnen Zielgruppen.

Eine vergleichbare Entwicklung nahm die Werbung für Hautpflegemittel wie Nivea: In den ersten Jahren nach dem Krieg lieferte die Werbung vor allem Informationen über die Zusammensetzung und über die Wirkung der Creme. Starke Bedürfnisse nach Hautpflege und gutem Aussehen waren von vornherein vorhanden, sie wurden durch die auf dem Markt vorhandenen Angebote kaum gedeckt. Die zunehmende Sättigung des Marktes führte später zu einer Positionierung, die auch und bevorzugt emotionale Appelle enthielt.

Kurzum: Mit fortschreitender Entwicklung und Sättigung der Märkte verliert die informative Positionierung an Bedeutung. Dies wird durch Inhaltsanalysen der amerikanischen Werbung bestätigt. Bei langfristiger Betrachtung von den 1920er Jahren bis heute stellt sich heraus, dass die informative Beeinflussung, die in der Studie von Leiss, Kline und Jhally (1997, S. 268) als »rationaler Beeinflussungsstil« verstanden wird, in bemerkenswerter Weise abnahm. Diese Untersuchung spiegelt sogar den zwischenzeitlichen Bedeutungszuwachs der informativen Werbung in den zurückgefallenen Nachkriegsmärkten wider.

Werbung für Innovationen: Eine zweite Domäne der informativen Positionierung ist die Werbung für neue Produkte und für innovative Eigenschaften von eingeführten Produkten und Dienstleistungen. Neuentwicklungen sind gerade in den heutigen Märkten mit ihren ausgereiften und qualitativ mehr oder weniger austauschbaren Produkten und Dienstleistungen ein wirksamer Ansatzpunkt für die Positionierung. Dies betrifft natürlich auch deregulierte Märkte wie beispielsweise den Markt für Telefondienstleistungen oder für Strom in Deutschland[20].

Vorausgesetzt, es werden hinreichend starke Bedürfnisse angesprochen, ist damit zu rechnen, dass neue und innovative Angebote das Informationsinteresse der Abnehmer anregen. (Dieses Interesse geht unter anderem auf das entstehende wahrgenommene Kaufrisiko zurück.) Die informative Werbung richtet sich dann auf die Befriedigung dieser Informationsinteressen.

High-Involvement-Güter: Der gemeinsame Nenner der bisher erörterten Marktbedingungen für die informative Werbung ist das starke Involvement von Seiten der Abnehmer. Diese Bedingung betrifft auch so genannte »High-Involvement-Güter«, das sind Produkte und Dienstleistungen, für

---

[20] Gerade hier spielt auch die Markenbekanntheit eine wichtige Rolle. Deshalb ist die Markenaktualisierung ebenfalls ein wichtiges Kommunikationsziel, um die Marke in das Awareness-Set der Konsumenten zu installieren.

welche die Empfänger starkes Interesse aufbringen, sei es im privaten oder im beruflichen Bereich (wichtige Medikamente für Ärzte, Investitionsgüter). Auch für die Positionierung dieser Güter lässt sich bevorzugt die sachliche Informationsvermittlung einsetzen.

Allerdings ist dabei zu beachten, dass das Involvement gegenüber der Werbung in der Hauptsache gar nicht vom Produkt- oder Dienstleistungsinteresse abhängt, sondern von der Situation, in der die Werbung empfangen wird. Wie später noch ausgeführt wird (Seite 138 ff.), stößt auch die Werbung für so genannte »High-Involvement-Güter« oft auf geringes Interesse, so dass die Informationsvermittlung starken Beschränkungen unterliegt. Die Positionierung **durch informative Werbung** kann sich dann nur auf wenige Produktinformationen stützen (vgl. Lachmann, 1985, 1992, 2002, sowie Seite 184 ff.).

Anforderungen an die werbliche Umsetzung: Informationen über die Eigenschaften eines Angebotes werden meist in sprachlicher oder numerischer Form dargeboten. Die Orientierung in einem solchen Informationsangebot ist wesentlich schwieriger als bei der Darbietung von Bildinformationen, die dem Empfänger einen schnellen Überblick über das Thema ermöglichen. Gerade an die sprachliche Werbung ist die Anforderung zu stellen, durch geeignete Sozialtechniken die Informationsbeachtung und die Informationsnutzung zu sichern (vgl. insbesondere Kapitel 3.1 und 3.2).

Insbesondere: Sprachinformationen werden sequentiell aufgenommen. Der Empfänger beginnt zunächst die in den Überschriften und Stichworten hervorgehobenen Informationen zu lesen, ohne zu wissen, was der folgende Text bringt. Wenn er dabei nicht erfährt, dass seine Informationsinteressen angesprochen werden, steigt er in den Text erst gar nicht ein.

Die zuerst aufgenommenen »Kontaktinformationen« müssen ihm deswegen einen Einblick in das Informationsangebot bieten. Das wird bei der informativen Werbung oft vernachlässigt. Man hat bei vielen Anzeigen den Eindruck, dass von Empfängern ausgegangen wird, die jede Anzeige Wort für Wort lesen, um interessante Informationen zu entdecken.

Anpassung an die Informationsüberlastung: Selbst interessierte und involvierte Empfänger stehen unter dem Druck der allgemeinen Informationsüberlastung. Sie befinden sich darüber hinaus allzu oft in Situationen – wie Zeitdruck oder Entscheidungsdruck –, welche die Informationsüberlastung verschärfen. Ein Beispiel bietet der Arzt, der sich in einer Arbeitspause nur wenig Zeit nimmt, um die zahlreichen Zeitschriften mit Anzeigen und die Direktwerbesendungen durchzublättern, die ihm die eifrige Pharmaindustrie beschert.

Eine wirksame Vermittlung selbst von solchen Informationen, die für die Empfänger wichtig sind, setzt unter diesen Bedingungen voraus, dass dem Empfänger die Aufnahme und gedankliche Verarbeitung des Informationsangebots besonders erleichtert wird.

Dies geschieht durch Informationstechniken, die eine schnelle und **selektive** Informationsaufnahme und -nutzung ermöglichen, wie die Verwendung von Bildern (hier sind hauptsächlich sachliche und graphische Bilder gemeint), die Auflockerung von Texten durch Zwischenüberschriften und hervorgehobene Stichwörter und ganz besonders die hierarchische Informationsvermittlung (siehe Seite 247 ff.).

Medienspezifische Inszenierung: Nach den Ausführungen von Postman (1985) geht das Zeitalter des gesprochenen und geschriebenen Wortes zu Ende und das vom Fernsehen dominierte Zeitalter des Bildes beginnt.

Die entscheidende Erkenntnis ist darin zu sehen, dass sich jede Informationsvermittlung, die sich an ein breites Publikum wendet, einem neuen Kommunikationsstil anpassen muss, der von den Mustern der Bildkommunikation geprägt wird. Diese bringt insbesondere durch das Fernsehen »neue Formen der Wahrheit und der Wahrheitsäußerung« hervor (Postman, 1985, S. 40), die vom Publikum internalisiert werden. Informationen, die wirken sollen, müssen diesen zeitgemäßen Kommunikationsformen entsprechen. Sie lassen sich auf einen einfachen Nenner bringen: kurz, einprägsam und unterhaltsam! Die darzubietenden Informationen sind entsprechend aufzubereiten und zu verpacken, kurz gesagt: zu inszenieren.

Inszenierung bedeutet: Nicht einfach **über** den Gegenstand sprechen, sondern den Gegenstand **selbst** in Szene zu setzen: in Form von lebendigen Bildern, Handlungsabläufen, unterhaltsamen Geschichten, in die der Gegenstand einbezogen ist.

Eine wirksame Inszenierung von Information ist nur medienspezifisch möglich. Die gestalterischen Mittel der Inszenierung müssen sich nach dem Medium richten – sie sehen in Zeitungen anders aus als in Zeitschriften, in Prospekten anders als in der Fernsehwerbung. Die Informationsdarbietung lässt sich deswegen nicht ohne Modifikationen von einem Medium auf ein anderes übertragen.

Den derzeitigen Wechsel im Kommunikationsstil verdeutlichen zwei Fernsehspots für elektrische Geräte. In einem Spot für Neff-Elektroherde aus den 60er Jahren werden von einer Hausfrau vier wesentliche Produkteigenschaften genannt, sie erscheinen auch als schriftliche Information auf dem Bildschirm. Eine eigentliche Handlung hat der Spot nicht. Sein Unterhaltungswert ist aus heutiger Sicht gering. Dagegen wird in einem vor einigen Jahren in Cannes ausgezeichneten Spot für Sanyo Fernsehgeräte nur eine einzige Eigenschaft hervorgehoben (**Reduktion** der Information), und diese Eigenschaft wird nicht sprachlich vermittelt, sondern durch eine witzige und unterhaltsame Handlung **inszeniert**: Einige Affen schlagen enttäuscht auf ein Fernsehgerät ein, weil das Bild einer Banane verschwindet, das sie wegen der Farbechtheit des Bildes (Produkteigenschaft) für eine wirkliche Banane gehalten haben (vgl. Abbildung 14).

Abbildung 14: »Inszenieren statt Informieren« im Fernsehen: Storyboard eines Sanyo-Spots

Zwei TV Geräte, davor Affen. Im Sanyo-Gerät ist die Banane naturgetreu abgebildet, im anderen blass, kaum sichtbar.

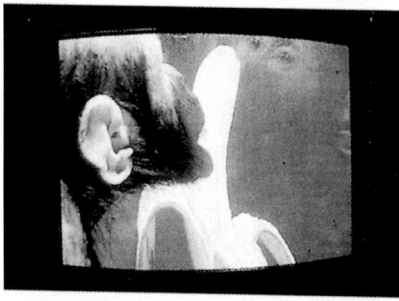

Die Affen sehen die Banane im Sanyo-Gerät und wollen sie essen, in sie hineinbeißen.

Die Banane wird von einer Hand im Fernsehgerät weggenommen.

Die Affen sind wütend, weil die Banane verschwunden ist, sie toben.

Eine vergleichbare Einsicht vermitteln Autospots. Früher: Zahlreiche sprachliche Informationen über den technischen Nutzen. Heute: Inszenierung von einer oder zwei Eigenschaften – beispielsweise durch einen Fernsehspot für Ford: In diesem Spot fährt ein junger Mann mit einer Tankfüllung zwischen seinen Freundinnen in Köln und Frankfurt hin und her, um die Sparsamkeit des Autos zu belegen.

Zur Vermeidung von Missverständnissen sei betont, dass es nicht darum geht, Informationen in der degenerierten Sprache der Waschmittelwerbung und mit den Bildern einer Wildweststory zu vermitteln, sondern einen Kommunikationsstil zu akzeptieren, den die heutigen Kommunikationsbedingungen (Informationsüberlastung und Bildkommunikation) erfordern.

4 Emotionale Positionierung

4.1 Erlebnisprofile durch Werbung

Sind die Informationen über ein Angebot trivial, d. h. stehen die Abnehmer den Informationen gleichgültig gegenüber, so kann und sollte man auf Informationen (weitgehend) verzichten und zur erlebnisbetonten Positionierung übergehen. Das ist der Trend unter den heutigen Marktbedingungen.

Auf gesättigten Märkten sind die Produkte mehr oder weniger ausgereift und qualitativ ähnlich sowie austauschbar. Die geringen Unterschiede betreffen nicht nur die sachliche und funktionale Qualität der Produkte, sondern auch das Design. Design-Beispiele sind die zahlreichen »maskierten« Produkte, bei denen die Funktionsteile durch glatte Fassaden verdeckt werden. In vielen Fällen gleichen sich dann nicht nur die konkurrierenden Marken, auch verschiedene Produkte wie Elektroherde, Waschmaschinen oder Computer sind vom Design her kaum noch zu unterscheiden (Kroeber-Riel, 1984 e, Esch, Langner, 2001 (Abbildung 15).

Die Positionierung folgt auf diesen Märkten in zunehmendem Maße der Devise:

Erlebnisprofil statt Sachprofil.

Die Bedeutung emotionaler bzw. erlebnisbetonter Werbung wird durch eine aktuelle Studie aus den USA eindrucksvoll untermauert. Mac Innis, Rao und Weiss (2002) untersuchten, inwiefern eine Verstärkung des Werbedrucks je nach Art der Werbeinhalte Einfluss auf die Verkäufe von vertrauten, häufig gekauften Marken in gesättigten Märkten erzielt. Zu den untersuchten Kategorien zählten Suppen, Snacks, Tiefkühlkost, Saft sowie Telefongesellschaften. Im Rahmen dieser Studie wurden

47 Fernsehspots analysiert. Im Ergebnis zeigte sich, dass ein erhöhter Werbedruck nur bei Spots mit emotionalen Inhalten zu einer signifikanten Erhöhung der Abverkäufe der jeweiligen Marken führte. In allen anderen Fällen konnte keine solche Wirkung festgestellt werden.

Produkte und Dienstleistungen als Medien emotionalen Erlebens: Das Marketing auf gesättigten Märkten entwickelt sich zu einem »Erlebnis-Marketing«, das durch seine Maßnahmen darauf abzielt, die Produkte zu Medien von Konsumerlebnissen zu machen. Zigaretten werden zum Medium für männliche Freiheit oder für die Emanzipation, Flugreisen werden zum exotischen Vor-Erlebnis eines Urlaubs, Finanzdienstleistungen tragen zu einem unabhängigen, urbanen Lebensstil bei usw. (Kroeber-Riel, 1986 b).

Was heute für den Konsumenten an vielen Produkten und Dienstleistungen attraktiv ist, das sind weniger die sachlichen und funktionalen Eigenschaften als die Fähigkeiten der Produkte, sinnliche und emotionale Erlebnisse zu vermitteln und einen Beitrag zum Lebensgefühl und zur emotionalen Lebensqualität zu leisten.

Je geringer die sachlichen Qualitätsunterschiede zwischen den angebotenen Marken werden, je mehr sich die Konsumenten auf die Qualität der Angebote verlassen können, desto mehr wird das Erlebnisprofil eines Angebots zum Ansatzpunkt für die Präferenzen der Konsumenten.

Um Irrtümer zu vermeiden: Die sachliche und funktionale Qualität des Angebots ist nach wie vor von wesentlicher Bedeutung, sie ist eine notwendige Bedingung für den Markterfolg. Aber sie wird in hochentwickelten Industriegesellschaften mehr und mehr zu einer Selbstverständlichkeit, zu einem »Hintergrundphänomen«, über das sich die Konsumenten keine Gedanken mehr machen. Die angebotene Qualität allein reicht für die Positionierung eines Produktes nicht mehr aus. Lediglich auf Märkten, auf denen die Produkte und Dienstleistungen innovative Eigenschaften aufweisen, behalten die sachlichen und funktionalen Qualitätsmerkmale ihre besondere Bedeutung für den Wettbewerb. Aber auch dort kann das Marketing an der zunehmenden Erlebnisorientierung der Konsumenten nicht mehr vorbeigehen.

Die von den Gütern vermittelten emotionalen Anregungen und Erlebnisse sind kein nebensächlicher Zusatznutzen, keine bloße Kosmetik des Angebots. Sie haben grundsätzlich die gleiche (konstitutive) Bedeutung für die Attraktivität des Angebots wie die objektive Qualität. Mit fortschreitender gesellschaftlicher Entwicklung werden die emotionalen Konsumerlebnisse auf vielen Märkten sogar mehr zur Lebensqualität beitragen als die trivial gewordenen sachlichen und funktionalen Eigenschaften der Produkte und Dienstleistungen.

Abbildung 15: Austauschbare Verpackungen und Produkte

Die Schwerpunkte der erlebnisbetonten Marketingmaßnahmen liegen auf der Werbung, auf Design und Verpackung, Promotion und persönlichem Verkauf sowie auf der Ladengestaltung (Weinberg, 1992).

Die Werbung übernimmt im Rahmen des Erlebnismarketing die Aufgabe, das Angebot in der emotionalen Erfahrungs- und Erlebniswelt der Konsumenten zu verankern.

Für die Positionierung kommt es darauf an, dass die Werbung solche Erlebnisse vermittelt, welche die konkurrierenden Angebote nicht bieten. Das können stärkere oder auch andere (spezifische) Erlebnisse sein als bei der Konkurrenz.

Die Vermittlung von Konsumerlebnissen durch emotionale Werbung ist bei Gütern des täglichen Bedarfs (wie Zigaretten, Bier, Erfrischungsgetränken) nicht neu. Neu sind Ausmaß und Qualität der heutigen Erlebnisorientierung (Kroeber-Riel, 1986 b, Kroeber-Riel, Weinberg, 2003, S. 113 ff.). Die Vermittlung von emotionalen Konsumerlebnissen durch die Werbung bezieht sich heute nicht nur auf Güter des täglichen Bedarfs, sondern auch auf langlebige Gebrauchsgüter wie elektrische Hausgeräte und Autos sowie auf Dienstleistungen wie Flug- und Finanzdienstleistungen. Sie beginnt auch im nicht kommerziellen Bereich zu dominieren. Beispiele sind die Werbung der amerikanischen Armee oder die Kommunikationsstrategie der AOK in Deutschland.

Hätte man zu Beginn der 80er Jahre einem Autohersteller gesagt »verzichte doch in der Werbung weitgehend auf die Darstellung technischer Produkteigenschaften, vermittle dem Konsumenten emotionale Autoerlebnisse«, so wäre man wahrscheinlich vor die Tür gesetzt worden. Heute beginnen die Autohersteller einzusehen, dass die funktionale und technische Qualität von vielen Autotypen, die für Massenmärkte vorgesehen sind (zum Beispiel von Kompaktwagen), immer austauschbarer und für den Konsumenten von geringerem Interesse wird. Sie versuchen deswegen, die Konsumenten in zunehmendem Maße emotional anzusprechen und die Konkurrenz durch das Erlebnisprofil einer angebotenen Automarke auszustechen.

Ein aufschlussreicher Fall ist das bereits erwähnte Beispiel von Volvo: Das Unternehmen wendet sich mit der Werbung für den Volvo V 40 an Personen, die zwar in der Gesellschaft verankert sind, aber dennoch ihrer Individualität frönen wollen und keinesfalls langweilig sind. Der Fernsehspot zeigt den Volvo als Mittel, um dem Alltag zu entfliehen und seine Individualität auszuleben. Er ermöglicht seinem Fahrer, an einer einsamen Klippe den Nervenkitzel zu suchen, den er braucht: Mit dem Wurf eines Bumerang halbiert der Volvo-Fahrer einen Apfel auf seinem Kopf – ein Nervenkitzel, der alles andere als langweilig ist.

Die Fluggesellschaften haben es der Automobilindustrie vorgemacht. Sie grenzen sich gegenüber der Konkurrenz mit Flugerlebnissen ab, die sie

Abbildung 16: Erlebnisprofil für Marlboro-Zigaretten: der Cowboy als Schlüsselbild zur Vermittlung von Abenteuer und Freiheit

Die EG-Gesundheitsminister: Rauchen gefährdet die Gesundheit. Der Rauch einer Zigarette dieser Marke enthält 0,9 mg Nikotin und 12 mg Kondensat (Teer). (Durchschnittswerte nach ISO)

Die EG-Gesundheitsminister: Rauchen kann tödlich sein. Der Rauch einer Zigarette dieser Marke enthält 10 mg Teer, 0,8 mg Nikotin und 10 mg Kohlenmonoxid. (Durchschnittswerte nach ISO)

für die Konsumenten attraktiv machen sollen. Eine bahnbrechende Rolle für diese Werbung hat Singapore Airlines gespielt. Sie wirbt als Fluggesellschaft, die dem Konsumenten »Exotik« vermittelt, eine Exotik, die ihn bereits beim Flug in die Welt tropischer Länder entführt.

Zur Zeit bewegen die Marktbedingungen auch Banken und Versicherungen dazu, für ihre Positionierung Erlebnisprofile aufzubauen. Die sachlichen Dienstleistungen allein bieten zu wenige Ansatzpunkte, um Kunden zu gewinnen und zu binden. Die Unternehmen sind deswegen darauf angewiesen, ihren Auftritt stärker auf den Lebensstil ihrer Zielgruppen einzustellen. Beispiele: die Werbung der genossenschaftlichen Banken. Sie spricht mit der Programmformel »Wir machen den Weg frei« und der bildlichen Erlebnisvermittlung das Streben nach persönlicher Unabhängigkeit von Konsumenten und gewerblichen Kunden an. Dabei wird die genossenschaftliche Bankleistung in Übereinstimmung mit der Genossenschaftsphilosophie als Beitrag dargestellt, der aktiven und leistungsbereiten Kunden bei der Bewältigung von Schwierigkeiten hilft – etwa beim Berufsstart, bei der Familiengründung oder Alterssicherung (Abbildung 17).

Selbst der klassische Einzelhandel, der sich lange Zeit auf das Erlebnisprofil verlassen hat, das die Hersteller den von ihnen verkauften Gütern gegeben hat, beginnt unter den gegenwärtigen Bedingungen der Marktsättigung und des extensiven Preiswettbewerbs die Rolle der Erlebnisvermittlung im Laden und eines eigenen Erlebnisprofils zu erkennen (Bost, 1987, Gröppel, 1991, Weinberg, 1992, Esch, Meyer, 1995).

Erlebnisprofile für Investitionsgüter und Firmen: Auch auf Märkten für lnvestitionsgüter versagt die informative Positionierung in zunehmendem Maße, weil sie zu austauschbarer Werbung führt.

Ein Beispiel war die Werbung für Bahnoberleitungen. Inserate in Fachzeitschriften der Konkurrenten BBC, Siemens und AEG weisen weitgehend austauschbare Headlines und Texte auf wie »Ob im Fern- oder Nahverkehr« (Siemens) oder »Fahrleitungen für Nah- und Fernverkehr« (BBC). Die dazu gehörenden Bilder gleichen sich ebenfalls bis ins Detail: Man sieht das angebotene Produkt: elektrische Oberleitungen über Bahnkörpern. Und damit die Bildmotive nicht so eintönig sind, werden dazu noch Lokomotiven in Fahrt gezeigt.

Die Abgrenzung zur Konkurrenz kann auch im Investitionsgüterbereich durch ein besonderes, von der Marktkommunikation vermitteltes Erlebnisprofil erreicht werden. Selbstverständlich muss die Werbung zu diesem Zweck auf die Erlebniswelt der Abnehmer (oder ihrer Kunden) abgestimmt werden. Das können Erlebnisse sein wie Regionalität des Herstellers – Schweizer Zuverlässigkeit, deutsche Präzisionsarbeit – oder Progressivität, soziale Geborgenheit und Verantwortung, flexibles Problemlösungsverhalten usw.

In diesem Zusammenhang ist zu beachten, dass aufgrund der Informationsüberlastung und des Informationsverhaltens der gewerblichen Abneh-

**Abbildung 17: Werbung auf dem gesättigten Markt der Banken:
Erlebnisprofil statt austauschbarer Leistungs-
darstellung**

Erfolgreiche Werbekampagne der Volksbanken und Raiffeisenbanken von 1988 bis
2003.

mer die sachliche und detaillierte Informationsvermittlung durch die Werbung in zunehmendem Maße erschwert wird. Dies spricht für eine Aufgabenteilung im Medienmix:

Man setzt die Medienwerbung mehr oder sogar ausschließlich dazu ein,
Aktualität für das Angebot zu erreichen und ein Erlebnisprofil für die Inve-
stitionsgüter oder Firmen zu entwickeln. Die Vermittlung von sachlichen
Informationen über die Investitionsgüter und Firmen lässt sich über andere
Kommunikationskanäle durchführen, die dafür effizienter sind, wie Pro-
spekte, persönliche Beratung usw.

Es ist abzusehen, dass in Zukunft die Anbieter von Investitionsgütern,
vor allem große Unternehmen und Konzerne aus dem technischen und
chemischen Bereich, ihr Erlebnisprofil verstärken werden, um bei der Positionierung die Schwächen ihrer Argumentation zu überwinden, die durch
die Austauschbarkeit ihrer sachlichen Leistungen zustande kommen.

Außerdem werden diese Unternehmen mehr als bisher von ihrer Akzeptanz in der Öffentlichkeit abhängig sein. Und diese Akzeptanz lässt sich
nicht bloß durch sachliche Information erreichen. Sie wird wesentlich davon bestimmt, inwieweit es den Unternehmen gelingt, ein Erlebnisprofil
zu entwickeln, das auf Lebensstil und Wertorientierung ihrer Zielgruppen
abgestimmt ist.

Dies lässt sich durch harte Fakten untermauern: Bei Unternehmensmarken steigen mit verbesserter Reputation Umsätze und Aktienkurse überproportional an. Bei Verschlechterung der Reputation liegen sie hingegen signifikant unter den Werten von Unternehmen, deren Reputation im Zeitverlauf unverändert bleibt (Gregory, Wiechmann, 1997, S. 21, Esch, 2004, S. 413 f.).

Gerade die erlebnisbetonte Positionierung scheint unter den herrschenden Marktbedingungen besonders wirksam zu sein. Bei erlebnisbetonten Positionierungen werden die größten Unterschiede zwischen konkurrierenden Marken wahrgenommen (Biel, 1992). Durch ihre im Vergleich zu Sachkonzepten größere psychologische Relevanz und der daraus resultierenden tieferen Verankerung von Erlebniskonzepten sind diese auch von Nachahmern nicht so leicht angreifbar. Sie unterliegen folglich einem größeren Imitationsschutz (Wüthrich, 1991).

Anforderungen an die werbliche Umsetzung: Zunächst dürfen wir die Marktbedingungen nicht aus den Augen verlieren, welche für die erlebnisbetonte Positionierung vorauszusetzen sind (Seite 70). Für viele Anbieter ist die emotionale Positionierung deswegen so schwierig, weil sie nur wenig Erfahrungen und sozialtechnische Kenntnisse für die Entwicklung eines langfristigen Erlebnisprofils haben. Die Entwicklung eines solchen Profils ist ein komplizierter Prozess, der der Entwicklung eines neuen Produktes gleicht und im nächsten Kapitel skizziert wird.

Die erlebnisbetonte Positionierung birgt erhebliche Gefahren, denen die informative Positionierung nicht ausgesetzt ist. Sie entstehen vor allem durch unzureichende Abstimmung der Werbung mit den übrigen Marketingmaßnahmen.

Entscheidend für den Erfolg der Positionierung ist die konsistente Einbeziehung der Erlebnisvermittlung in den gesamten Marketing-Mix.

Die von der Werbung vermittelten emotionalen Erlebnisse und Erfahrungen dürfen nicht zu den Erfahrungen im Widerspruch stehen, welche die Abnehmer außerhalb der Werbung mit dem Angebot machen. Der gesamte Auftritt muss auf die erlebnisbetonte Positionierung abgestimmt sein, so dass die Abnehmer vom ersten Kontakt mit dem Angebot bis zum Inanspruchnehmen des Angebots konsistente Eindrücke erhalten.

Es wäre zum Beispiel unglaubwürdig, wenn eine Fluggesellschaft versucht, sich als Anbieter von exotischen Reiseerlebnissen zu positionieren und in der Werbung zwar exotische Erlebnisse bietet, aber bei der Abfertigung und im tatsächlichen Service andere und widersprüchliche Eindrücke vermittelt.

Bei konsequenter emotionaler Positionierung lässt sich das klassische Vorgehen für die Produkt- und Programmgestaltung – erst Produkte zu entwickeln und dann nach einer Kommunikationsstrategie zur Markteinführung der Produkte zu suchen – umkehren:

Ausgehend von einem Erlebniskonzept, das sich für die Positionierung eines Anbieters eignet, sucht man nach Produkten und Programmen, die dazu passen.

Ein Beispiel für eine entsprechende Produktentwicklung ist die Einführung einer Kochgeschirr-Serie »Schwarzer Stahl« durch Silit. Als erstes wurde eine Erlebniswelt »Schwarzer Stahl« für Kochgeschirr entwickelt, die zugleich einen wesentlichen Beitrag zur Erlebniskompetenz des gesamten Unternehmens leisten sollte.

Diese Erlebniswelt von »Schwarzer Stahl« wurde in eine Kommunikationsstrategie bis hin zur visuellen Gestaltung von Kommunikationsmitteln umgesetzt. Diese konkrete, bildliche Erlebniswelt von »Schwarzem Stahl« wurde den technischen Abteilungen und den Designern des Hauses vorgegeben, damit diese Töpfe und Pfannen mit sachlichen Eigenschaften und einem Design entwickeln, welche die Erlebniswelt repräsentieren. Auch der Vertrieb des Kochgeschirrs, Promotion und Preisgestaltung wurden auf die Konzeption abgestimmt.

Zweites Beispiel: Die Marke Swatch wird meist als die Innovation im Uhrenmarkt schlechthin dargestellt. Zweifellos ließe sich bei Swatch-Uhren auch eine technische Innovation aufführen: Im Gegensatz zu traditionellen Uhren besteht eine Swatch gerade aus 51 Teilen statt aus 90 bis 150 Bestandteilen. Die Teile werden direkt in die Uhrenschale eingelassen, die somit auch gleichzeitig die Trägerplatte darstellt (Magyar, 1987, S. 58). Diese technische Innovation ermöglicht einen günstigen Preis, sie ist jedoch kaum der Kern des Markenerfolges. Den meisten Swatch-Trägern ist gar nicht bewusst, dass ihre Uhr weniger Teile aufweist als andere Uhren. Sie kaufen die Uhr aus anderen Gründen: Weil es die erste Uhr ist, die halbjährig mit neuen Kollektionen aufwartet und die Uhr vom Zeitmesser zum individuellen Mode-Accessoire verwandelt. Weil es die erste Uhr ist, die Lust-und-Spaß-Bedürfnisse befriedigt und dem Trend zu größerer Individualität einer jüngeren Generation fördert. Das ist die eigentliche Innovation von Swatch (Esch, 1998 a).

Die Abfolge, dass man ausgehend von einem Kommunikationskonzept nach Produkten und Programmen sucht, die dazu passen, macht man sich auch bei Markenerweiterungen durch den Mechanismus des Imagetransfers zunutze[21]:

Ein Unternehmen, das durch seine Positionierung dafür kompetent ist oder werden soll, bestimmte Erlebnisse zu vermitteln, kann langfristig auch andere Produkte und Dienstleistungen, die mit solchen Erlebnissen verbunden sind, auf den Markt bringen. Beispiele: die Markenerweiterungen

---

[21] Zum Imagetransfer und zu Markenerweiterungen vgl. die Übersichten bei Mayer, Mayer (1987), Esch, Fuchs, Bräutigam (2001) sowie Esch (2004).

von Camel auf Freizeitbedarf und von Joop! auf Bekleidung, Parfum, Brillen, Uhren usw.

Durch diese Programmpolitik wird die Positionierung des Unternehmens verstärkt, ja, es wird sogar eine neue (erlebnisbetonte) Form der Diversifizierung möglich. Ein Unternehmen, das bisher Zigaretten mit Erlebnissen männlicher Abenteuer angeboten hat und für diese Erlebniswelt kompetent geworden ist, geht nun in den Markt für Abenteuer-Reisen – eine Brauerei, die für Naturerlebnisse kompetent geworden ist, geht in den Markt für Nahrungsmittel, um Brot und Margarine mit Naturerlebnissen zu verkaufen. Diese Politik wird zur Zeit von zahlreichen Unternehmen der Modeindustrie verfolgt, um ihre Marken zu kapitalisieren und durch imagekonforme Markenerweiterungen zu stärken (Esch, 2004).

In strategischen Bildern denken: Die wirksame Vermittlung von emotionalen Erlebnissen ist weitgehend an die Verwendung von Bildern gebunden, die in der Lage sind, in den Empfängern »innere Erlebnisbilder« zu erzeugen (King, 1978, Kroeber-Riel, 1986 a, 1993). Ein Produkt zum Medium für emotionale Konsumerlebnisse zu machen, einem Unternehmen ein Erlebnisprofil zu geben, läuft im Wesentlichen darauf hinaus, innere Bilder über das Produkt oder die Firma aufzubauen.

Das erfordert eine langfristige visuelle Konzeption, die Antwort auf die Frage gibt: Mit welchen konkreten Bildern soll die Marke oder die Firma in fünf oder zehn Jahren in der Vorstellungswelt der öffentlichen Meinung und einzelner Zielgruppen vertreten sein?

Diese Frage kann nicht auf der konzeptionellen Ebene beantwortet werden, indem man das angestrebte Erlebnisprofil der Marke oder Firma bloß sprachlich formuliert und umsetzt. Die sprachliche Konzeption lässt sich ja in Bilder mit unterschiedlichen Wirkungen unterbringen. »Frische« kann unter anderem »Marmorfrische« oder »Frühlingsfrische« bedeuten und für die eine wie die andere Frische gibt es zahlreiche Bilder, die ans Herz gehen und solche, die den Betrachter kalt lassen. Das heißt:

Die Wirkung eines Erlebniskonzepts hängt letztlich von seiner **visuellen Umsetzung** ab.

Visuelle Marken- und Firmenbilder entfalten erst dann ihre Kraft, wenn sie konsistent und langfristig im Gedächtnis verankert werden, eine Voraussetzung, gegen die durch häufigen Wechsel der Werbekampagnen verstoßen wird. Sind die Bilder erst einmal im Gedächtnis installiert, so entfalten sie einen starken Einfluss auf das Verhalten (Seite 150 ff.). Sie erweisen sich dann als äußerst resistent.

Ein Beispiel ist das »grüne Band der Sympathie«, das die Haltung zur Dresdner Bank mitbestimmt (hat). Dieses Bild wird in Umfragen über Banken immer wieder als Vorstellung über die Dresdner Bank genannt, obwohl es in der Werbung der letzten Jahre kaum noch eine Rolle gespielt

**Abbildung 18: Auszug aus dem Imagery-Papier der
Wells Fargo-Bank[22]**

Bildelemente (bildliche Eindrücke)	Bedeutung für die Positionierung der Bank
Postkutsche	erreicht für Sie das Ziel
Kutscher, Hände mit Zügeln	Zuverlässigkeit, Vertrauenswürdigkeit
rauhe Umgebung der Gründerzeit	mit Schwierigkeiten fertig werden
Pionierstimmung, bewegtes und spannendes Bild	Dynamik und Fortschritt
Pferde	Kraft und Natürlichkeit

hat. (Inzwischen hat sich die Dresdner Bank von diesem Bild getrennt; sie ist 1988 zu einer bildlich eindrucksarmen und informationsüberlasteten Werbelinie übergegangen, bei der die Dresdner Bank derzeit als »Die Berater-Bank« beworben wird.)

Strategien, die dazu dienen, einer Marke oder einem Unternehmen ein Erlebnisprofil (eine Erlebniskompetenz) zu geben, müssen strategische **Schlüsselbilder** (key visuals oder Leitbilder) umfassen, welche den langfristigen visuellen Auftritt bestimmen und steuern.

Dabei ist an »Leitbilder« im wörtlichen Sinne zu denken, das heißt an visuelle (und akustische) Grundmotive, die den Erlebniskern bilden und die zahlreichen nicht sprachlichen Auftritte der Marken und Unternehmen auf eine Linie bringen. Ein Beispiel ist die Kutscherszene der Wells Fargo-Bank (USA), die in einem »Imagery-Papier« dieser Bank festgeschrieben ist und das langfristige Erlebnisprofil der Bank vorgibt (Abbildung 18).

Die Entwicklung von Marken- und Firmenbildern für die erlebnisbetonte Positionierung ist deswegen eine strategische Aufgabe, keine bloße Gestaltungsaufgabe, die im Zusammenhang mit der Durchführung einer Werbekampagne an eine Agentur delegiert werden kann.

Anpassung an den Lebensstil: Für die erlebnisbetonte Positionierung gilt nicht mehr die klassische Positionierungsanforderung »Biete (durch die Werbung) eine andere und bessere Sachleistung als die Konkurrenz an«. Die Positionierung folgt vielmehr der Forderung: »Biete mit Deinem Angebot emotionale Erlebnisse und Erfahrungen, die einen attraktiveren Beitrag zum Lebensstil der Abnehmer leisten als die Konkurrenzangebote«.

---

[22] Zur Werbestrategie dieser Bank vgl. auch Cleveland, 1986.

Abbildung 19: Schlüsselbild der Wells Fargo-Kampagne

Die Erlebnisse (Bilder), welche die Werbung vermittelt, müssen das vorherrschende Lebensgefühl bzw. den Lebensstil der Zielgruppen treffen.

Da die Positionierung in die Zukunft reicht, kommt es insbesondere auf den zukünftigen Lebensstil der Empfänger an. Lebensstilstudien geben über die Entwicklung des Lebensstils, über Trends und ihre Stabilität Auskunft. Sie sind allerdings mit der Vorsicht zu interpretieren, die jeder Blick in die Zukunft verlangt und die bei Befragungsergebnissen in besonderem Maße angebracht sind. Bekannte Lebensstilstudien der Praxis stammen von der amerikanischen Werbeagentur Leo Burnett (in Deutschland: Werbeagentur Michael Conrad & Leo Burnett, Frankfurt)[23].

Einsichten in die Entwicklung des Lebensstils bieten auch Studien über den Wertewandel der Bevölkerung. Beispielsweise gehören zu den Werten, die bevorzugt von Jugendlichen angestrebt werden, natürliche Umwelt, Selbstverwirklichung und vor allem Freizeit. Ältere streben insbesondere nach Gesundheit und Sicherheit, sie halten auch noch die Familie hoch (Windhorst, 1985, Wiswede, 1991, Opaschowski, 1997).

Solche Werthaltungen müssen sich im zielgruppenspezifischen Inhalt der emotionalen Werbung widerspiegeln[24].

4.2 Entwicklung eines Erlebnisprofils

Wie bereits erwähnt wurde, ist es schwierig, ein für eine Marke oder ein Unternehmen geeignetes Erlebnisprofil zu entwickeln, zu testen und in wirksame Kommunikation umzusetzen. Diese Aufgabe erfordert sozialtechnische Forschungs- und Entwicklungsarbeit, die eine vergleichbare Funktion wie die technische Forschung und Entwicklung im Unternehmen übernehmen sollte (Kroeber-Riel, 1986 b, Esch, 1998 b).

Sozialtechnische Innovationen sind wichtig, sie werden in Zukunft eine ähnliche Bedeutung erlangen wie technische Innovationen. Dafür sprechen mehrere Gründe: Zum einen stellen die Verhaltenswissenschaften (Sozialwissenschaften) immer mehr Erkenntnisse zur Verfügung, die in der

---

[23] Einen Überblick geben Banning, 1987, Drieseberg, 1995.

[24] Bereits in den 80er Jahren wurden in den USA umfassende Längsschnittanalysen über Werte und Veränderungen des Lebensstils durchgeführt, die sich in der Werbung widerspiegeln (und damit über die Anpassung der Werbung an die vorherrschenden sozialen Standards), vgl. Belk, Pollay, 1985, Leiss, Kline, Jhally, 1997. In wissenschaftlichen Hausarbeiten, die die Verfasser betreuen, werden Inhaltsanalysen der Werbung aus den 60er Jahren und von heute durchgeführt. Beachtenswert ist die Zunahme der emotionalen Ansprache über Bezugsgruppenappelle (dabei werden in zunehmendem Maße die Freunde und weniger die Familie als Bezugsgruppe betrachtet).

Praxis angewandt und zu neuen Problemlösungen im Marketing herangezogen werden können. Zum anderen erfordern immer mehr Marktprobleme sozialtechnische Lösungen. Die psychologische Marktsegmentierung und die emotionale Positionierung auf gesättigten Märkten sind Beispiele dafür.

Viele Unternehmen sind allzu häufig auf die technische Weiterentwicklung ihrer Produkte fixiert. Sie stecken Millionen in die technische Forschung und Entwicklung, obwohl Investitionen für die sozialtechnische Forschung und Entwicklung höhere Grenzerträge bringen würden.

Die technische, häufig nur noch geringfügige Weiterentwicklung eines Produktes wird mit hohem Aufwand erkauft. Dagegen könnten oft die vorhandenen Produkte mit Hilfe von Sozialtechniken, deren Entwicklung weniger Aufwand verursachen würde, wesentlich erfolgreicher auf dem Markt untergebracht werden. Das gilt vor allem auf gesättigten Märkten. Auch der Erfolg neuer Produkte kann durch begleitende Sozialtechniken erheblich unterstützt, oft erst durchgesetzt werden.

Für den Konsumenten haben die sozialtechnischen Innovationen ebenfalls einen hohen Rang: Eine Designinnovation wie die Swatch-Uhr oder ein neues emotionales Kleidungs- oder Auto-Erlebnis vermitteln ihm häufig mehr Vergnügen, tragen mehr zu seiner Lebensqualität bei als ein sachlicher Produktvorteil.

Sozialtechnische Innovationen können sich grob gesprochen auf das Produkt selbst und/oder auf die Kommunikation für das Produkt beziehen (vgl. ausführlich Esch, 1998 a).

In dem ersten Fall geht es vor allem um die Ästhetisierung und erlebnisbezogene Gestaltung eines Produktes oder dessen Verpackung (Schmitt, Simonson, 1998, 2000). Die Parfümflasche CK One und der Wodka Absolut stehen z. B. für die Ästhetik der »Einfachheit« (Schulze, 1998, S. 310 f.). Gerade die Verpackung spielt für die Erlebnisvermittlung eine große Rolle. Bei etwa 80 % der am Point of Sale gehandelten Konsumgütern sind die Marketingetats so klein, dass die Durchführung klassischer Werbung nicht möglich ist (Meyer, 2001). Zudem werden innere Markenbilder dominant durch die Verpackung geprägt. Deshalb darf es nicht verwundern, dass die Preisbereitschaft für ästhetische Produkte und Verpackungsgestaltung wesentlich höher ist als für solche, die nicht gefallen (Bloch, Brunel, Arnold, 2003, Langner, Esch, 2004).

Im zweiten Fall geht es um die Entwicklung einer Erlebniswelt. Beispiele hierfür sind die maritime Erlebniswelt von Beck's und die Cowboy-Welt von Marlboro.

Wir skizzieren nun kurz das Vorgehen bei der Entwicklung eines Erlebnisprofils:

Schrittweises Vorgehen: Als Erstes hat man sich vor den Einflüsterungen der Marktforschung zu hüten, die gerne vorgibt, die Bedürfnisse der Konsumenten zu kennen. Abgesehen davon, dass die meisten zur Bedürfnismessung eingesetzten Befragungen nicht gerade zuverlässige Ergebnisse liefern, ist folgendes Problem zu sehen: Wenn man durch die Marktforschung herausbekommen möchte, welche »Wunscherlebnisse« die Abnehmer haben, so stößt man im Wesentlichen auf die Klischees, die von den bisherigen Erfahrungen der Konsumenten auf dem Markt, vor allem durch die vorherrschende Werbung, geprägt wurden. Die Übernahme der so vorgeprägten Wunschbilder bietet für eine langfristig angelegte und zukunftsorientierte Positionierung wenig Hilfe. Es kommt vielmehr darauf an, eine von den vorhandenen Klischees abgehobene und **neue** Erlebniswelt zu entwickeln, die für den Konsumenten von morgen attraktiv ist.

Diese Entwicklung ist in der ersten Phase ein kreativer Vorgang, bei dem intuitive Einsichten in den Lebensstil von morgen und sozialtechnische Erkenntnisse über die emotionale Empfänglichkeit der Zielgruppen zusammenwirken müssen.

Grob gesehen gliedert sich das Vorgehen zur Entwicklung eines Erlebnisprofils in vier Phasen:

1. Generieren von Erlebnissen,
2. Aussondern ungeeigneter Erlebnisse,
3. systematische Überprüfung geeigneter Erlebnisse,
4. Auswahl einer Erlebnislinie.

1. Generieren von Erlebnissen: Es wird oft beklagt, dass für die Positionierung eines Produktes oder einer Dienstleistung nur wenige Erlebnisse zur Verfügung stehen. Das stimmt nicht, wenn man seinen Blick nicht durch die Klischees vernebeln lässt, die durch die bekannten Marken eines Marktes erzeugt werden. Erfahrungsgemäß kommen für fast alle Produkte und Dienstleistungen sowie Firmen hunderte von emotionalen Erlebnissen in Frage.

In der Praxis erfolgt hingegen eine kaum nachvollziehbare Selbstbeschränkung auf nur wenige Erlebnisse, die in einer Branche oder Produktgruppe vermittelt werden: Inhaltsanalytischen Untersuchungen zufolge werden meist nicht mehr als sechs Erlebniseigenschaften belegt (Esch, Mildenberger, 1996).

Um nicht in solchen Branchenklischees zu erstarren, sind möglichst viele Erlebnisse zu sammeln und zu generieren, die im weitesten Sinne mit dem Angebot zusammenhängen (Petri, 1992). Es gilt das Motto der Kreativitätsforschung

Quantität schafft Qualität!

Als **Suchzugänge** bieten sich sprachliche und bildliche Brücken an. Neben der Generierung sprachlicher Erlebniseigenschaften empfiehlt sich insbesondere die Anregung durch das Sammeln einer Vielzahl potentieller Erlebnisbilder (Esch, 1998 b).

Suchfelder bestehen in der Nutzung (1.) von sozialtechnischen Erkenntnissen und (2.) von vielfältigen Erlebnissen, die das Marketing in verschiedenen Branchen und Ländern bereits nutzt. Letztere können mit Hilfe von inhaltsanalytischen Bestandsaufnahmen ermittelt werden (Nickel, 1997, Woll, 1997).

Vor allem sozialtechnische Suchfelder liefern ein breites Spektrum potentieller Erlebniseigenschaften. So können durch tiefenpsychologische Ansätze Archetypen wie der des alten Weisen oder des Helden oder archetypische Grundmotive (z. B. die Mystik des Wassers) zur Anregung herangezogen werden. Gerade diese Motive scheinen bei Konsumenten kulturübergreifend tief verwurzelte Gefühle auszulösen (Dieterle, 1992). Lebensstiluntersuchungen sowie emotionspsychologische und motivationspsychologische Ansätze, aus denen sich eine Vielzahl von Erlebnislisten ableiten lassen, können als weitere Ideenquellen dienen.

Durch **Suchhilfen**, insbesondere durch kreative Verfahren, kann diese Sammlung erweitert, modifiziert und verfeinert werden. Gute Arbeit leisten hier auch Expertensysteme. Beispielsweise bietet das **CAAS-Suchsystem** ein Modul zum Generieren von Erlebnis- und Bildideen[25]. Hierbei werden Suchwege in die Breite und in die Tiefe angeboten. Zudem stehen in einer Ideendatenbank mehr als 80.000 Ideen zur Verfügung, die man zur Stimulation eigener Ideen abrufen kann. Der Benutzer soll durch das System zu möglichst vielen Ideen geführt werden, ohne dass Vorgaben oder Festlegungen zugunsten einer Idee erfolgen. Das Suchsystem ist deshalb vergleichbar mit einem **Kaleidoskop**: Je größer die Zahl generierter Ideen, desto zahlreicher werden die Möglichkeiten, aus diesen Bausteinen zu neuen Ideen und Konzepten zu gelangen (vgl. hierzu ausführlich Esch, Kroeber-Riel, 1994).

Besonders nachteilig wirkt sich in dieser Phase die Selbstbeschränkung aus, die darin liegt, dass man zu wenig externe Anregungen und Hilfen einbezieht (zu stark im Dunstkreis des eigenen Angebotsdenkens bleibt) und sich mit einer zu geringen Anzahl von Erlebnissen zufrieden gibt. Ergebnis einer erfolgreichen Suchphase ist eine lange Liste in Frage kommender Erlebnisse.

2 Aussondern ungeeigneter Erlebnisse: Ziel dieser Phase ist eine »Arbeitsliste« mit solchen Erlebnissen, die für das eigene Angebot geeignet sind. Auf diese Liste kann sich dann die weitere Entwicklungsarbeit stützen. Für das Aussondern gibt es mehrere Ansatzpunkte, insbesondere:

---

[25] Das Kürzel CAAS steht für Computer Aided Advertising System. Eine ausführliche Beschreibung des CAAS-Suchsystems befindet sich in Esch und Kroeber-Riel, 1994.

- die formale Ordnung der Erlebnisse:
  Zum Beispiel werden gleichartige Erlebnisse ausgesondert. Um die Erlebnisse ordnen zu können, muss man sie bereits durch konkrete Erlebniskonzepte operationalisieren.
- die psychologische Relevanz der Erlebnisse:
  Zum Beispiel werden Erlebnisse ausgesondert, die Ängste und Ablehnungen auslösen können, die man bei der Vermarktung des Angebots vermeiden möchte (vgl. im Übrigen Seite 214 ff.).
- die Unternehmensphilosophie (C I):
  Erlebnisse, die im Widerspruch zur Unternehmensphilosophie und zu den vom Unternehmen vertretenen moralischen Standards stehen, kommen nicht in Frage.

Abbildung 20 gibt den Auszug einer hierarchisch geordneten Arbeitsliste für die Positionierung einer Bank wieder.

3. Systematische Überprüfung geeigneter Erlebnisse: In dieser Phase werden die zur Positionierung in Frage kommenden Erlebnisse aufgrund von Schreibtischrecherchen und empirischen Kontrollen so eingeengt, dass nur noch wenige Alternativen für die letzte Auswahlentscheidung übrig bleiben. Es ist insbesondere zu überprüfen, ob die Erlebnisse

- die Zielgruppen langfristig ansprechen, also den Lebensstiltrends entgegenkommen,
- eine starke Positionierung gegenüber der Konkurrenz ermöglichen,
- nicht nur durch Werbung, sondern auch durch andere Marketinginstrumente vermittelt werden können und
- nicht zu hohe Ansprüche an die Umsetzung durch die Agentur stellen.

Dabei ist man auf Lebensstilstudien, Konkurrenzanalysen, emotionspsychologische Untersuchungen usw. angewiesen. Um die Überprüfungen durchzuführen, sind bereits in dieser Phase bildliche und sprachliche Grobformulierungen der Erlebnisse vorzunehmen.

Einige der entstehenden Probleme können an folgendem praktischen (modifizierten) Fall verdeutlicht werden:

Für die Positionierung einer Bank, die in starker Konkurrenz zur Sparkasse steht, stehen emotionale Bankerlebnisse wie »Traum vom schöneren Leben« sowie »Familienleben« (die Bank als Fundament für das Schicksal der gesamten Familie) in engerer Auswahl.

Diese beiden Erlebnislinien sind durchaus dazu geeignet, einer Bank Erlebniskompetenz zu geben. Sie passen zum Dienstleistungsangebot der Bank, das dann auf die gewählte Erlebnislinie abgestimmt werden müsste. Zum Beispiel könnten bei der Kreditvergabe bestimmte Konsumkredite oder Familienkredite, welche das emotionale Streben nach »schönerem Leben« oder nach »Familienleben« befriedigen, in den Vordergrund des Angebots gestellt werden.

Abbildung 20: Auszug aus einer Liste möglicher Bankerlebnisse

Eine Liste der zur Positionierung von Banken geeigneten Erlebnisse umfasst mehrere Erlebnisdimensionen, Beispiel:

Erlebnisdimension

Aktivsein
Sachlichkeit
Leistung (Erfolg)
Ausgewogenheit
soziale Potenz
Geborgenheit
Umwelt und Gesundheit
Lebensfreude
Attraktivität

Jede Erlebnisdimension umfasst mehrere Erlebniscluster, diese gliedern sich wiederum in zahlreiche Einzelerlebnisse (insgesamt etwa 300). Beispiel:

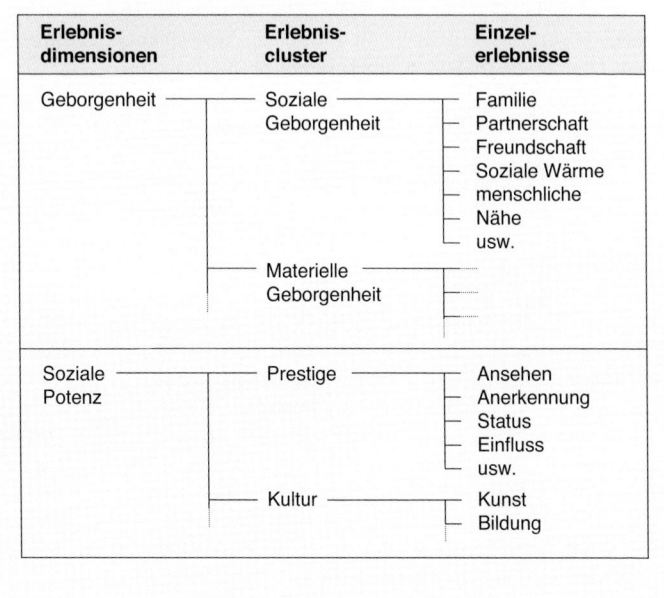

Bei Überprüfung der langfristigen Wirksamkeit dieser beiden Erlebnis-linien würde die Erlebnislinie »Familienleben« wesentlich schlechter ab-schneiden, weil nach vorliegenden Lebensstiluntersuchungen die Bedeu-tung von »Familienerlebnissen« für den Lebensstil der Konsumenten erheb-lich nachgelassen hat und auch für die Zukunft skeptisch zu beurteilen ist. Die Vermittlung von »Familienerlebnissen« würde auch keine starke Abgrenzung zur Konkurrenz ermöglichen, weil die Sparkasse in ihrem da-maligen Auftritt diese Erlebnisse belegt hatte: direkt durch Werbung mit Motiven zum Familienleben, indirekt, weil die Positionierung der Sparkas-se in Richtung soziale Nähe und Geborgenheit ging. Das sind Erlebnisse, die nahe an den »Familienerlebnissen« liegen.

Demzufolge kommen für die hier erörterte Positionierung nur noch Erlebnisse des »Traums vom schöneren Leben« in Frage.

Es bestehen jedoch Zweifel, ob die kreative Leistungsfähigkeit von Agenturen dazu ausreicht, solche Traumerlebnisse langfristig in einer zu Herzen gehenden und zugleich originellen Weise umzusetzen. Das Risiko, dass die Umsetzung in stereotype und auswechselbare Bildmotive sowie Sprachformeln abgleitet, ist groß: Man sieht geradezu die 08/15-Szenen vom genussvollen Leben und schönen Urlaub vor Augen. Es ist deswegen zweckmäßiger, sich solchen Erlebniswelten zuzuwenden, welche eine ori-ginelle Umsetzung erleichtern.

Nach dem Ausscheiden dieser beiden – beispielhaft überprüften – Er-lebnisse sind andere Erlebnisalternativen in Betracht zu ziehen.

In diesem Zusammenhang ist darauf hinzuweisen, dass die zu analysie-renden Erlebnisse stets operational zu fassen sind. Beim »Traum vom schö-neren Leben« handelt es sich um ein sehr komplexes Erlebnis. Eine für die Überprüfung verwendbare Formulierung liegt erst dann vor, wenn dieses Erlebnis bildlich und sprachlich gefasst wird mit Hilfe der Schlüsselfrage: Welche Art von Traumerlebnis ist gemeint?

4. Auswahl einer Erlebnislinie: Der dargestellte Entwicklungsprozess vollzieht sich selbstverständlich nicht in so klar abgrenzbaren Phasen. Er schließt bis zuletzt dauerndes Rückkoppeln, ein Hin- und Herspringen zwischen den Phasen, ein. Nach Erfahrungen der Verfasser bewältigt ein Arbeitskreis diese strategische Entwicklungsarbeit (neben der laufenden Ar-beit) in sechs Monaten; die doppelte Zeit ist noch einmal bis zur Verab-schiedung der fertigen Werbemittel erforderlich.

Als Ergebnis der drei ersten Phasen werden sich einige wenige Erleb-nislinien herauskristallisieren, unter denen auf der Grundlage von Exper-tenschätzungen, Marktforschungsuntersuchungen (Konzepttest) und unter-nehmenspolitischen Erwägungen ausgewählt wird: Eine Erlebnislinie oder mehrere werden dann in Kommunikationsmittel umgesetzt. Das frustrie-rende Spiel mit der Agentur beginnt.

Sofern Tests durchgeführt werden, ist die zentrale Frage die, ob die Konsumenten aufgrund der Gestaltungsvorschläge das dahinterstehende

Erlebnis wahrnehmen. Viele Positionierungskonzepte scheitern daran, dass die Konsumenten die Positionierungsbotschaft nicht erkennen und verstehen. Ferner ist nochmals die psychologische Relevanz der Umsetzungen, deren Akzeptanz sowie deren Differenzierungsfähigkeit von der Konkurrenz zu überprüfen, da die Ergebnisse je nach Umsetzung variieren können.

Beim Testen ergibt sich dabei das altbekannte Problem, dass neue, ungewohnte und originelle Entwürfe leicht durchfallen, weil die von der Routinemarktforschung verwendeten Verfahren nicht auf die Erfordernisse eingestellt sind, die das Testen von neuen Konzepten verlangt (unter anderem muss der Lernprozess der Konsumenten beim Test simuliert werden, wie das beim Testmarkt der Fall ist). Der Test sollte auch weitestgehend dem Low-Involvement-Verhalten in der Realität Rechnung tragen. Eine Untersuchung mit gerichteter Aufmerksamkeit lässt kaum Rückschlüsse auf die Wirkung eines Erlebnisses bei flüchtigem Betrachtungsverhalten zu. Schließlich sind bei Überprüfungen von Erlebnisumsetzungen bildliche Messungen als Ergänzung der vorherrschenden verbalen Messungen zwingend erforderlich.

5 Positionierung durch Aktualität

Auf den heutigen Märkten wird man immer häufiger auf den Erfolg von Angeboten, vor allem von Marken, aufmerksam, die in der Werbung einen besonders auffallenden Auftritt inszenieren. Ihre Werbung enthält fast keine Information, sie vermittelt auch keine besonderen emotionalen Erlebnisse.

Ein Beispiel bietet die Fernsehwerbung von Peroni-Bier in Italien: Eine attraktive Blondine tritt auf. Bier strömt in den Frauenkörper. Die Frau tanzt dann auf der Theke eines Lokals. Angestarrt von Männern, die Bier trinken. Das Lied ist zu Ende, das Bier strömt wieder aus der Frau. Im Lied der Frau wird mehrmals Peroni genannt, man sieht auch Peroni-Schilder im Lokal, es gibt aber kaum Produktinformationen und auch keine emotionalen Erlebnisse, die auf eine Positionierung abzielen (Peroni-Bier will sich ja nicht als erotisches Bier oder als Bier für Nachtlokale positionieren).

> Der Wirkungsmechanismus dieser Werbung liegt darin, dass durch eine auffallende Inszenierung des Markennamens oder -zeichens die Aktualität der Marke erhöht wird.

Die Marke wird dadurch ins Gespräch gebracht. Sie wird, wie es in der Kommunikationsforschung heißt, »thematisiert«. Dadurch wird erreicht, dass die Marke bei den Konsumenten gedanklich präsent ist. Zudem ist mit einem »Mere-Exposure«-Effekt zu rechnen: Danach verbessert sich durch das häufige Zusammentreffen mit einer Marke die Einstellung zu dieser[26].

Aktualisierungswerbung soll vorrangig dafür sorgen, dass sich die Leute mit der Marke beschäftigen, dagegen tritt das Werbeziel zurück, ein bestimmtes Image zu prägen. Ein aufschlussreicher Fall dazu ist die Fulda-Werbung, die aus der Einsicht, dass die Thematisierungswirkungen der bisherigen Werbung nicht stark genug waren, grundlegend neu gestaltet wurde (siehe Anzeigen und Kommentar in Abbildung 21).

Mit der Rolle, welche die Massenmedien spielen, um ein Thema ins Gespräch zu bringen, beschäftigt sich die »Theorie des Agenda Setting« (Schenk, 2002, S. 194 ff.). Unter Agenda Setting versteht man wörtlich übertragen: »etwas auf die Tagesordnung setzen«. Das bedeutet: die Aufmerksamkeit auf bestimmte Themen lenken, dafür sorgen, dass diese Themen zu den aktuellen Gesprächsgegenständen der öffentlichen Meinungsbildung gehören.

Nach der heute in der Kommunikationsforschung verbreiteten Theorie des Agenda Setting liegt die Kraft der Massenmedien weniger darin, Meinungen zu beeinflussen und zu ändern, als darin, das Publikum dazu zu bringen, sich gedanklich mit den Themen zu beschäftigen, welche die Massenmedien vorgeben. Diese Überlegungen kann man auf die Werbung übertragen. Die Medienwerbung erhält dann bevorzugt die Aufgabe, Produkten und Dienstleistungen (Marken und Firmen) Aktualität zu verleihen und sie in das Blickfeld der Zielgruppen zu bringen.

Aktualität ist mehr als Bekanntheit: Eine Marke kann sehr bekannt sein wie Pilsener Urquell und doch geringe Aktualität besitzen. Nicht die passive, sondern die aktive Markenbekanntheit ist entscheidend. Dabei ergeben sich allerdings Differenzierungen, je nachdem, ob eine Entscheidung am Einkaufsort gefällt oder vorher geplant wird: Bei einer Einkaufsentscheidung am Point of Sale kann bereits die Markenwiedererkennung (Verpackung) zur Kaufwahl führen, bei anderen Entscheidungen ist die aktive Markenerinnerung wichtig (vgl. Rossiter, Percy, 1997). Bei einem reinen Aktualitätsziel ist jedoch die aktive Markenbekanntheit, die neben dem Namen auch das Erinnern typischer Verpackungselemente (z. B. von Farben und Formen) und des Markenzeichens umfassen kann, wesentlich.

David Aaker (1992) bringt die Überlegungen zur Markenaktualität plastisch mit seiner Bekanntheitspyramide zum Ausdruck, bei der selbst die Erinnerung einer Marke noch Abstufungen erfährt. Die Intensität der Markenbekanntheit reicht hier von einer dominanten bzw. exklusiven Markenerinnerung, bei der einem nur eine Marke in einer bestimmten

---

[26] Vgl. dazu die klassischen Ausführungen von Zajonc, 1968.

**Abbildung 21: Von der Imagewerbung zur Aktualisierungswerbung
(drei Werbekampagnen von Fulda)**

Oben: frühere Imagewerbung von Fulda

Unten: Aktualisierungswerbung in der Übergangszeit

Image- und Aktualisierungswerbung von heute

Anmerkung: Die frühere Imagewerbung von Fulda hatte unzureichende Wirkungen, weil sie zu wenig zur Aktualität der Fulda-Reifen beitrug. Fulda trat dann in einer Übergangszeit mit einer Werbung auf, die auf Markenaktualität abzielte und die Marke in den Mittelpunkt stellte. Zur Zeit wird mit Anzeigen geworben, die die Aktualität verstärken und zugleich zur Positionierung dienen (Defizit dieser Werbung: der Markenname bleibt noch zu sehr im »Untergrund«).

**Abbildung 22: Bekanntheitspyramide – Intensitäten der Marken-
bekanntheit**

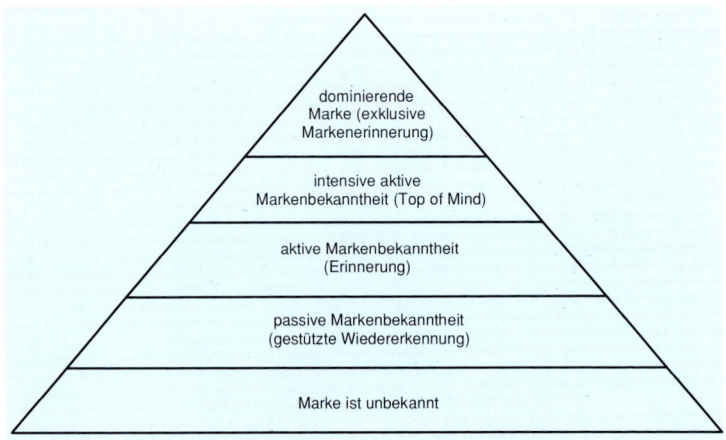

Quelle: in Anlehnung an Aaker, 1992, S. 84.

Produktgruppe einfällt, bis hin zum bloßen Wiedererkennen einer Marke.
Je nach Stellung einer Marke in der Bekanntheitspyramide lassen sich entsprechend Rückschlüsse auf Einstellungen und Verhalten schließen. So unterliegen Marken mit einer exklusiven Markenbekanntheit kaum Einflüs-
sen am Point of Sale. Die Bekanntheit schlägt hier meist auf das Verhalten
durch (Lachmann, 1992).

Die aktive Markenbekanntheit kann am einfachsten durch die sponta-
nen Nennungen einer Marke oder einer Firma gemessen werden, wenn
Leute der Zielgruppe gefragt werden, welches Angebot ihnen in einem bestimmten Leistungsbereich in den Sinn kommt. Beispiel: »Welche Marke
fällt Ihnen ein, wenn Sie an Zahnpasta denken?«. Dabei ist unbedingt die
Reihenfolge der Nennungen (Erstnennungen, Zweitnennungen usw.) auseinander zu halten. An dieser Differenzierung lassen sich bei wiederholten
Messungen Veränderungen der Aktualität ablesen. Beispiel: Bei den spon-
tanen Zweitnennungen ist die Marke von 40 % auf 60 % gelangt (durch
Verminderung der nachrangigen Nennungen).

Die gemessenen Antworten können durch zusätzliche Ermittlung der
zwischen Frage und Nennung auftretenden Reaktionszeit verfeinert werden. Zusätzlich ist festzustellen, ob die aktiven Nennungen mit Vorstellungen wie »gehört heute dazu« oder »interessante Marke« oder »wird von vielen Leuten benutzt« verbunden werden. Das sind spezielle Hinweise auf die
Aktualität und gedankliche Präsenz (diese Angaben beziehen sich nicht auf
besondere Eigenschaften und Erlebnisse des Angebots).

Aktualität als strategisches Ziel: Unter folgenden Bedingungen wird die Aktualität des Angebots nicht nur zu einer Nebenbedingung des Markterfolgs (Seite 37), sondern zu einem selbstständigen Ziel der Werbung:

– langfristige Aufgabenteilung im Marketing-Mix: Die Medienwerbung übernimmt die Aufgabe, für Aktualität des Angebots zu sorgen, andere Kommunikationsmaßnahmen übernehmen Aufgaben der informativen oder emotionalen Positionierung;
– Positionierung bei sehr geringem Involvement: Für Produkte und Dienstleistungen, die mit sehr geringem Involvement gekauft werden, genügt Aktualität als Anstoß für die Kaufentscheidung. Die Aktualität wird dann zum Positionierungsziel (siehe dazu auch Fußnote auf Seite 97).

Es ist vorauszusehen, dass sich diese strategischen Zielsetzungen der Werbung in den nächsten Jahren verstärken werden.

Langfristige Aufgabenteilung im Marketing-Mix: Die zunehmende Informationsüberlastung ist mit einer immer stärkeren Informationskonkurrenz verbunden. Und Informationskonkurrenz bedeutet: Die Empfänger der Kommunikation werden immer mehr Handlungsappellen ausgesetzt: Tue dies, wähle diese Marke, probiere jene Marke, nimm diese Dienstleistung in Anspruch usw.

Dadurch wird es für die mit der Werbung eines Anbieters verbundenen Handlungsappelle immer schwieriger, nicht in der Informationsflut unterzugehen; es wird immer schwieriger, die Aufmerksamkeit der Zielgruppe auf das Angebot zu lenken und zur Menge der wahrgenommenen Alternativen zu gehören.

Die zunehmenden Hürden zur Schaffung von Aktualität für ein Angebot legen es nahe, die Aktualisierungsfunktion der Werbung zu verstärken. Die Werbung wird sich sogar auf diese Funktionen konzentrieren, wenn die Information über das Angebot Kontaktzeiten erfordert, die bei der heutigen Informationsüberlastung nicht mehr zu erreichen sind[27]: In der Werbung für erklärungsbedürftige Konsumgüter und für Investitionsgüter zeichnet sich deshalb eine stärkere Aufgabenteilung als bisher im Kommunikations- und Marketing-Mix ab:

---

[27] Die längste Kontaktdauer, die in der Datenbank der Autoren zu finden war, betrug 24 Sekunden für eine farbige vierseitige Anzeige für Werkzeugmaschinen in einer Fachzeitschrift, gelesen von der Zielgruppe – das macht 6 Sekunden für eine Seite. Dieser Wert stammte aus einer Untersuchung des Instituts für Kommunikationsforschung von Keitz, Hamburg.

Auf der einen Seite übernimmt es die (klassische) Medienwerbung, die Aufmerksamkeit auf das Angebot zu lenken und zu erreichen, dass das Angebot bei einer Kaufentscheidung als Alternative wahrgenommen wird. Damit wird die »Aufmerksamkeitsbarriere« überwunden, die den Markterfolg bei zunehmender Informationsüberlastung gefährdet.

Auf der anderen Seite können andere Maßnahmen der Marktkommunikation dazu dienen, die bei einer Kaufentscheidung entstehenden Informtionsbedürfnisse zu befriedigen und das Angebot zu positionieren. Beispiele: Anbieter wie Faun (Baumaschinen) oder Doka (Betonverschalungen) schalten Anzeigen, die keine (bzw. nur wenige) Informationen enthalten und der Aktualität dienen. Die persönliche Beratung, Prospekte, Messen und andere Formen der Marktkommunikation vermitteln die entscheidungsrelevanten Informationen und emotionalen Eindrücke. Auch in der Computerwerbung wird eine stärkere Hinwendung zur informationsarmen Aktualisierungswerbung sichtbar.

Dass diese Aufgabenteilung funktioniert, zeigt das Beispiel Doka: Durch die Aktualisierung der Marke in der Werbung stieg deren Bekanntheit erheblich an. Gleichzeitig empfanden Einkaufsentscheider, dass sie hinreichend Informationen (im Rahmen der Aufgabenteilung dargeboten in Prospekten und anderen Kommunikationsintrumenten) über die Produkte von Doka hatten (Abbildung 23).

Positionierung: Was nun die Aktualität als Positionierungsziel angeht, so ist an alle Marktsituationen zu denken, die mit **sehr geringem** Konsumenteninvolvement verbunden sind:

Auf manchen Märkten sind die Markenunterschiede dem Konsumenten gleichgültig. Er kann sich auf die angebotene Qualität verlassen; er weiß, dass die Qualität der Marken austauschbar ist. Treffen diese Voraussetzungen mit einem sehr geringen situativen Involvement zusammen, so kann man auf die Vermittlung von Informationen und von emotionalen Konsumerlebnissen weitgehend verzichten. In der Hauptsache entscheidet dann die Aktualität der Marke über die Akzeptanz und Bevorzugung einer Marke beim Kauf.

In diesem Sinne führen Sutherland und Galloway (1981) aus, dass starke Werbung, die mit häufiger Präsenz des Angebots in den Massenmedien verbunden ist, eine Marke so thematisieren kann, dass sie in den Augen der Konsumenten wichtig wird. Diese Wirkung reicht bei den angesprochenen Low-Involvement-Gütern bereits aus, um das Kaufverhalten anzuregen und zu lenken.

Sehr gering ist das Involvement der meisten Konsumenten bei Produkten wie Kaugummi und Papiertaschentüchern, Toilettenpapier, Zucker und Decken. Ist das Involvement nicht ganz so niedrig, aber immer noch schwach wie bei Erfrischungsgetränken, so wird Aktualität allein für eine Markenpräferenz nicht ausreichen, sie spielt aber immer noch eine **Schlüsselrolle** für das Kaufverhalten. Ohnehin wird eine Aktualisierungswerbung

**Abbildung 23: Doka-Werbung und Doka-Broschüren: Aufgabentei-
lung im Marketing-Mix**

oben: Aktualisierungswerbung
unten: Auszug aus einem Prospekt, der auf der Vorderseite jeweils das Bild der Anzeigenwerbung enthält.

in der Regel einige wenige informative oder emotionale Komponenten enthalten, welche die Wahrnehmung einer Marke und damit die Präferenz beeinflussen[28].

Von einer **Positionierung** (Abgrenzung gegenüber der Konkurrenz) kann man auch bei der Aktualisierungswerbung sprechen, weil diese darauf abzielt:

(1.) die Marke aus dem Konkurrenzfeld herauszuheben und damit ihre Identität sichtbar zu machen[29]; sowie

(2.) der Marke eine gedankliche Präsenz beim Konsumenten zu verschaffen, welche die Konkurrenzmarken nicht haben (siehe dazu Seite 92).

In diese Richtung argumentieren auch Ries und Trout (1981) in ihrem bekannten Buch: Positionierung, die neue Werbestrategie: »Um mit der Produktexplosion fertig zu werden, haben die Leute gelernt, Produkte und Marken gedanklich in eine (einfache) Rangordnung zu bringen. Das kann man am besten verdeutlichen, wenn man sich vorstellt, dass es für jeden Produktbereich gedankliche Leitern gibt. Jede Stufe ist durch einen Markennamen besetzt«. Es kommt nun darauf an, eine der ersten Stufen zu besetzen und dadurch die Konkurrenz gedanklich auszustechen, um beim Kauf bevorzugt berücksichtigt zu werden (S. 36 ff.). »Getting into the mind« lautet der Leitsatz (S. 21)[30].

In der Praxis findet sich die Positionierung durch Aktualität meist als Mischform in Verbindung mit anderen Positionierungszielen. Selbst bei ei-

---

[28] In der Konsumentenforschung wird heute allgemein davon ausgegangen, dass die Wahl einer Marke bei geringem Involvement kein oder nur wenig Wissen über die Marke sowie keinen oder nur einen geringen emotionalen Erlebniswert voraussetzt. Qualitätskenntnisse oder emotionale Beziehungen zur Marke werden bei diesen Gütern erst nach und nach und vor allem durch den Konsum erworben. Im Low-Involvement-Fall ist es Aufgabe der Werbung, die Marke durch dauernde Wiederholung ins Bewusstsein der Konsumenten zu bringen und Vertrautheit mit der Marke zu erzeugen. (Vgl. dazu Baker et al., 1986, Hauser, Wernerfelt, 1990, Assael, 1995).

[29] Einer Analyse von Miller und Berry (1998) in der Autovermietungsbranche zufolge wirkt die Werbung primär auf die Markenbekanntheit, konkret darauf, über welche Marken Konsumenten nachdenken, und weniger auf das Markenimage. Zwar ist dieses Ergebnis keinesfalls generalisierbar, es stützt dennoch die Bedeutung der Markenaktualität.

[30] Der Originaltitel lautet: Positioning – the battle for your mind. Er könnte in diesem Zusammenhang übersetzt werden mit: Positionierung, der Kampf um gedankliche Präsenz (Übersetzung und Seitenangaben des obigen Zitats nach dem Original von Ries, Trout, 1981).

ner dominanten Aktualisierung einer Marke schwingen oft mehr oder weniger deutlich bestimmte (Erlebnis-)Inhalte mit. So kann man die Werbung für Lucky Strike auch als Aktualisierungswerbung auffassen, die mit bestimmten Inhalten (Humor, Ironie usw.) verknüpft ist.

Anforderungen an die werbliche Umsetzung: Sich von anderen Marken durch Aktualität abheben heißt: stärkere gedankliche Präsenz erreichen und von den Empfängern bevorzugt als Alternative wahrgenommen werden.

Dies erfordert eine Werbung, die

- stark auffällt,
- die Marke in den Mittelpunkt stellt,
- einprägsam und leicht zu erinnern ist.

Auffälligkeit wird durch eine stark aktivierende Werbung erreicht, die dazu dient, die Aufmerksamkeit der Konsumenten auf die Marke zu lenken.

Marke im Mittelpunkt: Markenname und Markenzeichen müssen dem Konsumenten unübersehbar vor Augen geführt werden. Also: Keine Bilder und Szenen, die von der Marke ablenken und die Marke bei der Wahrnehmung verdrängen. Aus diesem Grund ist es am besten, die Marke selbst lebendig und unterhaltsam zu inszenieren.

Häufige Kontakte mit dem Markennamen zu schaffen, gehört zu den wichtigsten Techniken der Aktualisierung. Wichtige Unterstützungen dafür bieten Außenwerbung, Events, Sponsoring-Maßnahmen sowie die Inszenierung der Marke in Filmen durch Product Placement, wie dies bei der Einführung des BMW Z8 in dem James Bond-Film erfolgte, oder durch Unterhaltungssendungen, die von einem Unternehmen gesponsert werden[31].

Ein häufiger Mangel der Aktualisierungswerbung ist falsch verstandene oder durch kreativen Ehrgeiz verursachte Zurückhaltung bei der Darbietung des Markennamens.

Einprägsamkeit: Diese ist nur zu erreichen, wenn man die Werbebotschaft **besonders prägnant** fasst und sich wirksamer Techniken zur Wiedererinnerung des Angebots (der Marke) bedient.

---

[31] Diese Kommunikationsmaßnahmen übernehmen teilweise neben der Aktualisierungsfunktion natürlich auch noch andere Aufgaben. Zu Events vgl. Nickel, 1998, zu Sponsoring Hermanns, Püttmann, 1992, zur Außenwerbung Pasquier, 1997 sowie allgemein die Übersichten in Bruhn, 2003 und Berndt, Hermanns, 1992 a.

Eine ausgezeichnete Möglichkeit dazu bietet die Benutzung von Bildern, die als »Präsenzsignale« eingesetzt werden (Abbildung 24). Diese können visueller Natur sein, aber auch durch andere Modalitäten (insbesondere akustisch) vermittelt werden.

Dahinter steht die Erkenntnis, dass Bilder stets besser behalten und leichter erinnert werden als sprachliche Informationen. Gedankliche Präsenz lässt sich deswegen besonders wirksam über Bilder, die mit einer Marke verknüpft werden, erzielen und absichern. Kurzum: Bilder können die Marke im Gedächtnis verankern:

In einer Entscheidungssituation sorgt das schnell und dominant erinnerte Bild für die gedankliche Präsenz der Marke. Bildliche Präsenzsignale wie das Lacoste-Krokodil, das Michelin-Männchen oder Uncle Ben erhöhen auf diese Weise die Chance, zu den aktuell wahrgenommenen Alternativen zu gehören (Esch, 2004, Esch, Langner, 2001). Ein interessantes Präsenzsignal waren die rosaroten Elefanten der Bundesbahn. Ohne die rosaroten Elefanten wäre es kaum möglich gewesen, so abstrakte Angebote wie die Sonderangebote der Bahn in die Wahrnehmung der zum Teil »bahnfernen« Zielgruppen zu bringen.

Die wirksame Verwendung von bildlichen Präsenzsignalen setzt professionelle Sozialtechniken voraus, die in Kapitel D 3.5 beschrieben werden.

6 Integrierte Kommunikation zur Durchsetzung der Positionierung

6.1 Integrierte Kommunikation kontra zersplitterte Kommunikation

Rückgang der Kommunikationswirkungen durch verschärfte Kommunikationsbedingungen

Die Durchsetzung einer klaren Markenpositionierung wird durch die sich dramatisch verschärfenden Markt- und Kommunikationsbedingungen immer schwieriger. Der Marken-, Medien- und Kommunikationsexplosion stehen zunehmend wenig involvierte Konsumenten mit beschränktem Aufmerksamkeitsbudget und Informationsverarbeitungskapazitäten gegenüber (vgl. Seite 13 ff.). Solche Bedingungen führen zur **Zersplitterung der Kommunikationswirkungen**. Die Wirkungen einzelner Kommunikationskontakte nehmen ständig ab. Das bestätigen alle großen Marktforschungsinstitute. So ist laut GfK die Werbeerinnerung für 150 Kampagnen von 18 % im Jahr 1985 auf 12 % im Jahr 1993 gesunken und dies bei etwa vergleichbaren Werbeausgaben. Das heißt konkret: Die Effizienz der eingesetzten finanziellen Mittel für die Kommunikation sinkt rapide. Es kommt zur Inflation des Werbe-Euro.

Abbildung 24: Visuelle Präsenzsignale, die der Markenaktualisierung dienen

Tagtäglich werden Marketingverantwortliche mit den Trümmern dieses Kommunikationskollapses konfrontiert. Warnsignale gehen auch von den katastrophalen Day-After-Recall-Werten aus. Oft werden im Vorabendprogramm beworbene Marken nicht erinnert. Vielmehr werden fälschlicherweise solche Marken »erinnert«, die enormen Werbedruck ausüben. Potenz ersetzt hier oft Intelligenz. Die integrierte Kommunikation zielt allerdings auf ein intelligentes Programm ab.

In der Praxis besteht demnach ein großer Problemlösungsdruck, um dieser Zersplitterung der Kommunikationswirkung entgegenzutreten[32]. Die Integration der Kommunikation gilt deshalb als zentrale Herausforderung für das Kommunikationsmanagement (Pasquier, Weiss, Felser, 1994, Pasquier, Dreosso, Rauch, 2004).

> Integrierte Kommunikation ist die Suche nach dem **»big picture«** für eine Marke.

Unter integrierter Kommunikation wird hier die inhaltliche und formale Abstimmung aller Maßnahmen der Marktkommunikation verstanden, um die durch Kommunikation erzeugten Eindrücke zu vereinheitlichen und zu verstärken. Die durch die Kommunikationsmittel hervorgerufenen Wirkungen sollen sich gegenseitig unterstützen (Kroeber-Riel, 1993)[33].

Die integrierte Kommunikation kennzeichnet also die durchgängige Umsetzung eines Kommunikationskonzeptes zur Optimierung der Kontaktwirkungen[34]. Dadurch sollen die Erinnerung an die Kommunikation erleichtert sowie Präferenzen für die Marke verstärkt oder gefestigt werden. Aus Anbietersicht soll eine Zersplitterung der Kommunikationswirkung vermieden werden. Die Ausschöpfung von Kostensenkungspotentialen bzw. eine optimale Allokation vorhandener Ressourcen durch Nutzung der Synergieeffekte wird möglich (Duncan, Everett, 1993).

---

[32] Folgt man Managerbefragungen, so wird dieser Problemdruck auch wahrgenommen. Besondere Bedeutung wird hierbei der Integration der externen Kommunikation beigemessen (Bruhn, Zimmermann, 1993).

[33] Das Begriffsverständnis zur integrierten Kommunikation ist in Praxis und Wissenschaft recht facettenreich und unterschiedlich breit angelegt (Bruhn, 1994, 2003, Duncan, Caywood, 1996, McArthur, Griffin, 1997, Percy, 1997, Schultz, Kitchen, 1997, Esch, 2001 a). Da wir uns hier mit Werbung befassen, konzentrieren wir uns im Folgenden ausschließlich auf die Integration der externen Kommunikation.

[34] Die integrierte Kommunikation kann man als Kontinuum mehr oder weniger stark abgestimmter Kommunikation auffassen. Zwar ist die gegenseitige Stützung der Wirkung verschiedener Kommunikationsinstrumente auch ohne Integrationsstrategien möglich, indem beispielsweise durch einen Radiospot die Aufmerksamkeit auf eine Anzeigenwerbung gelenkt wird. Allerdings ist auch hier ein Mindestmaß an Abstimmung erforderlich (Consterdine, Smith, 1990).

Stand der integrierten Kommunikation in der Praxis

Manager und Werbeleute strapazieren das Stichwort »integrierte Kommunikation« als den Königsweg aus dem **Effizienzdesaster**. Dabei richtet sich das Interesse vor allem auf die externe Kommunikation. In der Praxis ist die integrierte Kommunikation jedoch mehr Wunsch als Wirklichkeit (Meffert, 1988, S. 38): Integrierte Kommunikationsauftritte sind eher die Ausnahme (Esch, 2001 a).

Dass viele Unternehmen und Marken in ihrer Kommunikation zersplittert kommunizieren, zeigen Untersuchungen zum Stand der Integrationsmaßnahmen der Kommunikation in der Praxis. Nur wenige Werbungen für Marken und Unternehmen erhalten das Prädikat »integriert« (Esch, 2001 a, S. 228 ff.)[35]: 31 % der untersuchten Werbung war schwach bzw. nicht formal integriert, 53 % der Werbung war mäßig formal integriert. Bei der inhaltlichen Integration der Werbekampagnen fielen die Ergebnisse noch weitaus schlechter aus: 71 % der untersuchten Werbung war hier nur schwach bzw. gar nicht integriert!

Zwar bemüht man sich redlich, Integrationsklammern einzusetzen, diese können jedoch unter der herrschenden Kommunikationsflut von wenig interessierten Konsumenten oft nicht wahrgenommen werden. Die Einigung auf eine bestimmte Schriftart als ein Relikt der Corporate Design-Diskussion reicht zur Integration der Kommunikation meist nicht aus. Solche Maßnahmen hinterlassen zwar einen einheitlichen Eindruck bei Prospektmaterial oder bei Geschäftsberichten, die länger betrachtet werden, sie nützen aber nichts, wenn Konsumenten klassische Werbung beiläufig aufnehmen.

Hier müssen Integrationsklammern auf das flüchtige, bruchstückhafte Informationspicken wenig involvierter Konsumenten ausgerichtet sein. Viele der eingesetzten Mittel zur Integration scheinen demnach nicht mehr den heutigen Anforderungen an die Wahrnehmbarkeit solcher kommunikativen Klammern zu genügen (siehe Seite 109 ff.).

Ursachen für zersplitterte Kommunikation

Zersplitterte Kommunikation – die durch Unternehmen selbst verursacht wird – resultiert aus

- häufigen Kampagnenwechseln sowie
- unterschiedlichen kommunikativen Auftritten innerhalb einer Kampagne.

---

[35] In dieser Untersuchung wurden 1365 Werbeanzeigen aus drei STERN-Jahrgängen nach insgesamt 250 inhaltsanalytischen Kategorien in Bezug auf Art und Stärke der Integration analysiert. Zu weiteren Details der Untersuchung siehe Esch (2001 a, S. 205 ff.).

Viele Unternehmen bombardieren ihre Kunden mit häufig wechselnden Aussagen, Bildern und formalen Auftritten, so dass diesen immer wieder andere Eindrücke und Botschaften zugemutet werden. Auch zwischen den unterschiedlichen Kommunikationsmitteln erfolgt selten eine Abstimmung. Dadurch treibt man die Zersplitterung durch eigene Maßnahmen weiter voran. Damm (1981, S. 282, Doebeli, 1992, S. 72) spricht vom »**Wechseln um des Wechselns willen**«, weil im Unternehmen und nicht bei den Konsumenten Sättigungserscheinungen auftreten oder weil ein Produktmanagerwechsel stattfindet. Nicht zu unterschätzen sind auch die Einflüsterungen von Werbeagenturen, die allzu gerne etwas »Neues« in der Kommunikation fordern, ohne sich über die Tragweite solcher oft nicht notwendigen Änderungen bewusst zu sein.

Häufige Wechsel können auch Indikator für die mangelnde strategische Planung des Kommunikationseinsatzes sein, die ständige Veränderungen notwendig macht. Es kann sich auch um eine Risikominimierung handeln: Man spricht möglichst viele verschiedene Aspekte in der Kommunikation an und hofft, dass einige darunter für die Konsumenten besonders relevant sind. Dieses »**Gießkannenprinzip**« kann nicht die gewünschte Wirkung erzielen, vielmehr ist eine Konzentration auf einige wenige Inhalte erforderlich. Dies wird jedoch auch dadurch erschwert, dass manche Unternehmen den zwanghaften Drang empfinden, neuen Trends zu folgen oder aufgrund vorliegender Marktforschungsdaten Defizitausgleichsstrategien zu initiieren, statt sich auf ihre Stärken zu konzentrieren (siehe Seite 52).

Solche Entscheidungen führen zur weiteren Zersplitterung der Kommunikationswirkungen für Marken. Wie teuer fehlende Kontinuität sein kann, zeigen folgende Beispiele aus dem Automobilbereich (Esch, Andresen, 1996 a).

Zersplitterte Kommunikation kontra integrierte Kommunikation: ein Beispiel

Für den Citroën Xantia wurde allein 1995 mit neun (!) unterschiedlichen Auftritten geworben, die bis auf das Markenlogo keine inhaltlichen und/oder formal integrierenden Elemente aufweisen (Abbildung 25). Dem Verbraucher wird somit ein völlig zersplittertes Bild dieser Marke präsentiert. Entsprechend weisen Tracking-Analysen eine vergleichsweise geringe Werbeerinnerung für den Citroën Xantia aus (Abbildung 25). Dies ist frustrierend für Werbeagentur und Marketingverantwortliche und kostet das Unternehmen (zu)viel Geld.

Wie effizient bei einer klaren Positionierung und entsprechender Kontinuität im Werbeauftritt die Werbeinvestitionen erfolgen können, zeigt das Beispiel des Renault Clio. Hier wurde die Positionierung mit der Paradieslandschaft, Adam und Eva sowie der Zeichentrickschlange über verschiedene Spots von 1991 bis 1995 kontinuierlich umgesetzt (Slogan: Made in Paradise; Abbildung 26).

Abbildung 25: Werbekampagnen für den Citroën Xantia und Relation zwischen Werbeausgaben und Werbeerinnerung

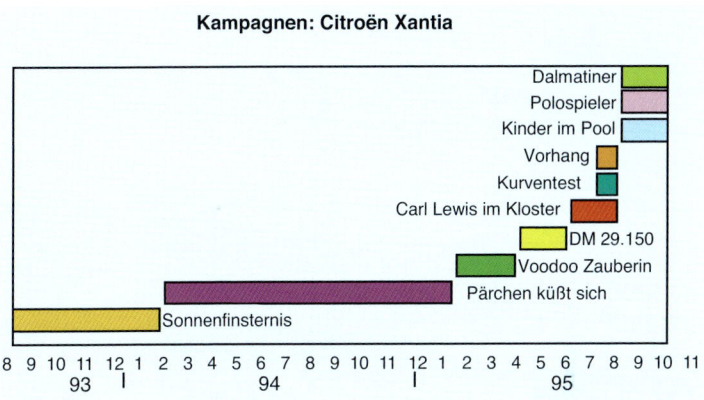

Kampagnen: Citroën Xantia

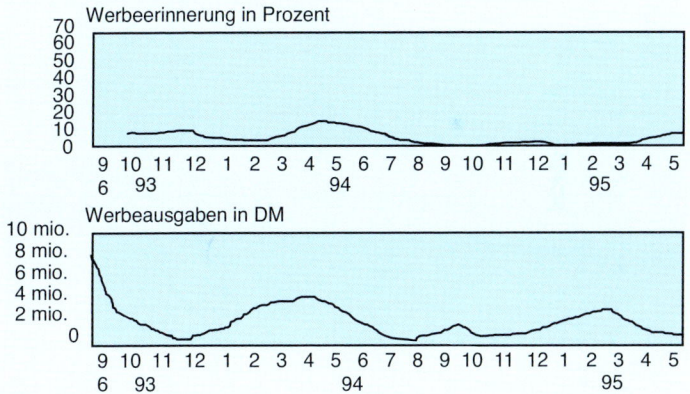

Recall versus Ausgaben: Citroën Xantia von 09.93 bis 08.95

Quelle: icon, Esch, Andresen, 1996 b.

Abbildung 26: Werbekampagnen für den Renault Clio und Relation zwischen Werbeausgaben und Werbeerinnerung

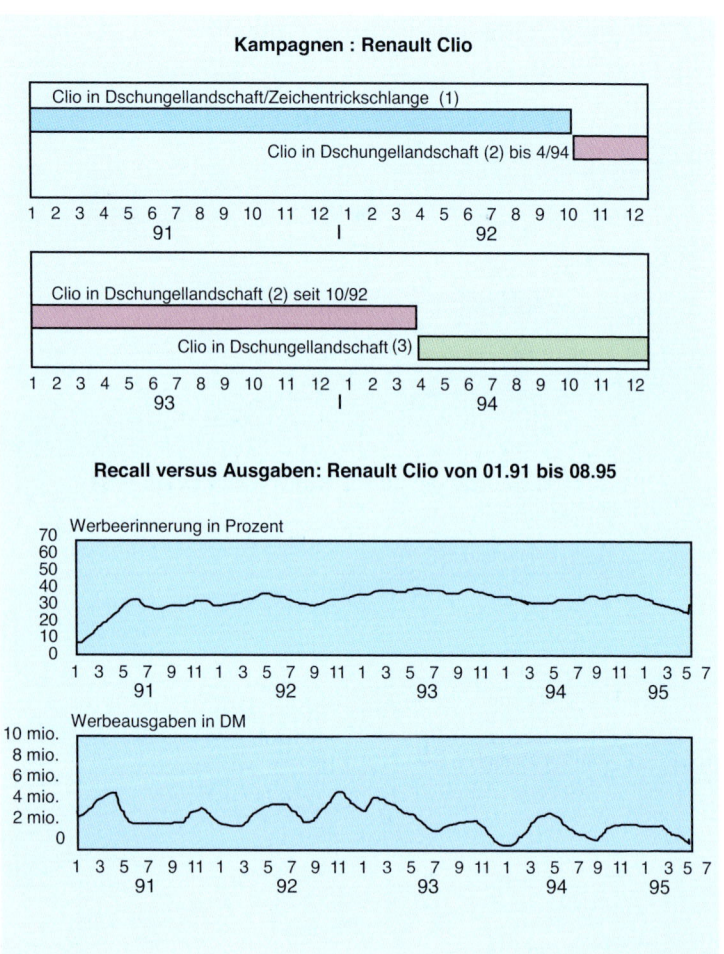

Quelle: icon, Esch, Andresen, 1996 b.

Der Erfolg dieser Strategie zeigt sich in einer hohen Werbeerinnerung für den Renault Clio und im Vergleich zum Citroën Xantia in einer wesentlich höheren Werbeeffizienz, ausgedrückt als Beziehung zwischen der Werbeerinnerung und den Werbeausgaben (Abbildung 27).

Abbildung 27: Werbeeffizienz im Automobilmarkt

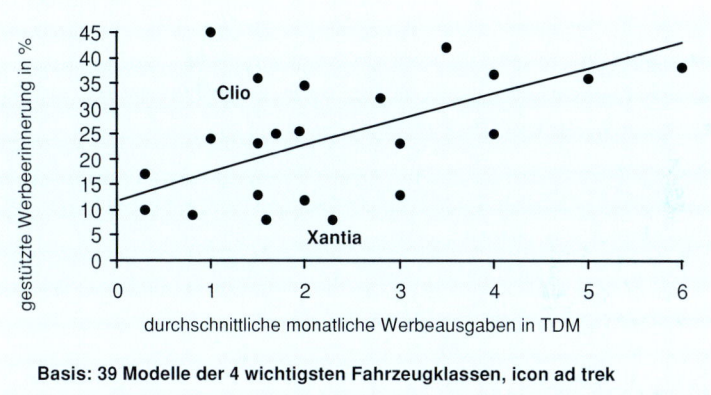

Basis: 39 Modelle der 4 wichtigsten Fahrzeugklassen, icon ad trek

Quelle: icon, Esch, Andresen, 1996 b.

Wirkungsweise integrierter und zersplitterter Kommunikation

Diese Wirkungsunterschiede lassen sich lern- und gedächtnistheoretisch erklären. Voraussetzung für eine wirksame Markenpositionierung sind Lernprozesse bei den Konsumenten. Diese müssen lernen, mit einer Marke bestimmte Eigenschaften und Vorstellungen zu verknüpfen. Erst dann kann sich ein klares Markenimage bilden. Zum erstmaligen Aufbau eines Images sind zahlreiche Wiederholungen der jeweiligen Inhalte erforderlich. Dabei gilt:

> Je geringer das Involvement der Komsumenten bei der Aufnahme von Werbung, desto stärker müssen die Integrationsklammern sein und um so mehr Wiederholungen sind erforderlich, um Lernprozesse zu initiieren.

Einmal gelernte Markeninhalte bleiben zwar dauerhaft im Gedächtnis gespeichert, allerdings wird der Rückgriff auf diese Inhalte erschwert, wenn sie nicht kontinuierlich aufgefrischt werden. Gerade bei der herrschenden Kommunikationsflut erschwert Werbung für andere Marken den Zugang

113

zu Gedächtnisinhalten zur eigenen Marke. Dadurch werden die **Gedächtnisspuren** zu diesen Markeninhalten verschüttet.

Dieses »Verblassen« einmal gelernter Markeninhalte ist auf das Bombardement der Konsumenten mit Botschaften anderer Marken zurückzuführen, die Gedächtnisüberlagerungen bewirken. Hierbei handelt es sich demnach um externe Effekte, weil durch die Werbung anderer Marken der Zugriff auf eigene Markeninhalte erschwert wird.

Die integrierte Kommunikation bildet einen wirksamen Schutz gegen das Verblassen einmal gelernter Markeninformationen. Zersplitterte Kommunikation wirkt hingegen Lernprozessen und dem Aufbau klarer Markenbilder entgegen. Übrig bleiben bei einer solchen Strategie meist nur fraktale Markenbilder. In den Köpfen der Konsumenten entsteht ein Bilder- und Wortsalat (Kroeber-Riel, 1993).

Aufgrund der Vermittlung ständig neuer Informationen und Bilder kommt es zu Gedächtnisüberlagerungen bei den Konsumenten, die dem Aufbau klarer Markenimages entgegenstehen. Eine Information oder ein Bild überlagert das nächste, so dass sich keine klaren Markenvorstellungen ergeben können und die notwendigen Wiederholungen zum Vollzug von Lernprozessen nicht gewährleistet ist. Dies sind interne Effekte, die eine zersplitterte Kommunikation bewirken.

Besonders problematisch sind Kampagnenwechsel dann, wenn durch die vorangegangene Markenpositionierung ein klares Markenbild aufgebaut wurde. Dies war bei Ariel mit dem Präsenter Klementine der Fall. »Hätten wir seinerzeit gewusst, wie stark die Klementine das Bild von Ariel formt und hätten wir die Bedeutung des inneren Bildes schon damals akzeptiert, so wären wir wahrscheinlich dazu gekommen, dass die Ariel-Werbung die Klementine nicht ohne weiteres fallen lassen darf« (D. K. Veitengruber, ehemaliger Procter & Gamble Manager in einem Brief an W. Kroeber-Riel).

Die Klementine von Ariel prägte noch Jahre, nachdem sie abgeschafft wurde, das Bild der Marke (Abbildung 28). Dass dadurch neue Positionierungsbestrebungen zunichte gemacht wurden, darf nicht verwundern.

Kommunikation ist eine Investition in den Aufbau und die Stärkung einer Marke.

Haben Konsumenten erst einmal gelernt, bestimmte Inhalte mit Marken zu verbinden, so funktionieren diese im Gedächtnis gespeicherten Markeninhalte als Filter für die Aufnahme neuer Informationen: Stimmen neue Informationen mit vorhandenen Gedächtnisstrukturen überein, zahlen sie auf das Markenkonto ein. Unpassende Informationen scheitern hingegen am Markenfilter. Deshalb führen klare Markenbilder bei einem Kampagnenwechsel zu diesen retroaktiven Interferenzen, die einer Neupositionierung der Marke im Wege stehen.

Zusammengefasst: Ständige Kampagnenwechsel sowie unterschiedliche Bilder und sprachliche Informationen in verschiedenen Kommunikations-

Abbildung 28: Gedächtnisüberlagerungen durch alte Markenbilder: Klementine von Ariel

mitteln erschweren den Aufbau spezifischer Gedächtnisinhalte für eine Marke. Die Marke hinterlässt nur diffuse Bilder. Die für den Aufbau eines klaren inneren Bildes, einer Präferenz für eine Marke notwendige Zeit wird den Konsumenten nicht gegeben. Es handelt sich somit um eine **Kannibalisierung der Kommunikation für die eigene Marke** (Esch, 2001 a). Erfolge sind bei einer solchen Strategie nur durch enormen Werbedruck zu erzielen. In diesem Fall wäre das Motto **»Potenz statt Intelligenz«** in der Kommunikation.

Integrierte Kommunikation ist intelligente Kommunikation.

6.2 Mittel und Dimensionen der integrierten Kommunikation

Für die Realisation einer integrierten Kommunikation stehen unterschiedliche Gestaltungsmaßnahmen zur Verfügung. Zweckmäßigerweise kann man zwischen Dimensionen und Mitteln zur Integration unterscheiden. Dimensionen betreffen die Integration im Zeitablauf (Kontinuität) und die Integration zwischen den eingesetzten Kommunikationsmitteln.

Abbildung 29: Integrationsmatrix

Mittel ╲ ╲ Dimen- sionen	formale Integration		inhaltliche Integration		
			durch Sprache	durch Bilder	
	»klassische« formale Mittel (Corporate-Design- maßnahmen	Präsenz- signale Wort-Bild- Zeichen	Slogans Programm- formeln	gleicher Bildinhalt	Schlüssel- bild
zeitlich					
zwischen den einge- setzten Kommunika- tionsmitteln					

Quelle: Esch, 2001 a, S. 71.

Beides ist sowohl für das erstmalige Lernen von Markeninhalten als auch für das Auffrischen solcher Markenbotschaften wichtig. Je weniger die Konsumenten an Werbung interessiert sind, desto mehr Wiederholungen ein- und derselben Botschaft sind erforderlich, um ein Markenimage aufzubauen.

Deshalb spielt der Aspekt der Kontinuität der Werbung für den Aufbau klarer Markenbilder und -images eine entscheidende Rolle. Langzeitstudien zufolge sind vor allem Werbekampagnen mit hoher Kontinuität besonders erfolgreich (Esch, 2001 a). Marlboro wirbt beispielsweise schon seit 1956 in Deutschland mit der Welt von Abenteuer und Freiheit und dem Cowboy.

Die Zigarettenmarke Camel konnte von 1975 bis 1990 mit der Kampagne des Camel-Man, der sich alleine durch den Dschungel kämpfte und meilenweit für eine Camel ging, kontinuierlich Marktanteile im Zigarettenmarkt gewinnen (von 3,7 % im Jahr 1975 auf 5,6 % im Jahr 1990). Nach dem Kampagnenbruch und dem Start neuer Kampagnen ging der Marktanteil ab 1991 ständig zurück (Stand 1998: 2,7 %)[36]. Zwar lässt sich die Wirkung der Kommunikation nicht unmittelbar an Marktanteilen ablesen. Allerdings ist in einem Markt, der hochgradig durch den Imagewettbewerb der Marken bestimmt wird, ein solcher Schluss nahe liegend, sofern es ansonsten keine wesentlichen Änderungen im Marketing-Mix der eigenen Marke und bei den Konkurrenzmarken gab.

Auch zwischen den Kommunikationsinstrumenten ist auf eine entsprechende **Orchestrierung** zu achten, da ansonsten widersprüchliche Informationen und Bilder Gedächtnisüberlagerungen zur Marke bewirken und dem Aufbau eines Markenimages und -bildes entgegenstehen.

Bei den Integrationsmitteln kann man formale und inhaltliche Klammern unterscheiden[37].

Formale Integrationsklammern

Formale Klammern sind klassische CD-Merkmale, wie Farben, Formen, Typographie sowie Wort-Bild-Kombinationen und visuelle Präsenzsignale. Allerdings eignen sich unter den heutigen Rahmenbedingungen nicht alle formalen Mittel gleichermaßen für eine integrierte Kommunikation. Gestaltungsmittel wie Firmenzeichen bzw. -schriftzüge zählen eher zum Handwerkszeug des Marketing als zur hohen Schule der integrierten Kommunikation.

Klassische **CD-Merkmale** müssen stark sein, damit sie auch bei flüchtiger Informationsaufnahme als Klammer dienen können (Abbildung 30). Nivea ist ein Beispiel für eine klassische formale Integration: Hier wird durch die Farben blau und weiß sowie durch die Verwendung des markanten Schriftzugs eine formale Klammer geschaffen. Die Stärke formaler Klammern bezieht sich demnach auf die Wahrnehmbarkeit dieser Elemente bei flüchtigem Betrachten. Nur solche formalen Elemente können als Klammern dienen, die beiläufig und ohne große Anstrengung aufgenommen werden können.

Bei Wort-Bild-Zeichen werden ein oder mehrere Buchstaben des Markennamens durch ein Bild ersetzt (z. B. das »O« bei der Zeitschrift »Focus« durch eine Weltkugel) oder es erfolgt eine interaktive Darstellung des Markennamens mit einem Bild, das diesen übersetzt oder zur Visualisierung der Firmenleistung steht (z. B. die Steine von Schwäbisch-Hall) (Alesandrini, 1983, Lutz, Lutz, 1977, Esch, 2001 a).

Visuelle Präsenzsignale sind Hinweisreize für eine Marke wie das Michelin-Männchen oder das Lacoste-Krokodil (siehe Abbildung 24 auf Seite 99). Diese können auch losgelöst vom Markennamen auftreten. Solche

---

[36] Die Marktanteilsangaben stammen von British-American Tobacco.
[37] Zu einer ähnlichen Differenzierung vgl. Bruhn (1994, S. 32, 2003), der zwischen formaler, inhaltlicher und zeitlicher Integration unterscheidet.

Abbildung 30: Formale Integration bei Sixt, Yello und Nivea

So günstig gibt's Strom nur in gelb.

Gelb. Gut. Günstig. Yello Strom

Liebe Konkurrenz, vielen Dank für 1 Million Kunden!

Jetzt 0800 – 19 000 19 anrufen oder auf www.yellostrom.de zum günstigen Strom wechseln.

Yello Strom

Gelb. Gut. Günstig.

Präsenzsignale erleichtern den Zugriff auf die Marke. Man nutzt hier die Überlegenheit konkreter Bilder gegenüber Sprache und abstrakten Zeichen. Der Zugriff auf konkrete Bilder ist wesentlich einfacher als der Zugriff auf Sprache und abstrakte Zeichen. Deshalb dienen visuelle Präsenzsignale als einfach zugängliche Hinweisschilder für die Marke.

Präsenzsignale werden jedoch nach wie vor stiefmütterlich behandelt: Bevorzugt werden abstrakte Markenzeichen, obwohl aus wissenschaftlicher Sicht feststeht, dass diese bei weitem nicht die Wirkung entfalten können wie **Präsenzsignale** oder Wort-Bild-Zeichen (Esch, Langner, 2001, Abbildung 31). Meistens werden sie allein stehend, d. h. ohne dazugehörigen Markennamen, nicht der jeweiligen Marke zugeordnet (Esch, Langner, 2001). Sie können dann auch kaum als Integrationsklammer dienen. Vergleicht man konkrete Markenzeichen wie den angebissenen Apfel von Apple, den Kranich von Lufthansa oder das Lacoste-Krokodil mit abstrakten Zeichen wie beispielsweise dem der Württembergischen Versicherung oder der Vereinten Versicherung, werden diese überlegenen Hinweisfunktionen von Wort-Bild-Zeichen und Präsenzsignalen deutlich.

Abbildung 31: Abstrakte Markenzeichen versus konkrete Wort-Bild-Zeichen und Präsenzsignale

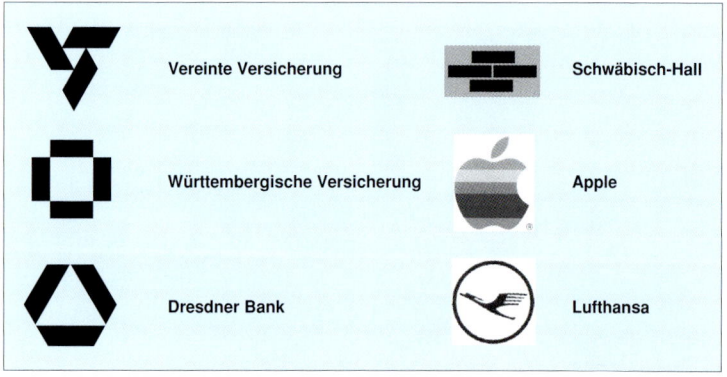

Die formale Integration ist ein erster wichtiger Schritt zur Integration der Kommunikation. Eine **formale Integration** ist dann **zweckmäßig,**

- wenn man eine reine Angebotswerbung betreibt und unter einer Marke immer wieder verschiedene Produkte und Dienstleistungen kommunizieren möchte (Beispiel: Deutsche Telekom, Sixt);
- wenn es nur um die Aktualisierung einer Marke in solchen Produktbereichen geht, bei denen ein extrem geringes Produktinvolvement vorliegt und die Top-of-Mind-Awareness alleine schon über den Kauf eines Produktes entscheiden kann (Beispiel: Chiquita = Banane);

– wenn innerhalb eines Unternehmens eine formale Klammer für unterschiedlich positionierte Geschäftsbereiche oder Marken gebildet werden soll (Esch, 2001).

Die formale Integration verankert primär die Marke im Gedächtnis der
Kunden: Der Zugriff auf die Marke wird leichter möglich. Da das Awareness-Set der Kunden in der Regel nur wenige Marken in einem Produktbereich umfasst (Kroeber-Riel, Weinberg, 1999), ist dies sehr wichtig.
Die formale Integration leistet allerdings kaum einen Beitrag, um bestimmte Positionierungsinhalte mit Marken zu verbinden. Dazu sind inhaltliche
Klammern notwendig.

Inhaltliche Integrationsklammern

Wenn es um die Positionierung von Marken und Unternehmen geht, muss
eine inhaltliche Integration durch Bilder oder Sprache angestrebt werden.
Bei den sprachlichen Mitteln zur Integration finden Slogans – also gespro-
chene, gesungene oder geschriebene Programmformeln – in der Praxis am
häufigsten Verwendung.

Bei Informationsüberflutung und wenig interessierten Konsumenten
sollte man die integrative Kraft von Slogans jedoch nicht überschätzen.
Viele Slogans sind als Klammer nutzlos und werden meist nicht korrekt einer Marke zugeordnet. So ordnen beispielsweise nur 20 % der Bankkunden
den Slogan »Die Bank an ihrer Seite« der Commerzbank zu, obwohl dieser
bereits seit Jahren kommuniziert wird.

Slogans wirken vor allem dann, **wenn** sie

– in elektronischen Medien kommuniziert werden,
– mit einprägsamen Jingles unterlegt sind (Bsp.: McDonald's),
– kurz, prägnant und bildhaft formuliert sind (»Auf diese Steine können
  Sie bauen«: Schwäbisch-Hall),
– eng an die Marke gekoppelt sind bzw. die Marke im Slogan enthalten ist.

Die Gefahr einer zu geringen Integrationswirkung ist bei Verwendung von
Slogans bei flüchtigem Betrachtungsverhalten groß. Deshalb empfiehlt sich
bei der Nutzung von Slogans der Einsatz von Bildreizen und akustischen
Reizen, die mit der Positionierungsbotschaft in Zusammenhang stehen
bzw. eindeutig auf die Positionierungsinhalte hinweisen. So wurden in der
Werbung für Clausthaler (alkoholfreies Bier) neben dem Slogan »Nicht immer, aber immer öfter« in der Fernsehwerbung bildliche Szenen eingesetzt,
die diese Aussage stützen. Beispielsweise wurde der Slogan häufig von bildlichen Szenen eines Mannes mit seinem Hund begleitet, der zwar nicht immer, aber immer öfter auf die Anweisungen seines Herrchens hört[38].

---

[38] Zur Wirksamkeit von Slogans vgl. auch Donaghey, Wateridge, 1999, S. 26 ff.,
2000, die ebenfalls auf die wichtige Rolle des Bezugs zwischen Slogan und Bild-
inhalten der Werbung hinweisen, aber auch die Bedeutung der Jingles betonen.

Problematisch ist auch die Verwendung englischer Slogans, da diese nach Untersuchungsergebnissen von Endmark in Deutschland kaum verstanden werden (Endmark, 2003). Von zwölf im Jahr 2003 offensiv kommunizierten Werbeslogans wurden zehn von weniger als der Hälfte der 14- bis 49-jährigen in vollem Umfang verstanden. Manchmal glaubten Probanden, einen Slogan zu verstehen, lagen dann jedoch bei der Interpretation voll daneben, wie etwa bei dem Douglas-Slogan »Come in and find out«, der von Vielen mit »Komm herein und finde wieder heraus« übersetzt wurde (Abbildung 32).

Abbildung 32: Zum Verständnis englischer Slogans in Deutschland

Ranking	Claim	Absender	voll verstanden in %	geglaubt verstanden zu haben in %
1	Every time agood time	(McDonald's)	59	65
2	There's no better way to fly	**Lufthansa**	54	62
3	Come in and find out	*Douglas*	34	54
4	Powered by Emotion	SAT.1	33	49
5	We are drivers too	(Esso)	31	44
6	Stimulate your senses	**LOEWE.**	25	34
7	Share moments, share life	(Kodak)	24	29
8	Driven by instinct	(Audi)	22	30
9	Where money lives	citibank	21	34
10	Drive Alive	(Mitsubishi Motors)	18	28
11	Be inspired	SIEMENS mobile	15	19
12	One Group. Multi Utilities.	RWE	8	15

Quelle: Endmark, 2003.

Neben diesen verbalen Integrationsklammern können auch Bilder zur Integration eingesetzt werden. Dabei kann man vereinfacht zwischen einer Bildintegration durch unterschiedliche Bildmotive, die jedoch den gleichen Positionierungsinhalt vermitteln, und durch Schlüsselbilder differenzieren. Ein Beispiel für eine semantische Bildintegration stellt die AEG-Werbung dar, bei der immer durch unterschiedliche Bildmotive (Reh im Wald, Bäume im Wind usw.) das Thema Umwelt und Natur aufgegriffen wird (Abbildung 33).

Abbildung 33: Semantische Bildintegration bei AEG

Ein **Schlüsselbild** ist der visuelle Kern einer Positionierungsbotschaft. Es handelt sich um ein bildliches Grundmotiv, das über Jahre hinweg den werblichen Auftritt einer Marke bestimmt. So steht beispielsweise das Schlüsselbild des Herrn Kaiser bei der Hamburg-Mannheimer für die Nähe zum Kunden, der Fels in der Brandung der Württembergischen Versicherung für die Solidität, Seriosität und Zuverlässigkeit dieser Versicherung und der freie Weg der Volksbanken und Raiffeisenbanken dafür, dass diese Bank ihren Kunden Probleme zur Seite räumt und ihnen ihre persönliche Unabhängigkeit gewährt (Abbildung 34).

Die Schlüsselmerkmale sollten dabei klar erkennbar, einprägsam und eigenständig gestaltet und im Zeitablauf anpassungsfähig, variierbar sowie deklinierbar in unterschiedliche Medien sein (Kroeber-Riel, 1993, S. 202, Ruge, Andresen, 1994, vgl. auch Seite 122).

Die Variations- und Anpassungsfähigkeit des Schlüsselbilds ist allen erfolgreichen Schlüsselbildkampagnen gemein. Der Cowboy von Marlboro, der seit 1956 in Deutschland kommuniziert wird, wurde im Zeitablauf in einer Vielzahl unterschiedlicher Facetten dargestellt. Die Flexibilität des

Abbildung 34: Schlüsselbildintegration bei den Volksbanken und
Raiffeisenbanken

Schlüsselbilds ermöglichte sogar klar differenzierbare Auftritte für unterschiedliche Produktlinienerweiterungen – von der klassischen Marlboro über Marlboro light bis zur Marlboro medium. Dennoch lässt sich jeder dieser Auftritte unmittelbar der Marke Marlboro zuordnen und zahlt demnach auf das Markenkonto ein.

Dieser Gestaltungsspielraum lässt sich um so besser nutzen, je länger das Grundmotiv beworben wurde. Hans-Dieter Kalscheuer, Vorsitzender des Vorstands der Allgäuer Alpenmilch AG, bringt dies aus den Erfahrungen mit Bärenmarke folgendermaßen auf den Punkt: »Abwandlungen (des Schlüsselbilds) sind nötig, je kontinuierlicher und massiver das Grundmuster beworben wird – Abwandlungen sind möglich, je beharrlicher (...) an den Grundelementen festgehalten wird« (Kalscheuer, 1990, S. 48).

Durch die Variationsfähigkeit der Schlüsselbilder wird auch möglichen Abnutzungserscheinungen entgegengewirkt, die bei Verwendung identischer Bilder auftreten könnten (Abbildung 35).

Bei einer erlebnisbetonten Positionierung ist eine Bildintegration anzustreben, da Bilder besser emotionale Inhalte vermitteln können als Sprache. **Bilder** kann man quasi als **emotionale Speicher** auffassen. Da die Konditionierung einer Marke durch spezifische Erlebnisse mit geringer gedanklicher Kontrolle erfolgt, ist hier die Schlüsselbildintegration der Königsweg zur integrierten Kommunikation. Durch die Schlüsselbildintegration erhält eine Marke schneller eine spezifische emotionale Gussform.

Bei einer sachorientierten Positionierung bietet sich hingegen ein breites Spektrum inhaltlicher Integrationsklammern an, das von einer Sloganintegration bis zur Schlüsselbildintegration reicht. Der Einsatz eines Slogans für eine sachorientierte Markenpositionierung stellt jedoch erhöhte Anforderungen an die Umsetzung der Kommunikation (siehe oben). So dürfen weder akustische noch visuelle Reize von der sprachlichen Integrationsklammer ablenken. Sie muss ohne große gedankliche Anstrengung aufgenommen werden können. Bei der Anzeigenwerbung würde dies bedeuten, dass als sprachliche Klammer nur die Headline und der Slogan, nicht jedoch der Fließtext, der kaum wahrgenommen wird, in Betracht kommen. Bei Fernseh- und Radiowerbung ist darauf zu achten, dass es nicht durch unterschiedliche zeitgleich dargebotene akustische oder visuelle Reize zu Überlagerungen der sprachlichen Integrationsklammer kommt.

Experimentelle Untersuchungen zu inhaltlichen Klammern der integrierten Kommunikation zeigen sowohl bei der Kontinuität als auch bei der Abstimmung zwischen verschiedenen Medien die Überlegenheit der Schlüsselbildintegration gegenüber anderen Integrationsformen (Esch, 1999 a). Bei Printmedien bleiben sprachliche Integrationsklammern den Ergebnissen zufolge praktisch wirkungslos, bei elektronischen Medien entfalten sie hingegen Integrationswirkungen, die allerdings deutlich schwächer sind als die einer Schlüsselbildintegration (Abbildung 36).

Abbildung 35: Kontinuität in der Werbung für Bärenmarke

**Szenen aus einem Spot
Ende der 50er Jahre:**

1. Hintergrundmusik: ...
heute geht es um die Milch
...

2. Aus dieser frischen,
wertvollen Alpenmilch
wird die hochkonzentrierte
Bärenmarke gewonnen.

3. Jingle: »Nichts geht über
Bärenmarke.«

127

Szenen aus einem Spot Ende der 80er Jahre:

1. Darbietung der Bärenmarke-Dose.

2. Der Bär füttert Kälbchen auf einer Alpenwiese.

3. Es folgt das Kernmotiv, bei dem der Bär die Milch in die Kanne gießt.

4. Milch fließt in den Kaffee, man sieht die Kaffeetasse und die Bärenmarke-Dose.

Abbildung 36: Ergebnisse zur inhaltlichen Integration von Werbung

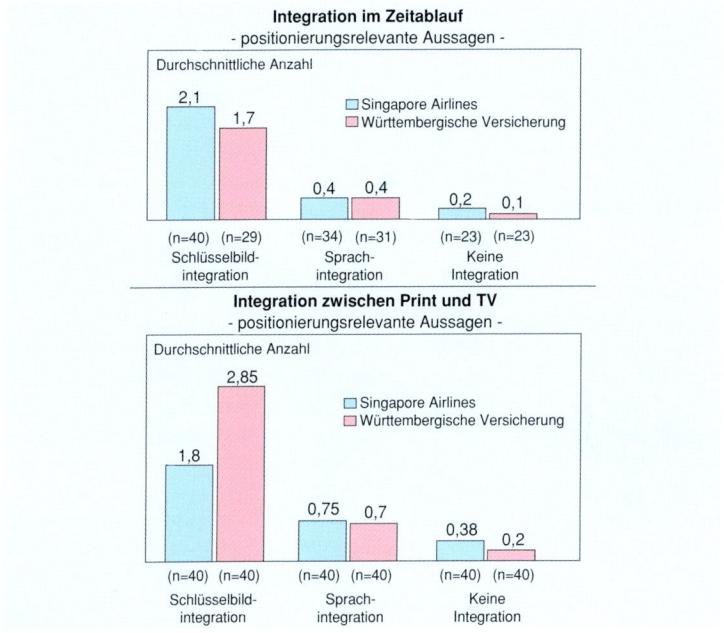

a) Integration der Werbung im Zeitablauf
b) Integration unterschiedlicher Werbemittel
Quelle: Esch, 2001 a, S. 278, 279, 316.

Modalitätsspezifischer Transfer integrierter Kommunikation

Integrierte Kommunikation setzt die Durchgängigkeit in verschiedenen Medien voraus. Praktisch stellt sich hier vor allem die Frage des akustischen Transfers visueller und sprachlicher Integrationsklammern in das Radio.

Grundsätzlich kann man zwischen einem

– direkten und einem
– indirekten Transfer

unterscheiden (Kroeber-Riel, 1993, Dittman, 1994, Esch, 2001 a, 1998 c). Beim direkten Transfer lassen sich Mittel zur Integration unmittelbar in andere Modalitäten transformieren. So kann beispielsweise ein Slogan aus der Anzeigenwerbung im Radio durch einen Sprecher wiedergegeben werden. Obstgarten benutzte in seiner Werbung lange ein Schlüsselbild, bei dem ein Mann nach einer »schweren« Mahlzeit durch eine Decke brach. Dieses Schlüsselbild wurde durch ein entsprechendes akustisches Bild (die Geräusche des Durchbrechens der Zimmerdecke) direkt in das Radio transferiert.

Ein indirekter Transfer kann über nonverbale oder über sprachliche Brücken erfolgen. Die Volksbanken und Raiffeisenbanken nutzen beispielsweise eine nonverbale Brücke. Da der freie Weg aus der Fernseh- und Printwerbung nicht unmittelbar in Radiowerbung transferierbar ist, wird die Musik aus den Fernsehspots im Radio eingesetzt. Dadurch können sich die Zuhörer nochmals die Szenen vom freien Weg vor ihr inneres Auge rufen. Eine sprachliche Brücke wird bei Sanso genutzt: Im Fernsehen wird das Sanso-Schaf gezeigt, im Radio hingegen nur von dem Sanso-Schaf gesprochen. Dies ist zweifelsfrei die schwächste Form des Transfers.

Schon hier zeigen sich **Grenzen der »Reichweite« des Transfers** von Integrationsklammern: Bei klassischen formalen Integrationsmitteln (z. B. Farbe) ist ein Transfer in akustische Medien kaum gegeben. Präsenzsignale lassen sich hingegen durchaus akustisch übertragen. Beispielsweise kann der Varta-Panther durch entsprechendes Panther-Gebrüll in das Radio transferiert werden.

Bei inhaltlichen Integrationsklammern fällt der Transfer beim Slogan zwar am leichtesten, allerdings entfalten diese – wie erwähnt – nur geringe Integrationswirkungen, die jedoch durch Ergänzung mit prägnanten Jingles erhöht werden können (siehe Seite 115).

Beim Transfer bildlicher Integrationsklammern in das Radio empfiehlt sich ebenfalls die Kopplung an Musik und Geräusche. So vermittelt die Bacardi-Musik eindrucksvoll die Welt der Exotik und Karibik[39].

Durch akustische Klammern spielen Konsumenten die Bilder des Spots nochmals vor ihrem inneren Auge ab, wenn sie die Musik hören.

Dadurch sind Radiospots mit akustischen Klammern fast so wirksam wie die entsprechenden Fernsehspots (Edell, Keller, 1989, Keller, 1996)[40].

Zum akustischen Transfer liegen auch Ergebnisse aus Deutschland vor (RMS/IPA, 1990). In der Visual Transfer Studie '90 konnten sich die Probanden beim Abspielen des Akustikteils von Werbespots besonders gut an Spots mit starken bildlichen Szenen und Schlüsselbildern erinnern. Die

---

[39] Gerade die Musik erleichtert in besonderem Maße das Wiedererkennen eines Spots (Stewart, Punj, 1998, S. 39 ff.).

[40] Vgl. dazu auch die Ausführungen von Russel, Lane, 1996, S. 266, nach denen auch eine Substitution von Fernseh- durch Radiowerbung möglich ist und dennoch innere Markenbilder aufgebaut werden können.

Fernsehspots für Cliff und Bacardi erzielten in dieser Untersuchung Erinnerungswerte bis 80 % (RMS/IPA, 1990, Dittmann, 1994).

Um rechtzeitig einen Transfer in unterschiedliche Modalitäten zu berücksichtigen, empfiehlt es sich, vom Fernsehen als Leitmedium auszugehen. Dadurch wird man frühzeitig für einen akustischen Transfer sensibilisiert (Kroeber-Riel, 1993, Bruhn, 2003, Esch, 2001 a).

Integrierte Kommunikation und Verpackungsgestaltung

Der Point of Sale und vor allem die Verpackungsgestaltung wird oft bei der Planung von Integrationsmaßnahmen vernachlässigt[41]. Dies hat mehrere Gründe:

1. Man scheut sich vor der strategischen Tragweite, Verpackungsgestaltungen als Integrationsklammern zu nutzen, da dies ein langfristiges Festhalten an der jeweiligen Positionierungsstrategie voraussetzt.
2. Man unterschätzt die tief greifenden Wirkungen, die Verpackungen bei den Konsumenten auslösen können und die häufigen Kontakte von Verbrauchern mit Verpackungen.

In der Konsequenz resultieren daraus häufig wenig prägnante, dem Mainstream des Produktbereichs folgende Verpackungsgestaltungen, die kaum auf das Markenkonto einzahlen, weil sie die kommunikativen Wirkungen nicht verstärken. Dabei vergisst man anscheinend, dass prägnante Verpackungen in starkem Maße das innere Bild der Marke prägen. Beispiele hierfür sind die Coca-Cola- und die Underberg-Flasche (Esch, Langner, 2001). Austauschbare Verpackungen können allerdings solche Wirkungen nicht entfalten (Esch, 2004).

Ein erster und leicht zu vollziehender Schritt der Integration der Verpackungsgestaltung wäre deren formale Angleichung an die Kommunikation oder umgekehrt. Beispiele hierfür sind die Marken Maggi und Campari. Bei Maggi werden die Hausfarben gelb und rot sowohl dominant auf der Verpackung als auch stark in der Kommunikation fokussiert. Bei Campari stehen die Farben rot und blau im Zentrum der formalen Integration von Verpackung und Kommunikation (Abbildung 37).

---

[41] Die Vernachlässigung des Point of Sale und der Verpackungen bei Integrationsüberlegungen ist kaum nachvollziehbar, da neueren Erkenntnissen von AC Nielsen und Popai zufolge immer mehr Kaufentscheidungen unmittelbar am Point of Sale gefällt werden. Diese sogenannte »Instore Decision Rate« liegt im Durchschnitt der untersuchten Verbrauchsgüter bei 55, 4 %, bei Schokolade und Pralinen sogar bei 69 % (Heckel, 1999, S. 86).

Abbildung 37: Formale Integration bei Maggi (Produkte, Point of Sale-Maßnahmen, Werbung)

Eine zunehmend wichtigere Rolle spielt jedoch die inhaltliche Integration als Träger der Positionierung. Galt früher ausschließlich das Motto »Zeige die Marke in der Werbung«, setzt sich heute zunehmend die Erkenntnis durch:

»Zeige die Schlüsselszenen der Werbung auf der Verpackung« (Ogilvy Center, 1987, Kroeber-Riel, 1993).

Abbildung 38: Spee: inhaltliche Integration von Verpackung und Werbung

Durch **visuelle Ankerreize auf der Verpackung** fällt es den Konsumenten leichter, sich nochmals die Werbeszenen vor ihr inneres Auge zu rufen. Dies verstärkt die durch Werbung ausgelösten Präferenzen für eine Marke (Keller, 1987, 1991, 1996, Homer, Gauntt, 1992, S. 142). Der Zugriff zu spezifischen Markenassoziationen wird erleichtert. Typische Beispiele für gelungene Verpackungsintegrationen sind Cliff mit dem Klippenspringer, Mr. Proper sowie Spee mit dem Fuchs (Abbildung 38).

Berücksichtigung anderer Kommunikationsinstrumente

Die integrierte Kommunikation ist für den Aufbau klarer und prägnanter Markenimages von zentraler Bedeutung. Vorstellungsbilder und Images zur Marke werden durch eigene Erfahrungen mit der Marke und durch die Kommunikation für die Marke geprägt. Die Kommunikation geht natürlich weit über die Werbung hinaus. So verfügt man bei alten Marken wie beispielsweise Maggi oft über ein Markenguthaben, in dem sich die vergangenen Kommunikationsmaßnahmen und die Erfahrungen im Umgang mit der Marke reflektieren, z. B. die Nutzung der Maggi-Würze und deren typischer Geruch. Diese gespeicherten Markenerfahrungen werden ergänzt durch den aktuellen Markenauftritt einer Marke, der sich in persönlicher Kommunikation, z. B. durch Maggi-Verkostungsaktionen am POS oder das Kochstudio in Frankfurt, und Massenkommunikation widerspiegelt (Esch, Andresen, 1994).

Damit klare Markenimages und -bilder entstehen können, müssen die Integrationsklammern bei den unterschiedlichen Kommunikationsinstrumenten auf das Interesse der Konsumenten abgestimmt werden.

In der klassischen Werbung ist vom Standardfall des geringen Involvements (Interesse) auszugehen (Kroeber-Riel, 1993). Deshalb sind besonders starke inhaltliche und formale Integrationsklammern zu nutzen, die bei der Kommunikationsflut leicht wahrnehmbar sind. Selbstverständlich spielt hier auch das verfügbare Werbebudget eine wichtige Rolle: Je geringer das eingesetzte Budget ist, um so stärker sollten die Integrationsklammern sein.

Bei anderen Kommunikationsmaßnahmen, z. B. beim persönlichen Verkauf, bei der Internet-Kommunikation oder bei Events, ist das Interesse der Konsumenten hingegen größer. Zwar sind auch hier Integrationsklammern notwendig, allerdings können die Botschaften und Informationen zu einer Marke stärker individualisiert werden. Da verschiedenen Kommunikationsmedien eine unterschiedliche Bedeutung für die integrierte Kommunikation zukommt und zudem das Interesse der Konsumenten zum Zeitpunkt des Kommunikationskontaktes bei unterschiedlichen Kommunikationsmitteln variiert, bedürfen manche Kommunikationsinstrumente einer stärkeren Abstimmung, andere Instrumente können hingegen flexibler genutzt werden und lassen somit Spielraum für zielgruppenspezifische Ansprachen (vgl. Esch, 2001 a).

D Sozialtechniken der Werbung

1 Nutzung von Sozialtechniken

Werbetechniken dienen dazu, Werbemittel zu gestalten, mit denen die vorgegebenen Werbeziele erreicht werden können.

Manche Techniken sind aus der Erfahrung abgeleitet, manche kommen durch Intuition zustande, wieder andere werden aus verhaltenswissenschaftlichen (sozialwissenschaftlichen) Gesetzmäßigkeiten abgeleitet. Letztere werden als Sozialtechnik bezeichnet.

Der Begriff **Sozialtechnik** ist eine Analogie zum Begriff der Technik. Unter Technik versteht man die systematische Anwendung der naturwissenschaftlichen Gesetze zur Gestaltung der unbelebten Umwelt.

> Unter Sozialtechnik versteht man die systematische Anwendung von sozialwissenschaftlichen oder verhaltenswissenschaftlichen Gesetzmäßigkeiten zur Gestaltung der sozialen Umwelt, insbesondere zur Beeinflussung von Menschen.

Bildlich gesprochen: Um zu verhindern, dass die Brücke über einem Fluss einstürzt, müssen technische Kenntnisse herangezogen werden, die sich auf die Stabilität des Materials und der Konstruktion beziehen, auf die Widerstandsfähigkeit gegenüber der Witterung usw.

Um zu verhindern, dass die von der Werbung hergestellten Brücken zu den Konsumenten versagen, müssen sozialtechnische Kenntnisse beachtet werden, zum Beispiel über die Einprägsamkeit von Markenbildern, die Wahrnehmbarkeit und die emotionalen Wirkungen von Farbe usw.

In den nächsten Kapiteln werden Sozialtechniken angegeben, mit denen die Werbung arbeiten kann. Die beschriebenen Sozialtechniken sind vor allem darauf abgestellt, Konsumenten unter den Bedingungen der Informationsüberlastung zu erreichen und zu beeinflussen.

Der Fortschritt der Verhaltenswissenschaften in den letzten Jahrzehnten hat das Repertoire an Sozialtechniken erheblich vergrößert, das uns heute zur Verfügung steht, um wirksame Werbung zu machen. Mit den Forschungserkenntnissen zur Gestaltung wirksamer Werbung könnte man Bibliotheken füllen!

Das vorhandene Werbewissen wird in der Praxis allerdings nur selten systematisch, sondern eher rudimentär genutzt. Expertensysteme können hier Abhilfe schaffen (Esch, Kroeber-Riel, 1994). Solche Expertensysteme erfassen sozialtechnisches Wissen über die Gestaltung und Wirkung der Werbung, verknüpfen dieses Wissen systematisch und stellen es Managern für die Beurteilung von Werbung zur Verfügung (Neibecker, 1990, Esch, 1990, Kroeber-Riel, 1994). Insofern können Expertensysteme die Funktion eines Werbechecks übernehmen, um die Spreu vom Weizen zu trennen und unwirksame Werbung nach einer sozialtechnischen Analyse zu entlarven. Umgekehrt eignen sich solche Systeme aber auch als Sparringspartner für den Entwicklungsprozess der Werbung.

Nutzen der Sozialtechnik: Viele Funktionäre gesellschaftlicher Macht, die andere Leute beeinflussen, wie Marketingmanager, Public Relations-Strategen, Medienmanager usw. haben noch nicht erkannt, welchen Nutzen ihnen die Sozialtechnik bringen kann. Sie ziehen es vor, den Erfolg ihrer Politik als Ergebnis von Erfahrung, Intuition und Fingerspitzengefühl zu sehen und nicht als Ergebnis der Anwendung von Sozialtechniken. Die Überlegung, dass man sich zur Beeinflussung der Abnehmer die wissenschaftlich erarbeiteten Gesetzmäßigkeiten des Verhaltens zunutze machen kann, ist ihnen noch fremd oder »zu unsicher« (als ob Faustregeln sicherer sein könnten!). Kurz gesagt:

Viele Praktiker treiben Verhaltensbeeinflussung ohne zu wissen, welche Sozialtechniken zur Verfügung stehen.

Dass man Leute beeinflussen kann, ohne sich um die von der Wissenschaft angebotenen Sozialtechniken zu kümmern, steht außer Frage. Man stützt sich dann auf ad hoc ausprobierte oder auf langbewährte Beeinflussungstechniken. Wie wirksam solche praktischen Techniken sein können, hat die Kirche gezeigt: Erprobte Beeinflussungstechniken wie Chorälesingen, Weihrauchschwenken und Priesterrituale wurden früher mit Erfolg eingesetzt, um religiöse Verhaltensweisen zu erzeugen.

Aber es ist kaum zu bezweifeln, dass die systematische Anwendung von wissenschaftlich fundierten Sozialtechniken den Praktikerregeln überlegen ist. Dem Bauchgefühl zu folgen und sich auf Erfahrungen zu verlassen, die oft nur in wenigen begrenzten Branchen erworben wurden, ist eine Risikostrategie. Bauchgefühl sollte deshalb durch fundierte sozialtechnische Erkenntnisse ergänzt werden!

An einem Beispiel sei einmal die Nutzung einer Sozialtechnik veranschaulicht. Wir beziehen uns dabei auf eine der Beeinflussungstechniken, die wir im Zusammenhang mit dem Grundmodell der Werbewirkungen erörtert haben (Seite 130):

Nach verhaltenswissenschaftlichen Erkenntnissen entsteht nur dann eine positive Einstellung zu einer Marke, (1.) wenn die Konsumenten Bedürfnisse haben, die durch das Produkt befriedigt werden können **und** (2.) wenn die Konsumenten die Marke aufgrund ihrer Eigenschaften für geeignet halten, diese Bedürfnisse zu befriedigen. Daraus folgt: Wenn eine positive Einstellung zu einer Marke erreicht werden soll, ist es zweckmäßig, nach folgendem sozialtechnischen Muster zu verfahren:

– appelliere an ein Bedürfnis (zum Beispiel Sicherheit beim Autofahren),
– zeige, dass die Marke geeignet ist, dieses Bedürfnis zu befriedigen (zum Beispiel: »Volvo ist ein sicheres Auto«).

Die Werbung hat sich zur Beeinflussung von Einstellungen unter ganz bestimmten Rahmenbedingungen, die wir bereits erörtert haben, an diese sozialtechnische Regel zu halten. Die von den Kreativen vorgelegten Werbemittel (Anzeigen, Werbespots) können dann nach dieser Regel auf ihre Wirksamkeit überprüft werden, insbesondere mit folgenden Fragen:

Liegen die Marktbedingungen vor, die eine Anwendung dieser Beeinflussungsregel erfordern (oder sollte eine andere sozialtechnische Regel zum Zuge kommen)? Wenn die Bedingungen gegeben sind: Enthält die Anzeige einen Bedürfnisappell? Werden im Hinblick auf das Produkt die geeigneten Bedürfnisse angesprochen? Ist der emotionale Appell stark genug? Werden Informationen über die Eigenschaften der Marke geboten, die auf den Bedürfnisappell abgestimmt sind? Sind die Informationen verständlich und zielgruppengemäß formuliert? usw.

Viele Anzeigen, die sich aufgrund der gegebenen Kommunikationsbedingungen an diese Sozialtechnik halten müssten, erweisen sich bei einer solchen sozialtechnischen Überprüfung als unzureichend.

Werbung, die sich nicht nach den sozialtechnischen Regeln richtet, muss erhebliche Wirkungsverluste in Kauf nehmen. Anders formuliert: Durch den Einsatz von Sozialtechniken können Fehlinvestitionen vermieden werden.

Sozialtechnik und Kreativität: Bei der professionellen Umsetzung von Sozialtechniken kommt es oft zu Spannungen zwischen denjenigen, welche die kreative Leistung erbringen und den Sozialtechnikern, welche für die Vorgaben für diese Leistung und ihre Beurteilung zuständig sind. Solche Spannungen zwischen Kreativen und Sozialtechnikern finden wir vor allem im Bereich der kommerziellen Werbung. Dort wenden sich die Kreativen oft gegen eine Mitwirkung von Sozialtechnikern, insbesondere gegen den Test und die Kontrolle ihrer kreativen Entwürfe, häufig mit dem Argument, die Mitwirkung von Sozialtechnikern enge ihre kreative Leistung ein.

Diese Ansicht ist zunächst einmal richtig: So wie man beim Bau einer Brücke die technischen Gesetzmäßigkeiten berücksichtigen und dadurch viele kreative – vor allem ästhetische – Lösungsmöglichkeiten ausschließen muss, so muss man bei der Gestaltung von Werbung viele der kreativen – auch originellen und neuartigen – Entwürfe ablehnen, weil sie nicht auf die Gesetzmäßigkeiten des menschlichen Verhaltens abgestimmt sind.

Allerdings ist es ohne die Leistung der Kreativen gar nicht möglich, wirksame Strategien zur Beeinflussung des Verhaltens erfolgreich umzusetzen. Die kreativen Leistungen, zum Beispiel die bildliche Gestaltung eines emotionalen Appells in einer Markenartikelanzeige, sind Angelpunkte für den Werbeerfolg.

Die Kreativen sind jedoch häufig nicht in der Lage, die voraussichtlichen Wirkungen der von ihnen entworfenen Werbung auch nur einigermaßen abzuschätzen, (1.) weil sie selten verhaltenswissenschaftlich ausgebildet sind und die sozialtechnischen Regeln nicht kennen, (2.) weil sie sich nur unzureichend in das Verhalten der Zielgruppen hineindenken können.

Ein 25-jähriger Kreativer, der Werbung für Senioren gestalten soll, kann ebenso schwer abschätzen, welche werblichen Umsetzungen bei einer solchen Zielgruppe auf Akzeptanz stößt, wie ein Kreativer mit abgeschlossenem Germanistikstudium Einblick in wirksame Bildkommunikation haben kann.

Dass kreative Spots alleine noch nicht den Werbeerfolg begründen, zeigte sich in einer Studie von Stone, Besser und Lewis (2000). Spots, die von Werbeexperten als kreativ eingeschätzt wurden, fanden sich sowohl bei den von Konsumenten am meisten gemochten als auch bei den am meisten abgelehnten Werbespots wieder.

Man kommt deswegen ohne sozialtechnische Kontrolle der kreativen Leistungen nicht aus, wenn die Werbung nicht aufgrund ungebundener, wilder Kreativität zu einem Vabanque-Spiel werden soll.

Die Mitwirkung von Sozialtechnikern kann andererseits den Spielraum für die Kreativen vergrößern: Sie kann neue Lösungen aufzeigen und Unsicherheiten vermindern. Nicht selten werden aussichtsreiche kreative Leistungen nicht akzeptiert, weil die Kreativen selbst und vor allem ihre Auftraggeber unsicher sind, ob die gefundenen Lösungen tatsächlich unter den vorhandenen Kommunikationsbedingungen zur Konsumentenbeeinflussung geeignet und wirksam sind. Das gilt insbesondere für solche Lösungen, die vom Üblichen abweichen und dadurch mehr Risiken bergen.

Die Sozialtechniker bieten sozusagen ein Sicherheitsnetz, das den Kreativen ein kühneres Vorgehen erlaubt.

Zusammengefasst: Der Sozialtechniker ist auf kreative Leistungen angewiesen, da er selbst nicht in der Lage ist, die Werbung zu gestalten und originelle und wirkungsvolle Lösungen (Bilder, Texte) zu finden. Der Kreative ist auf den Sozialtechniker angewiesen, damit seine kreativen Leistungen in wirkungsvolle Bahnen gelenkt werden. Angesichts der Aufgaben, die sich heute für die Kommunikation stellen, ist es »reiner Anachronismus«, sich bloß auf die Intuition der Kreativen zu stützen und diese nicht durch wissenschaftliche Erkenntnisse und Testverfahren zu ergänzen (Kroehl, 1987, S. 67).

Ein wesentlicher Aspekt blieb bislang noch unerwähnt. Mit der Werbung verfolgt man natürlich immer bestimmte Strategien und Zielsetzungen. Diese werden zur Grundlage des Briefings für Werbeagenturen gemacht und müssen in kreative Vorschläge umgemünzt werden. Ob diese Umsetzungen den strategischen Vorgaben entsprechen, ob sie unter den heutigen Markt- und Kommunikationsbedingungen eine wirksame und zielorientierte Beeinflussungswirkung erzielen, ist dann wieder eine Frage für den Sozialtechniker.

Die Formel für erfolgreiche Werbung heißt deswegen:

Strategie + Kreativität + Sozialtechnik.

Erfolgreiche Werbung setzt eine Interaktion zwischen Kreativen und Sozialtechnikern voraus. Dabei darf nicht übersehen werden, dass viele sozialtechnische Empfehlungen und Kontrollmethoden – hauptsächlich von kommerziellen Instituten – noch nicht zuverlässig sind. Die Skepsis der Kreativen ist deswegen zu verstehen. Aber statt die sozialtechnischen Lösungsbeiträge und Kontrolltechniken generell und unqualifiziert abzulehnen, sollten sie mit sachlichen Argumenten im Einzelfall das sozialtechnische Vorgehen kritisieren. Das setzt natürlich ein gewisses Maß an sozialtechnischer Durchsicht voraus.

Die Möglichkeiten, verhaltenswissenschaftliche Erkenntnisse und Methoden in der Praxis zu nutzen und in Sozialtechniken umzusetzen, werden wesentlich davon abhängen, ob es in Zukunft gelingt, den Forschungstransfer in die Praxis und die Ausbildung für werbetreibende Berufe zu verbessern.

Da sozialtechnische Kenntnisse und Regeln in Zukunft – nicht zuletzt dank der erwähnten Expertensysteme – besser vermittelt werden können und erfahrungsunabhängiger sind als kreative Fähigkeiten, wird die kreative Leistung zu einem noch stärkeren Engpass als heute. Sie ist ja schon heute ein Engpass, wie das Ausmaß klischeehafter und austauschbarer Werbung zeigt.

Diese Einsicht spricht dafür, in der Werbung zwischen

- neuartigen Entwürfen mit starkem Kreativitätseinsatz sowie
- routinemäßigen Umsetzungen mit geringem Kreativitätseinsatz zu unterscheiden.

Beispiel: Die Entwicklung eines neuen Schlüsselbildes für die erlebnisbetonte Positionierung erfordert viel Kreativität; dagegen kommt die Umsetzung von kurzfristig angelegter Aktualisierungswerbung, von Aktionsanzeigen, Prospekten usw. meist mit geringer Kreativität aus.

139

Es zeichnet sich ab, dass in Zukunft routinemäßige Umsetzungen ökonomischer und besser durch Sozialtechniker, die text- und bildverarbeitende Computer benutzen, als durch Kreative erbracht werden können.

Durch die Kombination von Expertensystemen, die das heute verfügbare sozialtechnische Wissen umfassen, mit Text- und Bildverarbeitungssystemen wird eine computergestütze Werbeentwicklung ermöglicht (Esch, Kroeber-Riel, 1994). Damit lassen sich die Leistungen mittelmäßiger Kreativer ersetzen, die – ohne hinreichende Ausbildung – meinen, sie müssten jedes Mal die Werbung neu erfinden. Ein Blick in Zeitschriftenanzeigen und andere Werbemittel genügt, um das bedrückende Ausmaß von solchen ersetzbaren Gestaltungsleistungen zu erkennen.

2 Übersicht:
Ursachen von grundlegenden Wirkungsunterschieden beachten

Bevor wir uns den einzelnen Sozialtechniken und ihren Wirkungen zuwenden, müssen wir uns mit einem zentralen sozialtechnischen Leitsatz beschäftigen:

Die Werbung kann sich nicht an einem einheitlichen Wirkungsmodell orientieren.

Es ist zwar bequem und ermöglicht die Anwendung von Faustregeln, wenn sich Gestaltung und Kontrolle der Werbung an einem einheitlichen und einfachen Wirkungsmodell orientieren. Dieses Vorgehen führt aber in die Irre: Es gibt nicht »die« Werbung, sondern verschiedene Bedingungen und Darbietungsformen der Werbung, die zu ganz unterschiedlichen Wirkungen führen.

Die wichtigsten Wirkungsunterschiede ergeben sich aus:

– dem Involvement der Empfänger,
– der Beeinflussungsmodalität: Sprache oder Bild und
– der Zahl der Wiederholungen.

Zum Beispiel entfalten Bilder andere Wirkungen im Gedächtnis als sprachliche Mitteilungen, sie werden anders verarbeitet und gespeichert, sie sind weniger bewusst. Für bildbetonte Werbung gelten deswegen andere Gestaltungsregeln und Testmethoden als für sprachbetonte Werbung.

Fragen der Art »Wie oft soll eine Anzeige wiederholt werden?« oder »Ist Recall ein besseres Maß für den Werbeerfolg als die Veränderung des Markenimages?« sind nicht zweckmäßig. Sie erfordern die Gegenfragen: »Unter welchen Bedingungen wird geworben?«, »Welches Werbeziel wird verfolgt?«, »Welche Formen der Werbung werden gewählt?«.

Erst wenn diese beantwortet sind, kann über geeignete Sozialtechniken zur Erreichung des Werbeziels, über die voraussichtlichen Wirkungen der Werbung und über Methoden zur Wirkungskontrolle gesprochen werden.

Wenn wir von unterschiedlichen Wirkungen sprechen, so ist damit nicht gemeint, dass jeweils andere psychische (innere) Vorgänge und Verhaltensweisen zum Zuge kommen. Es handelt sich vielmehr bei den Wirkungen um ein abgrenzbares Repertoire von immer wieder auftretenden Verhaltensweisen (Verhaltenselementen oder Teilwirkungen), die durch die Werbung angesprochen werden. Die unterschiedlichen Werbewirkungen kommen dadurch zustande, dass einmal diese, ein anderes Mal jene Verhaltenselemente aktiviert und miteinander verknüpft werden. Die gleichen Teilwirkungen werden also bei verschiedenen Bedingungen und Darbietungsformen der Werbung jeweils zu unterschiedlichen Wirkungsmustern zusammengefügt.

Beispiel: Zum Repertoire der auslösbaren Reaktionen gehören »innere Gedächtnisbilder«. Durch eine informative sprachliche Werbung für Bankkredite werden diese Verhaltensreaktionen kaum berührt, bei einer bildbetonten und emotionalen Werbung spielen die Gedächtnisbilder aber eine zentrale Rolle. Im ersten Fall ist die Messung des Gedächtnisbildes für den Test ohne Bedeutung, im zweiten Fall dagegen von entscheidender Bedeutung.

Das Testen von Werbewirkung nach einem gleich bleibenden 08/15-Schema wird demzufolge den auftretenden Wirkungsunterschieden nicht gerecht.

Die folgende Abbildung 39 gibt diejenigen Verhaltensweisen oder Teilwirkungen und die darauf bezogenen Messmethoden wieder, die am häufigsten von den eingesetzten Sozialtechniken der Werbung angesprochen werden (zum Zusammenhang dieser Teilwirkungen vgl. Seite 37). Die folgenden Kapitel beschäftigen sich mit den Wirkungsunterschieden, die unter den verschiedenen Bedingungen und Darbietungsformen der Werbung entstehen.

2.1 Involvement der Empfänger

Als es darum ging, Ziele und Mittel der Werbung zu beschreiben, haben wir bereits wiederholt zwischen niedrigem und hohem Involvement der Empfänger unterschieden. Ohne das Involvement der Empfänger zu kennen, kann man nur wenig darüber sagen, ob und wie eine bestimmte Werbetechnik wirkt.

Involvement ist der zentrale Begriff der Werbeforschung geworden!

Abbildung 39: Wirkungen der Beeinflussungstechniken der Werbung und ihre Messung

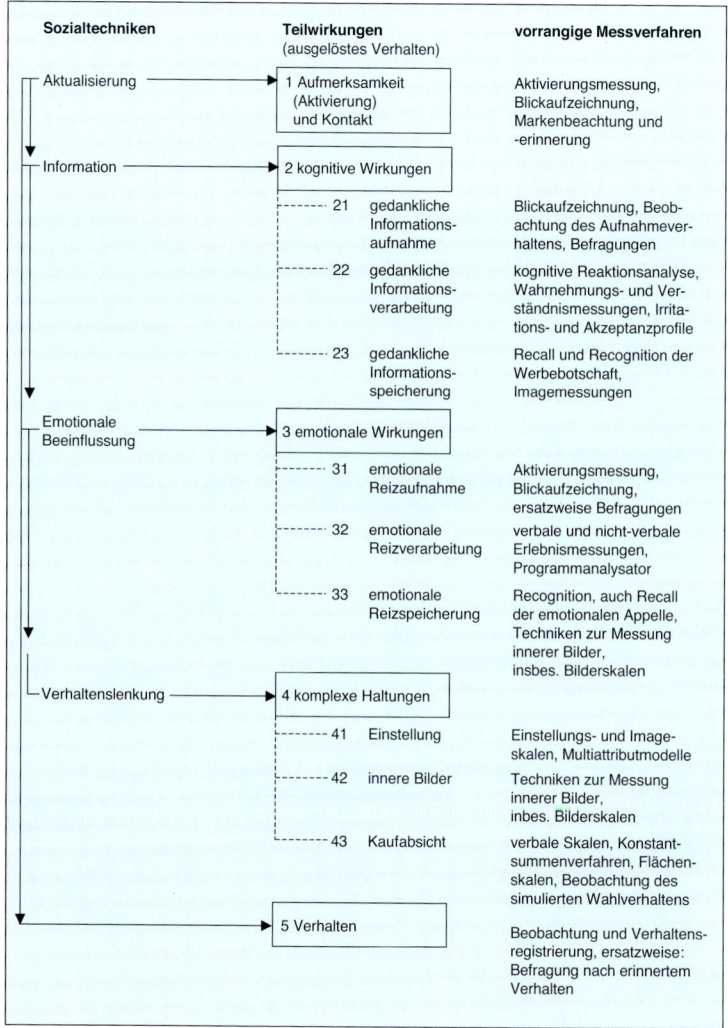

Man bezeichnet als Involvement das Engagement, mit dem sich jemand einem Gegenstand oder einer Aktivität zuwendet. Involvement wird in der deutschen Sprache auch als Ich-Beteiligung umschrieben. Zur Vereinfachung sprechen wir oft von geringem und starkem Involvement. Selbstverständlich ist das Involvement ein innerer Vorgang, der graduell – von sehr stark bis sehr schwach – ausgeprägt ist.

Die vorhandene Intensität des Involvements lässt sich auch als Aktivierung des Konsumenten auffassen (Kroeber-Riel, Weinberg, 2003). Hohes Involvement ist mit starker Aktivierung verbunden. Es regt den Konsumenten an, sich gedanklich oder emotional mit einem Produkt, einer Dienstleistung oder einer Aktivität auseinander zu setzen.

Beispiel: Musikliebhaber engagieren sich häufig für Stereoanlagen. Sie sind an allem, was damit zusammenhängt, interessiert; sie setzen sich aktiv dafür ein, eine Stereoanlage von hoher Qualität zu besitzen und zu benutzen. Informationen über Stereoanlagen werden deswegen von ihnen sorgfältig beachtet.

Das Involvement kann sich auch auf Aktivitäten beziehen wie Sport treiben, reisen oder eine Diät durchführen.

Das Involvement geht vor allem auf die subjektive Wahrnehmung zurück, dass ein Gegenstand oder eine Aktivität dazu geeignet ist, starke persönliche Motive zu befriedigen. Hinter diesen Motiven stehen Werte, für die sich eine Person einsetzt. Mit dem Wertewandel ändern sich im Laufe der Zeit auch die Motive und das davon abhängige Involvement.

Es wäre allerdings eine Vereinfachung, wenn man das Involvement nur als Ergebnis persönlicher Motivation sehen würde. Involvement ist eine sehr komplexe Größe[42]. Sie wird insgesamt bestimmt durch Eigenschaften

- der **Persönlichkeit:** insbesondere durch ihre Werte, Motive, Persönlichkeitszüge,
- des **Produkts:** insbesondere durch den Preis, die wahrgenommenen Risiken des Kaufs und der Nutzung, die soziale Auffälligkeit; Neuerdings wird zusätzlich noch das **Marken**involvement berücksichtigt, das bei einer Rolex zweifelsfrei größer ist als bei einer Timex-Uhr.
- der **Situation:** insbesondere durch Zeitdruck, Entscheidungssituation, Kauf- und Konsumsituation,
- der **Medien:** insbesondere durch Printmedien, elektronische Medien, Zielgruppenorientierung der Medien usw.,
- der **Werbemittel:** insbesondere durch die Aktivierungskraft der Werbemittel (= Reaktionsinvolvement).

---

[42] Zum Involvement vgl. die klassischen Beiträge von Zaichkowsky (1985), Laurent, Kapferer (1985) sowie die Übersicht von Muehling, Laczniak, Andrews (1993).

Alle diese Einflussgrößen wirken zusammen und müssen bei der Einschätzung des emotionalen und kognitiven Involvements beachtet werden. Man kann deswegen bei der Beurteilung von Werbewirkungen nicht – wie es in der Praxis üblich ist – lediglich vom mehr oder weniger starken Produktinteresse ausgehen. Einen besonders starken Einfluss hat die **Situation.** Sie schlägt wesentlich stärker auf das Involvement durch als das Produktinteresse.

»Ob und wie lange eine Anzeige betrachtet wird, ist nicht davon abhängig, ob wir uns generell für etwas interessieren, sondern davon, ob wir uns im Moment dafür interessieren und Zeit dazu haben« (Jeck-Schlottmann, 1987, S. 216). Es ist deswegen verständlich, dass das von den Empfängern geäußerte Produktinteresse nur einen geringen Einfluss auf das Betrachten von Anzeigen hat (Andresen, 1988, S.168 ff., Jeck-Schlottmann, 1987, S. 161, 216, 153, siehe aber auch Seite 233).

Das Interesse an einem Produkt kann also hoch sein, gleichwohl kann die Werbung für dieses Produkt mit geringem Involvement betrachtet werden und genau so wirken wie die Werbung für Produkte, denen ein geringes Interesse entgegengebracht wird. Das ist dann der Fall, wenn die anderen aufgezählten Einflussgrößen das Produktinvolvement überdecken.

Beispiel: Eine Anzeige für ein wichtiges Präparat, für das sich ein Arzt engagiert, wird in einer Pharma-Zeitschrift, die ein Arzt unter Zeitdruck überfliegt, nur flüchtig und kaum anders als Anzeigen für weniger wichtige Medikamente beachtet. Oder: Die Werbung für ein kosmetisches Produkt, das bei einer Frau starkes Involvement auslöst, wird beim Durchblättern einer Frauenzeitschrift sehr genau zur Kenntnis genommen, aber als Fernsehspot, der in Verbindung mit einem Familienfilm gemeinsam mit den Kindern gesehen wird, nur nebenbei und flüchtig aufgenommen.
Und umgekehrt: Produkte, deren Besitz und Gebrauch mit geringem Involvement verbunden sind, können situationsbedingt zu einem hohen Involvement führen: Ein Durchlauferhitzer im Bad oder ein anderes elektrisches Gerät im Haushalt lässt die Hausfrau im Allgemeinen kalt. Es ist kein anhaltendes Interesse dafür vorhanden. Werbung für solche Geräte stößt auf geringe Resonanz. Wenn der Durchlauferhitzer aber gerade nicht mehr funktioniert und in relativ kurzer Zeit ersetzt werden muss, so entsteht vorübergehend ein erhebliches entscheidungsbedingtes Involvement.
Oder: Unterhaltsame Werbespots mit Aktivierungskraft – wie die Spots für Magnum von Langnese, in denen z. B. eine Frau akrobatisch einen hermetisch abgeschirmten Diamanten stehlen will, sich aber durch Magnum-Eis verführen lässt und dadurch die Alarmanlage auslöst – können bei den Zuschauern ein Reaktionsinvolvement bewirken, auch wenn für ein triviales Produkt geworben wird.

High-Involvement-Werbung oder Low-Involvement-Werbung: Nach den hier skizzierten Überlegungen ist nun zu fragen, wie man die Involvementbedingungen einer Werbung einstufen kann, ob eine bestimmte Werbung als »High-Involvement-Werbung« oder als »Low-Involvement-Werbung« anzusehen ist.

Dazu betrachten wir als typisches Beispiel für die Gebrauchsgüterwerbung die Werbung für Personal Computer oder Autos. Diese Produkte haben Eigenschaften wie Langlebigkeit, hoher Preis, hohes wahrgenommenes Kaufrisiko usw., die für ein hohes Involvement der Konsumenten sprechen.

Die wichtigsten Determinanten des Involvements hinsichtlich dieser Produkte sind das anhaltende persönliche Involvement und das Situationsinvolvement. Zunächst sind die Konsumenten nach ihrem anhaltenden persönlichen Involvement einzuteilen: Eine kleine Zielgruppe der Werbung wird sich stark für diese Güter engagieren, es sind Computerfreaks und enthusiastische Autobesitzer, die stets bereit sind, Zeit, Anstrengungen und Geld in Computer und Autos zu stecken, damit diese noch stärker ihren Wünschen entsprechen. Der Gebrauch der Personal Computer und Autos steht dann im Dienste von starken Motiven (Wertvorstellungen).

Auf der anderen Seite stehen die Konsumenten, deren anhaltendes Involvement für diese Produkte gering ist. Sie denken nicht viel über den laufenden Gebrauch ihrer Computer und Autos nach, dieser ist zu einer Gewohnheit geworden, wenn die Produkte funktionieren und keine besonderen Probleme verursachen.

Nun kommt das situationsbedingte Involvement ins Spiel: Nur in solchen Situationen, in denen es um größere Reparaturen und vor allem um den Kauf eines neuen Computers oder Autos geht, steigt das Involvement stark an. Es sind dann größere finanzielle Aufwendungen fällig, mannigfaltige Risiken einer Fehlentscheidung sind zu bedenken.

Sind nun Anzeigen für Personal Computer oder für Autos als Low-Involvement-Werbung aufzufassen oder nicht? Die Antwort lautet: Es kommt darauf an. Anzeigen in speziellen Auto- und Computerzeitschriften, die aus Interesse bezogen werden (und nicht über Clubmitgliedschaften usw. automatisch ins Haus kommen), werden auch die kleine Gruppe mit anhaltend starkem persönlichen Involvement ansprechen. Man kann sie zunächst, ohne die anderen Einflussgrößen auf das Involvement zu überprüfen – zu denen auch die generelle Bereitschaft gehört, Werbung zu lesen – als Werbung einstufen, die auf stärkeres Involvement stößt.

Anzeigen in breit gestreuten Publikumszeitschriften wie STERN oder BUNTE sind dagegen der Low-Involvement-Werbung zuzurechnen. Aus folgenden Gründen: (1.) zu einem bestimmten Zeitpunkt, zu dem eine Anzeige erscheint, ist nur ein ganz kleiner Teil von wenigen Prozent der Leser einer Publikumszeitschrift in einer Situation, in der über den Kauf des Produkts entschieden wird. Bei weitem die meisten Leser sind zu diesem Zeitpunkt kaum involviert. (2.) Konsumenten, die ein anhaltend starkes Involvement für diese Produkte haben, werden ihren Informationsbedarf meistens auf andere Weise, unter anderem in Special-Interest-Zeitschriften, decken. Auch sie werden sich kaum mit großem Interesse den Anzeigen in Publikumszeitschriften zuwenden.

Die Werbung für Personal Computer und Autos wird deswegen in diesen Publikumszeitschriften bei den weitaus meisten Empfängern auf geringes Involvement stoßen. Das bedeutet: Die Empfänger sind nicht bereit, sich genauer mit Informationen über die Angebote auseinander zu setzen. Aus diesem Grund sollten sich die Anzeigen bevorzugt auf die Aufgabe beschränken, eine Marke zu thematisieren und dafür zu sorgen, dass die Marke zu den wahrgenommenen und beachteten Alternativen gehört, wenn diese Konsumenten in eine Entscheidungssituation kommen. Wird dies erreicht, so ist ein besonders wichtiger und schwieriger Schritt zum Markterfolg getan[43].

Durch eine hierarchische Informationsdarbietung in den Anzeigen kann **gleichzeitig** noch versucht werden, mehr und genauere Informationen an die kleine Gruppe der stärker involvierten Konsumenten zu vermitteln, die sich genauer mit den Anzeigen befassen (vgl. im Einzelnen Seite 247 ff.).

So gesehen ist fast die gesamte Werbung – ob im Fernsehen, in Zeitschriften, Zeitungen oder im Radio – Low-Involvement-Werbung, von der Werbung für niedrigpreisige Produkte des täglichen Bedarfs bis zur Werbung für teure Gebrauchsgüter.

Dies spiegelt sich auch in den sehr niedrigen Betrachtungszeiten für die Werbung in Publikumszeitschriften wie STERN oder SPIEGEL wider, die im Durchschnitt aller Leser, Produkte und Dienstleistungen bei weniger als **zwei Sekunden** für eine einseitige Anzeige liegen.

Viele Anbieter für höherwertige Gebrauchsgüter übersehen diesen Sachverhalt. Sie formulieren ihre Anzeigen so, als ob die Leser stark involviert wären. Das gilt ganz besonders für Auto- und Computeranzeigen. Dass es sich auch bei der Werbung für diese Produkte um eine Low-Involvement-Werbung handelt, belegen die Betrachtungszeiten:

Nach Untersuchungen von insgesamt 15 einseitigen Auto- und 16 Computeranzeigen in STERN und SPIEGEL, unter denen alle führenden Marken vertreten sind, ergibt sich eine durchschnittliche Betrachtungsdauer der Anzeigen von weniger als zwei Sekunden. Wie groß die Informationsüberlastung durch Computeranzeigen ist, verdeutlichen folgende Angaben: Ein Heft des SPIEGEL (Nr. 11 von 1988) enthielt 11 Anzeigen für Computer und Computerdrucker mit fast 2700 Wörtern, deren Lesen etwa 10 Minuten erfordern würde. Diese Zeit übersteigt die Betrachtungsdauer, welche die Leser für **alle** Anzeigen im SPIEGEL aufbringen, um ein Mehrfaches. Es ist davon auszugehen, dass diesem Informationsangebot nicht mehr als eine halbe Minute tatsächlicher Betrachtungszeit gegenübersteht.

---

[43] Siehe dazu Lachmann, 1985, S. 15: »95 % des Publikums sind nicht in der Entscheidungsphase für ein spezifisches unserer Produkte (= Elektro-Konsumgüter). Diese 95 % sind an unserer Werbung bestenfalls marginal interessiert.« (vgl. auch Lachmann, 1992, 2002).

(In der gleichen SPIEGEL-Nummer findet man noch zehn weitere Anzeigen für elektronische Geräte, die meisten auch von Computerherstellern.)

Bei der geringen durchschnittlichen Betrachtungsdauer von Anzeigen für Computer und Autos gibt es nur wenige Empfänger, die sich länger als einige Sekunden mit einer Anzeige beschäftigen. Beispiel[44]:

Die gern geäußerte Ausrede, man richte sich mit einer solchen Anzeige bevorzugt an die involvierten Empfänger, die wesentlich mehr lesen, ist kaum ernst zu nehmen. Man wird ja nicht 98.600 Euro für eine doppelseitige, farbige Anzeige im STERN (Stand 2004) ausgeben, um nur 2 % der Leser zu erreichen, die dann auch nur einen kleinen Bruchteil des Textes lesen.

Bei den meisten Anzeigen für langlebige Gebrauchsgüter wird nicht nur das Involvement der Empfänger falsch eingeschätzt. Es werden auch Wahrnehmungsbarrieren (unter anderem durch unzureichende Textstruktur) aufgebaut, die dazu führen, dass die wenig involvierten Leser und damit der bei weitem größte und entscheidende Teil des Zielpublikums abgeschreckt wird.

Wirkungen der Werbung bei unterschiedlichem Involvement: Bei **hohem Involvement** setzen sich die Konsumenten mit den für sie relevanten Eigenschaften des Produktes auseinander. Sie nehmen entsprechende Informationen – unter anderem aus der Werbung – auf und bilden sich aufgrund dieser Informationen ein Urteil über das Produkt (die Marke).

---

[44] Nur 2 % der Leser wendeten sich einer Opel-Anzeige länger als 7 Sekunden zu; die Anzeige umfasste jedoch Informationen, deren Aufnahme das siebenfache an Zeit (49 Sekunden) erfordert. Die Betrachtungszeiten streuen nicht unerheblich in Abhängigkeit von der Marke (tendenziell gilt: gutes Markenimage führt zu längeren Betrachtungszeiten) und von der Anzeigengestaltung. Die Unterschiede liegen allerdings im Bereich weniger Sekunden: Die höchste gemessene durchschnittliche Betrachtungszeit aus 18 Untersuchungen von PKW-Anzeigen – ausgeführt von verschiedenen Instituten in der Bundesrepublik – betrug 5,1 Sekunden für eine zweiseitige, farbige Mercedes-Anzeige.
Bei unterschiedlichem Involvement ergeben sich folgende Anhaltspunkte für die Betrachtungszeit von Autoanzeigen: In »Auto, Motor und Sport« wurde eine zweiseitige, mehrfarbige Ford Fiesta-Anzeige durchschnittlich sechs Sekunden beachtet. Das ist das doppelte der Zeit, die man für eine solche Anzeige im STERN anzusetzen hat. Eine solche Relation zwischen den Betrachtungszeiten in Publikumszeitschriften wie dem STERN und Special Interest-Zeitschriften haben wir öfter gefunden.
Noch ein Beispiel für Betrachtungszeiten in Special Interest Zeitschriften: Zwei Pampers-Anzeigen wurden in der Zeitschrift ELTERN von Müttern mit nachgewiesenem starkem Produktinteresse (alle Mütter mit erstem Kind) 4,2 Sekunden und 4,9 Sekunden gelesen. Nur wenn die Empfänger ganz **besonders** motiviert sind, eine Anzeige zu lesen, ist mit noch höheren Betrachtungszeiten zu rechnen (vgl. dazu die Anmerkung auf Seite 94; zum Verhalten bei induziertem Situationsinvolvement Jeck-Schlottmann, 1987).

Wer seine Abnehmer unter diesen Bedingungen beeinflussen will, muss

zentrale Wege der Beeinflussung

wählen. Dieser Ausdruck stammt von Petty und Cacioppo (1983). Die beiden amerikanischen Forscher wollen mit diesem Ausdruck verdeutlichen, dass Konsumenten mit hohem Involvement ihr Urteil nicht von irgendwelchen nebensächlichen Eindrücken abhängig machen, sondern von Informationen ausgehen, die sich auf wesentliche Eigenschaften des Produktes oder der Dienstleistungen beziehen, insofern **zentral** sind. Man könnte die »zentralen Wege der Beeinflussung« aber auch darauf beziehen, dass dabei die »Denkzentrale« im Gehirn eingeschaltet wird und für den Beeinflussungserfolg verantwortlich ist[45].

Im Gegensatz dazu wird bei der Beeinflussung von Empfängern mit **geringem Involvement** der

periphere Weg der Beeinflussung

gewählt: Da der Empfänger der Werbung unter dieser Bedingung nicht genügend aktiviert ist, um sich genauere Gedanken über das Produkt zu machen, da er nur beschränkt und flüchtig Informationen über das Produkt aufnimmt und verarbeitet, hat er wenig Anhaltspunkte für eine rationale Produktbeurteilung. Er lässt sich dann von Nebensächlichkeiten beeindrucken, zum Beispiel von der hübschen Aufmachung des Produkts, von einer gefälligen Werbung, von Empfehlungen durch Leute, die er gerne hat (Filmschauspieler), auch wenn diese Leute sachlich nicht kompetent sind usw.

Seine Haltung zum Produkt hängt also wesentlich von den **peripheren** und eher gefühlsmäßigen Eindrücken ab, welche die Werbung, insbesondere die mehr oder weniger gefällige Aufmachung und Gestaltung der Werbung, auf ihn macht (vgl. im Einzelnen Seite 226 ff.).

Das Modell vom zentralen und peripheren Weg der Beeinflussung wird in der gegenwärtigen Werbeforschung ohne wesentliche Gegenpositionen vertreten. Es ist empirisch abgesichert. Die verschiedenen Forscher unterscheiden sich im Wesentlichen nur dadurch, dass sie die Akzente bei der Erklärung des Verhaltens anders setzen[46]:

---

[45] Einstellungen, die durch den zentralen Weg der Beeinflussung gewonnen werden, gelten allgemein als verfestigter. Ihnen wird eine größere Voraussagekraft auf das Wahlverhalten beigemessen (MacKenzie, Spreng, 1992). Dies ist nachvollziehbar, weil mit größerer Verarbeitungstiefe eine Einstellungsbildung vollzogen wird. Es steht jedoch außer Zweifel, dass bei wenig involvierten Konsumenten durch periphere Beeinflussung und flüchtige Reizverarbeitung ebenfalls starke Einstellungen und Verhaltenswirkungen gebildet und ausgelöst werden können (Miniard, Sirdeshmukh, Innis, 1992). Voraussetzung hierfür sind starke emotionale Reize und viele Wiederholungen der Werbung.

Von einem »Modell« muss deswegen gesprochen werden, weil die Gegenüberstellung der beiden Vorgänge eine erhebliche Vereinfachung ist. Bei wirklichkeitsnaher Betrachtung sind graduelle Ausprägungen des zentralen und des peripheren Beeinflussungsweges und Kombinationen der beiden Wege zu berücksichtigen (Batra, Ray, 1985, Mac Kenzie, Lutz, Belch, 1986, O'Keefe, 1990, Batra, Myers, Aaker, 1996).

Die Erkenntnis über die unterschiedliche Wirkungsweise von Low-Involvement-Werbung und High-Involvement-Werbung war eine Revolution in den Ansichten über Werbung, sie führte

- zum Abschied von einem einheitlichen Wirkungsmodell. Gleichwohl hält die Praxis noch weitgehend an einem einheitlichen Wirkungsmodell fest. Das zeigen die Tests der Marktforschungsinstitute, von denen die Werbung meistens nach einem Einheitsschema, ohne Berücksichtigung der grundlegenden Involvementunterschiede, beurteilt wird;
- zur Umkehrung der bisherigen Vorstellungen über Werbewirkung. Diese haben sich letztlich immer an der Werbung für stark involvierte Empfänger orientiert. Nach diesen Vorstellungen kommt es vor allem auf den Inhalt der Werbebotschaft an, also darauf, **was** gesagt wird. Bei der Werbung für wenig involvierte Empfänger ist dagegen die äußere Gestaltung, die emotionale Aufmachung, das **Wie** der Werbung für den Werbeerfolg maßgebend.

2.2 Beeinflussungsmodalität: Sprache oder Bild

Die gedankliche (mentale) Verarbeitung der vom Menschen aufgenommenen Reize erfolgt nach weit verbreiteter Auffassung in zwei Systemen,

(1) im sprachlichen Verarbeitungssystem,
(2) im nicht-sprachlichen (bildlichen) Verarbeitungssystem.

Das sprachliche System verarbeitet die aufgenommenen Reize in einem inneren »Sprachkode«. Dieses System ist vor allem für die gedankliche Verarbeitung und Speicherung von sprachlichen und numerischen Informationen zuständig. Die damit verbundenen gedanklichen Vorgänge sind (bei Rechtshändern) eng mit Aktivitäten der linken Gehirnhälfte verbunden.

Die Informationsverarbeitung im sprachlichen Verarbeitungssystem dient in erster Linie dem logisch-analytischen Denken und der rationalen Steuerung des Verhaltens.

---

[46] In der Forschung zur Massenkommunikation und zur sozialen Beeinflussung wird auch von einem »heuristischen Modell der Beeinflussung« oder von der »heuristischen Informationsverarbeitung der Empfänger« (anstatt von peripherer Beeinflussung) gesprochen, vgl. Chaiken, 1987, Sherman, 1987, insbesondere Seite 76 ff.

Im zweiten System werden im Wesentlichen die nicht-sprachlichen Reize verarbeitet, das sind Bilder, aber auch musikalische Reize, Duft-, Tast- und sonstige Reize.[47]

Dieses Verarbeitungssystem arbeitet mit einem inneren »Bilderkode«. Der Begriff Bild wird dabei in einem weiten Sinne benutzt, so dass man auch von inneren akustischen Bildern oder inneren Duftbildern sprechen kann. Der »bildliche« Charakter von Dufteindrücken lässt sich gut anhand einer Leseprobe aus dem Roman »Das Parfum« verdeutlichen (siehe Abbildung 40).

Abbildung 40: Duftbilder: Beschreibung von Duft mit sprachlichen Bildern

»Das Parfum war ekelhaft gut (...) Es war frisch, aber nicht reißerisch. Es war blumig, ohne schmalzig zu sein. Es besaß Tiefe, eine herrliche, haftende, schwelgerische, dunkelbraune Tiefe – und war doch kein bißchen überladen oder schwülstig (...) Baldini stand fast ehrfürchtig auf und hielt sich das Taschentuch noch einmal unter die Nase (...) « (S.79).

» (...) ein Duft aus dem Jahr 1752, aufgeschnappt im Frühjahr, vor Sonnenaufgang auf dem Pont Royal, mit nach Westen gerichteter Nase, woher ein leichter Wind kam, in dem sich Meergeruch, Waldgeruch und ein wenig vom teerigen Geruch der Kähne mischten, die am Ufer lagen (...) « (S. 165).

»Bei gewissen Gelegenheiten freilich erwies sich der bescheidene Duft als hinderlich (...) Für solche Anlässe hatte er sich ein etwas rasseres, leicht schweißiges Parfum zurechtgemixt, mit einigen olfaktorischen Ecken und Kanten, das ihm eine derbere Erscheinung verlieh (...) Ein anderes Parfum aus seinem Arsenal war ein mitleiderregender Duft, der sich bei Frauen mittleren und höheren Alters bewährte. Er roch nach dünner Milch und sauberem weichem Holz. Grenouille wirkte damit (...) wie ein armer blasser Bub, (...) dem geholfen werden musste (...).

Der Geruch schuf um ihn eine Atmosphäre leisen Ekels, einen fauligen Hauch, wie er beim Erwachen aus alten, ungepflegten Mündern schlägt« (S. 232-233).

Quelle: Süskind, 1985

---

[47] In der Zwischenzeit existieren durch die Neurowissenschaften und die bildgebenden Verfahren als »windows into the brain« – tiefergehende Erkenntnisse zum Aufbau und zur Funktionsweise des Gehirns (Ambler et al. 2000). Durch bildgebende Verfahren kann man in tiefergehende Schichten des arbeitenden Gehirns vorstoßen und Erkenntnisse darüber gewinnen, bei welchen Marketingmaßnahmen Kunden welche Gehirnareale beanspruchen. Grundsätzlich ändern diese Erkenntnisse jedoch nichts an der hier vorgenommenen Trennung zwischen den Funktionen der linken und der rechten Gehirnhälfte (Esch, Möll, 2004).

Die gedanklichen Vorgänge in diesem Verarbeitungssystem bildlicher Reize sind eng mit Aktivitäten der rechten Gehirnhälfte verknüpft. Sie sind in erster Linie für intuitives Denken und Fühlen verantwortlich und stehen hinter dem emotionalen Verhalten des Menschen.

Das nicht-sprachliche – bildliche – Verarbeitungssystem hat eine gewisse (im Einzelnen noch nicht erforschte) Unabhängigkeit und Eigenständigkeit. Gleichwohl stehen die beiden Verarbeitungssysteme in engen Wechselbeziehungen. Aufgenommene Reize der einen Modalität (Bild oder Wort) werden im Allgemeinen auch in der anderen Modalität kodiert und verarbeitet: Ein konkreter Satz ruft sowohl sprachliche als auch bildliche Vorstellungen hervor, ein Bild löst auch sprachliche Assoziationen aus. Aus dieser Wechselwirkung von sprachlicher und bildlicher Verarbeitung ergeben sich erhebliche Schwierigkeiten für die Messung.

Auch wenn es möglich ist, mit Sprache Gefühle zu transportieren und mit Bildern sachliche Informationen zu äußern, so ist doch von der vorrangigen Koppelung

Sprache – rational argumentieren
Bild – emotional beeindrucken

auszugehen. Dieser Zuordnung entsprechen auch die grundlegenden Muster zur Beeinflussung von Einstellungen (siehe Seite 43): Mit dem Bild appelliert die Werbung an die Gefühle und Bedürfnisse der Empfänger; der Text liefert Informationen über die Eignung der angebotenen Marke, die angesprochenen Gefühle und Bedürfnisse zu befriedigen. Selten kommt es zu einer Umkehrung dieses Musters.

Dem Rückgang der rationalen Argumentation in der Werbung – den wir über viele Jahrzehnte hinweg beobachten – entspricht eine Abnahme von Text und eine Zunahme von Bild in der Werbung. Dies wird drastisch veranschaulicht, wenn wir Anzeigen aus den 50er oder 60er Jahren mit Anzeigen von heute vergleichen (siehe dazu Abbildung 1 und Fußnote auf Seite 16).

Es ist deswegen besonders wichtig, sich mit den Unterschieden von Bild- und Sprachwirkungen zu beschäftigen und die besonderen Wirkungen von Bildern auf das menschliche Informationsverhalten kennen zu lernen. Die Unterschiede sind so groß, dass es kaum möglich ist, die bildbetonte Werbung nach den gleichen Kriterien (Testmethoden) zu beurteilen wie die textbetonte Werbung.

In den nachfolgenden Ausführungen über die unterschiedlichen Bild- und Sprachwirkungen beziehen wir uns vor allem auf Werbung, die Bild und Text umfasst. Die Wirkungen, um die es geht, werden wie folgt eingeteilt:

– Aktivierungswirkungen,
– gedankliche Verarbeitungswirkungen,

- Erlebniswirkungen und
- Gedächtniswirkungen.

Einzelheiten zu den unterschiedlichen Wirkungen von Bild und Sprache werden auch noch im Laufe der sozialtechnischen Erörterungen im nächsten Kapitel zur Sprache kommen. Insgesamt gesehen ist die Verwendung von Bildern die wirksamste Technik, um der Werbung zum Erfolg zu verhelfen[48]. Das gilt auch in anderen Bereichen als in der Konsumgüterwerbung (z. B. Pharmawerbung, Investitionsgüterwerbung).

Aktivierungswirkungen – Bilder erzeugen Kontakt: In einem Bild-Text-Display fällt der Blick fast immer zuerst auf das Bild. Das hängt damit zusammen, dass Bilder im Allgemeinen stärker aktivieren und schneller wahrgenommen werden als Text.

Bilder können aus diesem Grund bevorzugt dazu eingesetzt werden, um den ersten Kontakt mit gedruckten Werbemitteln herzustellen. Bei Fernsehen und Radio dienen dazu in erster Linie akustische Reize.

Seine Kontaktfunktion erfüllt ein Bild aber nur, wenn das Aktivierungspotential so groß ist, dass sich das Bild in der Aktivierungskonkurrenz mit den Bildern anderer Werbemittel durchsetzen kann. Auch die konkurrierenden Werbemittel ringen ja mit Hilfe von Bildern um die Zuwendung der Empfänger.

Bilder müssen deswegen nach den Regeln professioneller Aktivierungstechnik gestaltet werden. Durch Expertenschätzung – im Zweifelsfall durch Aktivierungsmessung – kann kontrolliert werden, ob die Aktivierungskraft eines Bildes ausreicht, um die beabsichtigten Kontakte mit den Empfängern herzustellen.

Gedankliche Verarbeitung von Bildern – schnell, bequem, überzeugend: Bilder erzeugen im Empfänger sowohl gedankliche (informative) als auch emotionale Wirkungen. Sie werden im Gehirn weitgehend automatisch und mit geringerer gedanklicher Anstrengung und Kontrolle als sprachliche Reize verarbeitet.

Hinzu kommt folgender Unterschied zur Sprache: Bilder werden in größeren visuellen Einheiten (Sinneinheiten) aufgenommen und »ganzheitlich-analog« verarbeitet. Sprachliche Informationen werden dagegen

---

[48] Zu den Wirkungen von Bildern vgl. die umfassende Darstellung von Kroeber-Riel (1993) in dem Buch Bildkommunikation. Wirkungen von Bildern werden auch in einer Metaanalyse von Bauer, Fischer und McInturff (1999) dargestellt, bei der allerdings die extrem unterschiedlichen Untersuchungsbedingungen und Operationalisierungen einzelner Variablen – wie bei solchen Metaanalysen üblich – nicht hinreichend Berücksichtigung finden konnten.

nacheinander in kleinen Sinneinheiten aufgenommen und »sequen-tiell-analytisch« verarbeitet.

Das hat wichtige Folgen für die Wirkungen der Werbung, zunächst bei der Informationsaufnahme:

Die ganzheitliche und weitgehend automatische Verarbeitung im Ge-hirn ermöglicht eine sehr schnelle Aufnahme von bildlichen Reizen (Infor-mationen): Das Thema eines Bildes kann in Bruchteilen einer Sekunde, die gerade genügen, um ein einziges Wort zu lesen, aufgefasst werden. Um ein ganzes Bild mittlerer Komplexität so aufzunehmen, dass es später wieder er-kannt werden kann, sind nur 1,5 bis 2,5 Sekunden erforderlich. In dieser Zeit können in etwa zehn Wörter aufgenommen werden. Es ist also nicht übertrieben,

Bilder als schnelle Schüsse ins Gehirn

zu bezeichnen. Um die Treffsicherheit dieser Schüsse zu testen, d. h. um festzustellen, ob die schnell aufgenommenen Bilder auch tatsächlich im Sinne der Werbebotschaft verstanden werden, können spezielle Testver-fahren (wie das Tachistoskop) herangezogen werden (Kroeber-Riel, Wein-berg, 2003, S. 276 ff.).

Nun zur gedanklichen Verarbeitung der Bilder. Sie folgt anderen Re-geln als die analytische Sprachlogik:

Bei der Bildverarbeitung handelt es sich um eine analoge und räumli-che Logik. Das bedeutet: Für die Entstehung von bildlichen Vorstellungen (Assoziationen) und für ihre gedankliche Verknüpfung kommt es vor allem auf die räumliche Anordnung der Bildelemente an.

Beispiele: In Bildern werden Zigaretten im Weltraum (Anzeigen von Philip Morris) oder Mädchen in der Nähe eines Autos (Anzeige für Mazda) abgebildet. Die entsprechende sprachliche Umschreibung des Sachverhalts »eine Zigarette fliegt durch den Weltraum« oder »neben dem Mazda steht ein flottes Mädchen« würde als wenig sinnvoll und unlogisch aufgefasst, wenn es um die Darstellung und Beurteilung dieser Produkte geht. In der Bildersprache wirkt dagegen die Darstellung sinnvoll und überzeugend (Abbildung 41).

Durch die räumliche Zuordnung von Zigarette und Weltraum entste-hen Gedankenverknüpfungen wie »fortschrittlich, progressiv, Zigarette un-serer Zeit«. Und die räumliche Zuordnung von Auto und flottem Mädchen löst Assoziationen aus wie »flottes, schickes und ansprechendes Auto«, ohne dass diese Verknüpfungen gedanklich kontrolliert und nach den analyti-schen Gesetzen der Sprachlogik überprüft würden.

Auf diese Weise sind Bilder in der Lage, Informationen und Eindrücke hervorzurufen, die sprachlich gar nicht vermittelt werden können. Die ge-ringere gedanklich logische Kontrolle bei der Bildverarbeitung unterstützt die Überzeugungswirkung der Bilder.

Abbildung 41: Das Verständnis von Bildern folgt einer räumlichen Logik

Die logisch wenig hinterfragten Überzeugungswirkungen von Bildern bieten andererseits Anlass dazu, den unter dem Einfluss von Bildinformationen zustande gekommenen Entscheidungen kritisch und mit logischen Vorbehalten gegenüberzustehen. Solche Entscheidungen werden spontaner und weniger durchdacht gefällt als Entscheidungen, die auf abstrakteren, sprachlichen Informationen aufbauen (Nisbett, Ross, 1980).

Die angegebenen Besonderheiten der Aufnahme und Verarbeitung von Bildern sind für die Vorteile einer bildbetonten Werbung verantwortlich, die sich an passive und wenig involvierte Empfänger richtet: Da Bilder besonders schnell aufgenommen und mit geringer gedanklicher Anstrengung verarbeitet werden können, sind sie der gedanklichen Bequemlichkeit dieser Empfänger angepasst. Sie eignen sich deswegen besonders für die Low-Involvement-Beeinflussung.

Erlebniswirkungen – Bilder als »gespeicherte Gefühle«: Entstehung und Wirkung von Gefühlen sind eng mit Aktivitäten der rechten Gehirnhälfte des Menschen verbunden. Das bedeutet: Bildverarbeitung und emotionale Vorgänge bedingen sich gegenseitig.

Bilder – vor allem Fotografien – geben die emotionalen Reize unserer natürlichen Umwelt besonders wirklichkeitsnah wieder, sie »simulieren« diese Wirklichkeit besser als die Sprache. Anschaulich gesagt: Der sprachliche Ausdruck »erotisch wirkendes Dekolleté« wirkt weniger aufregend als die bildliche – plastische – Darstellung des Dekolletés.

Prestige und Abenteuer, Familienglück und Kriegsangst – der Erlebnisgehalt von solchen Gefühlen wird vor allem durch die bildlichen Vorstellungen bestimmt, die mit diesen Gefühlen in uns lebendig werden.

Die Werbung kann durch Bildmotive (auch durch eine bildhafte, plastische Sprache) solche bildlichen Vorstellungen bzw. innere Bilder in den Empfängern erzeugen und auf diese Weise bestimmte Gefühle mit einer Marke verbinden (im Einzelnen Kroeber-Riel, 1986 c).

Was die Attraktivität von Marlboro ausmacht, das ist das innere Bild der Cowboywelt, das den Konsumenten lebendig und unverwechselbar vor den inneren Augen steht. Was Milka-Schokolade von einer braunen, süßen, austauschbaren Schokoladenmasse unterscheidet, sind vor allem die mit der lila Kuh verbundenen inneren Bilder.

Zusammengefasst: Durch gezielten Einsatz von Bildern wird es der Werbung möglich, Gefühle für ein Produkt oder eine Dienstleistung auszulösen.

Gedächtniswirkungen – innere Bilder lenken unser Verhalten: Die Frage nach der Zahl der Fenster einer Wohnung oder eines Hauses wird im Allgemeinen dadurch beantwortet, dass man sich ein inneres Bild der Wohnung oder des Hauses vor Augen führt und die Fenster mit den »inneren Augen« zählt.

Diese inneren Bilder heißen Gedächtnisbilder (memory images)[49]. Sie dienen dazu, bildliche Eindrücke im Gedächtnis zu speichern. Auch das Gedächtnis arbeitet nicht nur mit einem Sprachkode, sondern auch mit einem Bilderkode. Die meisten Gegenstände, auch Produkte und Firmen, sind in unserem Gedächtnis mit sprachlichem Wissen (Bayer als Chemiekonzern) und mit bildlichen Vorstellungen (Bayer-Kreuz) repräsentiert.

---

[49] Innere Bilder kann man in Wahrnehmungs- und Gedächtnisbilder differenzieren. Ein Wahrnehmungsbild stellt sich beim Betrachten eines Gegenstands ein. Hingegen ist das Gedächtnisbild ein inneres Bild, das man in Abwesenheit des betreffenden Objekts vor seinem inneren Auge sieht.

Die inneren Bilder (Gedächtnisbilder) sorgen für eine besonders gute Erinnerung. Das Gedächtnis für Bilder ist dem Sprachgedächtnis weit überlegen. In einem klassischen Experiment von Standing u. a. (1970) wurden den Testpersonen nacheinander 2500 Fotos – zum Teil aus der Werbung – dargeboten. Bei einer Erinnerungsprüfung nach drei Tagen wurden noch über 90 % dieser Bilder richtig wieder erkannt.

Die im Gedächtnis vorhandenen inneren Bilder verstärken nicht nur die Erinnerung; sie haben auch einen entscheidenden Einfluss auf das Verhalten (Kroeber-Riel, 1993, Babin, Burns, 1997). Das gilt auch für innere Marken- und Firmenbilder. Wie stark dieser Einfluss ist, hängt vor allem davon ab, ob ein inneres Bild klar und deutlich vor den inneren Augen steht, ob es anziehend und erregend ist. Abbildung 42 zeigt die Beziehungen zwischen der Klarheit (Lebendigkeit) sowie der Anziehungskraft der inneren Bilder, welche die Konsumenten von einer Einkaufsstätte hatten, und dem davon abhängigen Einkaufverhalten. Die Bildeigenschaften (Klarheit, Anziehungskraft) wurden durch standardisierte Befragungen und Bilderskalen gemessen.

Ein vorrangiges Ziel der Marken- und Imagepolitik sollte deswegen darin bestehen, durch die Marktkommunikation innere Bilder in den Konsumenten aufzubauen, die eine Marke oder Firma im Gedächtnis verankern und das Verhalten lenken. Ein Vergleich der Wirkungen von herkömmlich gemessenen Images mit den Wirkungen innerer Gedächtnisbilder (im Sinne von konkreten visuellen Vorstellungen) belegt, dass innere Gedächtnisbilder unter bestimmten Bedingungen stärker auf das Verhalten durchschlagen als Images (Kroeber-Riel, 1986 c).

Die Werbung kann ihre Aufgabe, verhaltenswirksame Gedächtnisbilder zu erzeugen, nur erfüllen, wenn geeignete Sozialtechniken angewandt werden und wenn die Wirkungen dieser Techniken durch Messungen kontrolliert werden.

Nach wie vor werden in der kommerziellen Marktforschung noch zu wenige Untersuchungen angeboten und durchgeführt, welche die Auswirkungen der Werbung auf die Gedächtnisbilder der Umworbenen, also auf ihre dauerhaften visuellen Vorstellungen über Marken und Firmen, einschließen. Im Vordergrund solcher Untersuchungen müsste die Messung der Lebendigkeit (inneren Klarheit, Deutlichkeit) dieser Bilder stehen.

In diesem Sinne äußert sich auch Allen Rosenshine (1985, S. 137), ehemaliger Präsident von BBDO Worldwide: »Die traditionelle Textforschung hat potentiell wirksame Werbung umgebracht, weil die Forschung nicht die Bildwirkungen messen konnte.«

Oft sind Unterschiede zwischen Marken in einer Produktkategorie über sprachbezogene Imageanalysen heute kaum noch messbar. Vielmehr verlaufen solche Markenprofile meist gleichförmig nebeneinander. Sie liefern somit kaum diagnostischen Einblick in die bei den Kunden tatsächlich erzielten Wirkungen. Hingegen geben rechtshemisphärische Analysen –

Abbildung 42: Beziehungen zwischen innerem Bild und Verhalten

gemessene Eigenschaften des Bildes	multiple Korrelation mit Ladenpräferenz	multiple Korrelation mit Einkaufshäufigkeit
Klarheit (Lebendigkeit)	0,34	0,28
Anziehungskraft	0,43	0,38
weitere Eigenschaften	0,53	0,48

Anmerkung: Ergebnisse einer Regressionsanalyse: Werte für einen Einkaufsmarkt in Basel, N = 159 einkaufende Kunden, $p <= 0{,}001$.
Ergebnis: Etwa ein Viertel der Verhaltensvarianz (= Quadrat der multiplen Korrelation) wird durch das innere Bild der Konsumenten erklärt. Klassische Imagemessungen haben eine geringere Erklärungskraft.
Siehe im Einzelnen: Kroeber-Riel, 1986 c, Ruge, 1988.

die sich auf die Ermittlung bildlicher Vorstellungen beziehen – Aufschluss über differenzierte Markeneindrücke (Esch, Andresen, 1996 a).

So werden die Marken Fa und Cliff linkshemisphärisch jeweils mit Frische assoziiert. Deutliche Unterschiede ergeben sich hingegen bei der Erfassung bildlicher Eindrücke, die bei Cliff von dem Klippenspringer dominiert werden, bei Fa hingegen von dem badenden Mädchen in der Karibik.

Zur Kontrolle von Bildwirkungen: Ein zentrales Problem der sozialtechnischen Kontrolle von inneren Bildern liegt darin, dass innere Bilder und ihre Verarbeitung wie alle rechtshemisphärischen Vorgänge weniger bewusst sind als sprachliche Vorstellungen.

Die herkömmlichen Testmethoden zielen vorwiegend darauf ab, nur solche Werbewirkungen zu erfassen, die den Empfängern klar und sprachlich bewusst sind und die auch sprachlich ausgedrückt werden können. Beispiele sind die weit verbreiteten Erinnerungsmessungen mittels Recall, die Befragungen über die Einstellungen zur Marke und die kognitive Reaktionsanalyse.

Das flüchtige, wenig aufmerksame und kaum bewusste Aufnehmen der in der Werbung enthaltenen Bilder hat zur Folge, dass in unserem Gehirn schwache bildliche Erinnerungsspuren zurückbleiben. Wer von den Empfängern der Werbung nur Auskünfte über klar bewusste und sprachlich fassbare Vorstellungen erfragt, vernachlässigt die schwachen und nur bildlich vorhandenen Eindrücke, die nachweislich erheblichen Einfluss auf unser Verhalten ausüben[50].

Krugman plädiert deswegen seit Jahren dafür, die Wirkungen bildbetonter Werbung, vor allem von Fernsehwerbung, durch Wiedererkennungsmethoden (Recognition-Verfahren) zu messen, weil damit auch die schwachen und weniger bewussten Gedächtnisinhalte vermittelt werden können. Er schreibt dazu (Krugman, 1986, S. 86):

«In steering through dayly life humans are quite used to making good uses of minimal cues and messages even if they are not able to recall them later. Recognition memory, however, can reflect the impact of these minimal stimuli and should be studied and measured in order to provide a full appreciation and measure of the totality of advertising effects.»

2.3 Wiederholung der Werbung

Zu den Ansprüchen, die an einen leistungsfähigen Test zu stellen sind, gehört die mehrmalige Darbietung des Werbemittels. Eine einmalige Darbietung täuscht Wirkungen (fehlende Wirkungen) vor, auf denen eine Entscheidung über die Streuung der Werbemittel nicht aufbauen kann.

Oft wird die Regel vertreten, sieben Wiederholungen seien optimal. Diese Regel ist in mehrfacher Hinsicht verfänglich, denn

(1.) die Zahl der für eine wirksame Werbung erforderlichen Wiederholungen hängt von der Art der Werbung und von den Kommunikationsbedingungen ab. **Eine generelle Regel gibt es nicht**;

(2.) gerade die Zahl 7 trifft nicht zu. Bei High-Involvement-Werbung wird das Optimum bereits vor sieben Wiederholungen erreicht, bei Low-Involvement-Werbung sind wesentlich mehr Wiederholungen erforderlich.

Die Zahl der Wiederholungen, die zu einem Optimum an Werbewirkung führt, ist in der Hauptsache vom **Involvement** der Umworbenen und von der **Gestaltung** der Botschaft abhängig. Eine Werbebotschaft, die einprägsame sprachliche Formulierungen und visuelle Signale bietet, benötigt weniger Wiederholungen, um verhaltenswirksame Spuren im Gedächtnis zu hinterlassen, als eine weniger einprägsame Werbebotschaft (siehe dazu auch Seite 259 ff.). Da Werbeschaltungen finanziell aufwendig sind, bietet sich

---

[50] Vgl. dazu und zur Leistungsfähigkeit von Recall und Recognition (= Erinnerung und Wiedererkennung) für die Werbewirkungskontrolle Puto, Wells, 1984, S. 640 sowie den umfassenden Überblick von Stewart, Pechmann u. a., 1985. Zur impliziten Gedächtnismessung vgl. Schacter, 1987, sowie Duke, Carlson, 1993 b, Shapiro, MacInnis, Heckler, 1997.

demzufolge die Möglichkeit, finanzielle Aufwendungen durch professionelle Sozialtechniken zu reduzieren.

Angelpunkt für die zum Werbeerfolg erforderlichen Wiederholungen ist das **Involvement.** Grundsätzlich gilt:

> Die Zahl der Wiederholungen muss um so größer sein, je weniger involviert die Empfänger sind.

Bevor wir genauer auf diesen Zusammenhang eingehen, ist kurz auf eine Forschungsrichtung hinzuweisen, welche die meisten Beiträge zu diesem Problem geliefert hat: die gedankliche Reaktionsanalyse (kognitive Reaktionsanalyse)[51]. Sie hat zu dem Ergebnis geführt, dass bei Wiederholung der Werbung innere Gegenargumente entstehen, welche den Erfolg der Werbung erheblich beeinflussen.

Die Bedeutung innerer Gegenargumente: Die auf den Empfänger der Werbung einströmenden Werbereize und -informationen lösen gedankliche Reaktionen aus, die sich nicht bloß auf die Werbebotschaft beziehen, sondern auch eigenständige Vorstellungen und Ideen des Empfängers umfassen, die lediglich von der Werbung »angestoßen« werden (beispielsweise die Reaktion »schon wieder eine Werbung für Süßigkeiten, man sollte mehr an die Zähne denken«).

Bei einer gedanklichen Reaktionsanalyse (siehe auch Seite 232) werden alle von der Werbung in Gang gesetzten gedanklichen Vorgänge registriert und analysiert. Dabei hat es sich als zweckmäßig erwiesen, die gedanklichen Reaktionen danach einzuteilen, ob sie bezogen auf die Beurteilung des Angebots (Produkt, Dienstleistung, Marke, Firma usw.)

– positiv,
– neutral oder
– negativ

sind. Positive Gedanken unterstützen die Beeinflussung zugunsten des Angebots, negative Gedanken erschweren oder verhindern die Beeinflussung.

Der Beeinflussungserfolg wird wesentlich von der Menge und Stärke der negativen gedanklichen Reaktionen bestimmt, die durch die Werbung bei den Empfängern angeregt werden. Bei den negativen Gedanken handelt es sich vorwiegend um innere Gegenargumente, die durch die gedankliche Auseinandersetzung mit der Werbebotschaft entstehen.

Zahlreiche mittels Reaktionsanalyse durchgeführte Untersuchungen haben sich der Frage zugewandt, wie sich die negativen gedanklichen Re-

---

[51] Zur kognitiven Reaktionsanalyse vgl. den Überblick von Sauer, Dickson, Lord, 1992.

aktionen – die man in der Forschung global als innere Gegenargumente bezeichnet – bei Wiederholungen der Werbebotschaft entwickeln. Es zeigte sich, dass bei den ersten Darbietungen kaum Gegenargumente gebildet oder sogar Gegenargumente abgebaut werden. Nach einer bestimmten Anzahl von Wiederholungen nehmen die negativen Reaktionen zu und die positiven gedanklichen Reaktionen ab. Daraus folgen »Abnutzungswirkungen« der Werbung, die den Beeinflussungserfolg der Werbung beeinträchtigen (Abbildung 43).

Die so aufgefassten »Abnutzungswirkungen« der Werbung sind in Abhängigkeit (1.) vom Involvement der Umworbenen und (2.) von der Art der Beeinflussung (informativ oder emotional) zu sehen. Infolgedessen haben wir für die Wiederholungswirkungen vier Bedingungen zu unterscheiden:

- geringes Involvement, informative Beeinflussung,
- geringes Involvement, emotionale Beeinflussung,
- starkes Involvement, informative Beeinflussung und
- starkes Involvement, emotionale Beeinflussung.

Informative Beeinflussung bei geringem Involvement: Ist das gedankliche Involvement schwach, so werden Informationen vom Empfänger mit geringer Aktivierung und auf einem niedrigen Niveau der gedanklichen Informationsverarbeitung aufgenommen und weitgehend passiv und unbeabsichtigt gelernt.

Bei geringem Involvement sind für die Verankerung der Informationen im Gedächtnis zahlreiche Wiederholungen erforderlich.

Mit den Wiederholungen wächst die Vertrautheit mit der Werbebotschaft und dem beworbenen Gegenstand. Bereits dadurch entsteht eine positive Haltung zum Gegenstand (zur Marke), wenn keine gegensätzlichen Erfahrungen vorhanden sind. Schon bloße Wiederholung führt nämlich zu einer gefühlsmäßigen Akzeptanz des Gegenstandes, der präsentiert wird (Zajonc, Markus, 1982, Baker, Hutchinson u. a., 1986, Hoyer, Brown, 1991)!

Zugleich ergibt sich das aus der kognitiven Reaktionsanalyse abgeleitete Problem, dass zu viele Wiederholungen der Werbebotschaft zwar unschädlich für Lernen und Erinnerung sind, aber leicht zu gedanklichen Gegenreaktionen und damit zu Abnutzungserscheinungen führen können, welche die Markenakzeptanz herabsetzen.

Selbst bei sehr geringem Involvement scheint informative Werbung nicht gegen das Auftreten von solchen Abnutzungserscheinungen gefeit zu sein. Nach wievielen Wiederholungen sich diese einstellen, hängt in erster Linie von Inhalt und Gestaltung der Information ab. Um kein unnötiges Risiko einzugehen und dieser Gefahr von vornherein zu begegnen, sollte man nach einer Sequenz von Wiederholungen

Abbildung 43: Gedankliche Reaktionen bei Werbewiederholung

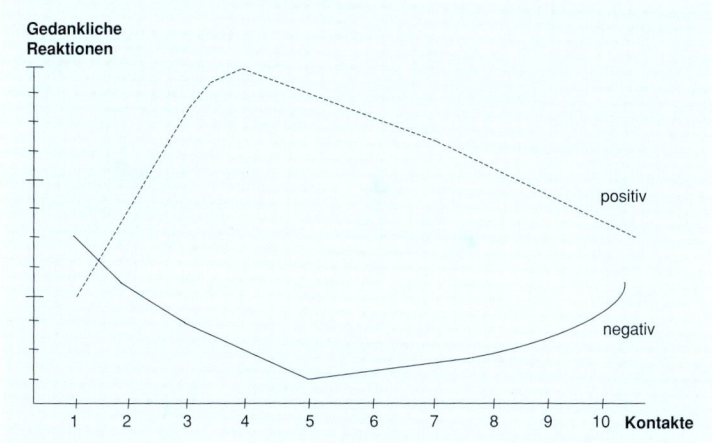

Anmerkung: In Anlehnung an Cacioppo, Petty, 1980, siehe auch Cacioppo, Petty, 1979. Die Entwicklung einer positiven Einstellung wird zunächst bei Wiederholung der Werbebotschaft durch die entstehenden positiven gedanklichen Reaktionen (Lernen der Werbebotschaft) gefördert, dann durch die entstehenden negativen Reaktionen (inneren Gegenargumente) beeinträchtigt. Der hier eingezeichnete Verlauf ist jedoch nur bei **involvierten Empfängern** und bei Werbebotschaften zu erwarten, die zur **informativen Beeinflussung** geeignet sind. Vgl. dazu auch Brock, Sharitt, 1983, Kroeber-Riel, Weinberg, 2003.

das gleiche Thema mit Variationen formulieren.

Genauere Angaben für eine optimale Spanne von Wiederholungen können beim gegenwärtigen Stand der Forschung noch nicht gemacht werden[52].

Emotionale Beeinflussung bei geringem Involvement: Aufnahme und Verarbeitung von emotionalen Werbebotschaften folgen bei geringem Involvement im Wesentlichen den Gesetzmäßigkeiten der klassischen Konditionierung. Dazu ist am besten eine Werbung mit emotionalen Bildern nach Art der Marlboro-Werbung geeignet.

---

[52] Siehe dazu auch die zusammenfassende skeptische Bemerkung von Steffenhagen, 1996, S. 145 ff.

161

Die klassische **Konditionierung** wird an anderer Stelle erörtert (siehe Seite 214): Der Konsument bleibt dabei passiv. Eine gedankliche Beteiligung findet nicht oder nur in sehr geringem Ausmaß statt. Die wiederholte gleichzeitige Darbietung einer Marke oder Firma zusammen mit einem emotionalen Reiz genügt, um Marke oder Firma emotional aufzuladen und eine positive Haltung bei den Empfängern auszulösen (Kroeber-Riel, Weinberg, 2003, S. 115 ff., Ghazizadeh, 1987).

Um diese Wirkung zu erreichen, sind sehr viele Wiederholungen notwendig. Im Experiment stellte sich ein erster Konditionierungserfolg erst nach 20 bis 30 Wiederholungskontakten ein, weitere Wiederholungen sind zur Verstärkung und Erhaltung der emotionalen Haltung notwendig.

In diesem Zusammenhang ist daran zu erinnern, dass Bilder weitgehend automatisch und mit geringer gedanklicher Kontrolle im Gehirn verarbeitet werden. Aufgrund dieses Sachverhalts und des passiven Verhaltens bei der emotionalen Konditionierung ist kaum zu erwarten, dass bei emotionaler Low-Involvement-Werbung nachteilige gedankliche Reaktionen gegen die Werbung auftreten.

Die Abnutzungsgefahren sind demzufolge noch geringer als bei informativer Werbung. Ganz gebannt sind sie aber nicht, weil emotionale Reizdarbietungen ebenfalls zu Überdruss führen können. Kurzum:

Unveränderte emotionale Werbung kann wesentlich öfter als unveränderte informative Werbung geschaltet werden.

Varianten der Botschaft (Bilder) sind aber auch hier von Zeit zu Zeit zweckmäßig[53].

Das Problem der emotionalen Werbung liegt in der Praxis ohnehin selten in einer zu hohen Zahl von Wiederholungen, sondern fast immer in einer zu geringen Zahl und in einem zu häufigen Wechsel der Bildmotive.

Wenn hier von emotionaler Werbung gesprochen wurde, so ging es stets um Werbemittel mit dominanten Bildmotiven und wenig Text, der die emotionale Wirkung der Bildmotive unterstützt und ergänzt. Viele Anbieter scheinen selbst dann, wenn die Werbung die Vermittlung von emotionalen Erlebnissen zum Ziel hat, unter dem Zwang zu stehen, zusätzliche Informationen in die Werbung einzubeziehen. Durch die gedanklichen

---

[53] In diesem Zusammenhang ist auf die unterschiedliche Bedeutung der Medien für die Abnutzungsgefahr hinzuweisen. Bei Printmedien werden schon deswegen kaum Abnutzungswirkungen bei Low-Involvement-Werbung auftreten, weil die Empfänger Werbung, die sie zur Genüge kennen, vermeiden (siehe Vermeiderverhalten Seite 156). Bei Funkwerbung ist es für den Empfänger schwieriger, einfach »aus dem Feld zu gehen«. Die Abnutzungsgefahr ist etwas stärker. Bei Fernsehwerbung ist sie stärker als bei Print-, aber geringer als bei Radiowerbung.

Anregungen, die diese Informationen auslösen, wird die Gefahr von Abnutzungswirkungen verstärkt!

Beeinflussung bei hohem Involvement:

> Je höher das Involvement ist, um so schneller wird die Werbebotschaft gelernt.

Optimale Werbewirkungen treten bei starkem gedanklichen und/oder emotionalen Involvement bereits nach wenigen Wiederholungen auf. An die Stelle des vorwiegend passiven Lernens und Konditionierens tritt nun das **aktive** Lernen.

Das gilt sowohl für informative als auch für emotionale Werbung. Dabei wächst die Gefahr, dass Wiederholungen eine Abnutzung und demzufolge eine Beeinträchtigung des Werbeerfolgs bewirken – dies gilt verstärkt für informative Werbung. Da informative Werbung bei hohem Empfängerinvolvement der Regelfall ist, beschränken wir uns hier auf diese:

Nach Ergebnissen der kognitiven Reaktionsanalyse reicht bei starkem Involvement im Allgemeinen ein zweimaliges oder dreimaliges Aufnehmen der Werbebotschaft in einem nicht zu weit auseinandergezogenen Wiederholungszeitraum aus, um die Werbebotschaft gedanklich zu verarbeiten und zu lernen (Abbildung 40). In dieser Phase werden die Gedanken in erster Linie vom Lernen der neuen Werbebotschaft in Anspruch genommen. Es entstehen weniger eigene Gedanken über das Angebot als in den folgenden Phasen.

Nachdem die Werbebotschaft gelernt wurde, werden die Empfänger dazu angeregt, sich mehr eigene Gedanken über die Botschaft, über das Produkt oder die Dienstleistung, zu machen. Diese von der Werbung »angestoßenen« eigenen Gedanken sind im Allgemeinen negativer als die mit dem Verständnis der Werbebotschaft zusammenhängenden Gedanken. Es entstehen innere Gegenargumente, welche die Akzeptanz der Werbebotschaft, und damit die Beurteilung des Angebots beeinträchtigen. Man kann also von folgender Erwartung ausgehen:

> Bereits nach wenigen Wiederholungen entsteht bei starkem Involvement ein erhebliches Abnutzungsrisiko.

Man kann der Abnutzung bei weiteren Wiederholungen nicht bloß durch Veränderungen der Gestaltung begegnen, wie es bei niedrigem Involvement möglich ist: Bei hohem Involvement ist eine wesentliche Änderung der dargebotenen Informationen oder die Aufnahme von neuen Informationen über das Angebot (= neue Lernaufgabe) oder eine wesentliche Reduktion der dargebotenen Informationen zweckmäßig.

Abnutzungserscheinungen treten aber eher im Labor der Werbeforscher als in der Werbepraxis auf, weil die Werbung selten auf starkes Empfängerinvolvement stößt. Und wenn das doch – in Entscheidungssituationen der Empfänger – der Fall ist, so kommt es selten zu mehreren Wiederholungskontakten mit der gleichen Werbebotschaft. Deswegen beschäftigt sich auch Krugman (1975) mit Ausnahmewirkungen der Werbung, wenn er darauf aufmerksam macht, dass mehrere Wiederholungen von informativer (und gemischter) Werbung bei involvierten Empfängern dann nicht zu Gegenreaktionen führen, wenn die Werbung ausgesprochen unterhaltsam ist. Sie erfüllt dann emotionale Bedürfnisse der Empfänger und wird nicht mehr nach den dargebotenen Informationen beurteilt, sondern als positiver Beitrag zur Unterhaltung erlebt[54].

2.4 Modell der Werbewirkungspfade

Spätestens nach diesen Ausführungen ist klar, dass die in der Frühzeit der Werbeforschung entwickelten einheitlichen Modelle der Werbewirkung ausgedient haben.

Das wohl bekannteste Werbewirkungsmodell dieser tradierten Denkweise ist das AIDA-Modell. Danach muss zunächst die Aufmerksamkeit der Zielgruppe erzeugt werden (Attention), auf der zweiten Stufe dann Interesse an einem Produkt geweckt werden (Interest), das schließlich Wünsche nach dem Produkt und dessen Leistungen auslöst (Desire) und auf der letzten Stufe eine Aktion, konkret den Kauf eines Produktes bewirkt (Action) (vgl. die Übersicht in Behrens, 1996, S. 280 ff.).

> Dass Werbung festgelegte Wirkungsstufen passieren muss, ist heute obsolet. Die Werbung folgt nicht mehr einem einheitlichen Werbewirkungsmodell.

Vielmehr richten sich die zu erzielenden und durch Werbewirkungskontrollen zu erfassenden Werbewirkungen nach den Wirkungsdeterminan-

---

[54] Krugman teilt die Wiederholungswirkungen (bei involvierten Empfängern) in drei psychologische Phasen ein. Die beiden ersten Phasen dienen der gedanklichen Bewältigung der Werbebotschaft. Die Empfänger fragen dabei: (1.) Um was handelt es sich? (2.) Was bringt mir das? Danach treten in einer dritten Phase bei zusätzlichen Wiederholungen die für den Werbeerfolg kritischen Zusatzreaktionen auf, die entweder aus Irritationen und Gegenreaktionen oder aus Unterhaltungserlebnissen der Empfänger bestehen. Wieviele Wiederholungen diese verschiedenen Phasen umfassen, bleibt offen. Nach einigen empirischen Studien können bis zur kritischen Reaktionsphase auch mehr als drei Wiederholungen vergehen (vgl. Lastovicka, 1983).

ten, also den Bestimmungsgrößen der Werbewirkung, die wir bereits ausführlich oben beschrieben haben. Dies sind

- das Involvement der Umworbenen,
- die sprachliche oder bildliche, emotionale oder informative Gestaltung der Werbung sowie
- die Zahl der Wiederholungen (Kroeber-Riel, Weinberg, 2003, S. 612 ff., Esch, 2000 c, S. 862 ff.).

Diese Bestimmungsfaktoren sind wesentlich dafür verantwortlich, welche Bausteine der Werbewirkung relevant werden: Sie steuern, ob

- eher von einer schwachen oder starken Aufmerksamkeit bei der Wahrnehmung von Werbung auszugehen ist,
- stärker emotionale oder kognitive Vorgänge bei der Werbebeurteilung dominieren und

Abbildung 44: Grundmodell der Werbewirkungspfade

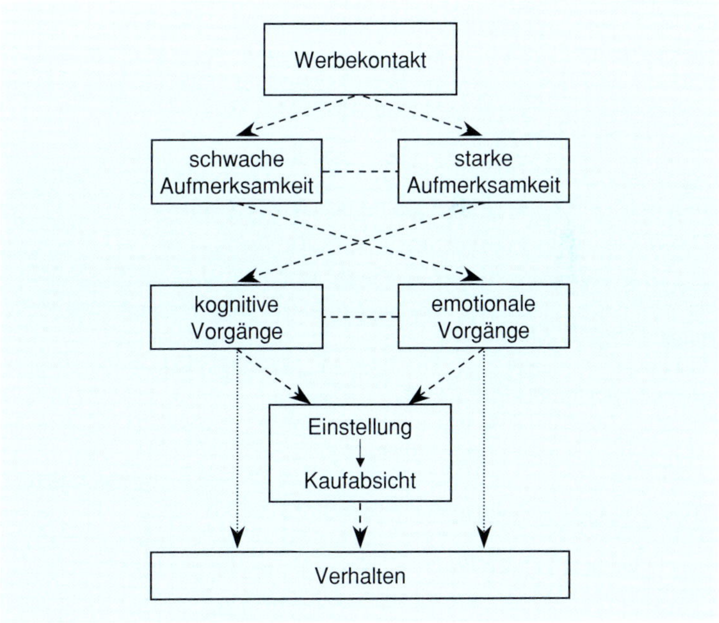

Quelle: Kroeber-Riel, Weinberg, 2003, S. 614.

– Einstellungen und innere Bilder geschaffen werden und es zu einem bestimmten Verhalten kommt (Abbildung 44).

Emotionale Werbung kann entweder auf wenig oder auf stark involvierte Konsumenten treffen. Das gleiche gilt für informative Werbung. Entsprechend unterscheiden wir vier grundlegende Werbewirkungsmuster, auf die wir nun näher eingehen (vgl. dazu ausführlich Kroeber-Riel, Weinberg, 2003, S. 614 ff.).

Informative Werbung und hohes Involvement:

Eine informative Werbung führt meist nur dann zum gewünschten Erfolg, wenn die Konsumenten involviert sind und den vorwiegend verbal dargebotenen Sachinformationen entsprechendes Interesse entgegenbringen, d. h. diese aufmerksam aufnehmen und verarbeiten. Dies ist vor allem bei neuen und erklärungsbedürftigen Produkten der Fall.

Demzufolge verläuft der dominante Wirkungspfad von einer hohen Aufmerksamkeit der Empfänger hin zu kognitiven Vorgängen der Informationsaufnahme und -verarbeitung sachlicher Informationen (vgl. Abbildung 45). Daraus bilden sich – sofern die Qualität der Argumente und die Art der Argumentation den Erwartungen der Empfänger entspricht und eine entsprechend positive Bewertung erfährt – eine Einstellung zum beworbenen Produkt sowie eine Handlungsabsicht. Emotionale Prozesse spielen hier nur am Rande eine Rolle, indem sie durch ihre aktivierende Wirkung zu einer effizienteren Verarbeitung und Speicherung der dargebotenen Sachinformationen führen. Es handelt sich demzufolge um den zentralen Weg der Beeinflussung.

Informative Werbung und geringes Involvement:

Bei wenig involvierten Konsumenten entfaltet informative Werbung eine ganz andere Wirkung. In einem solchen Fall wird Werbung beiläufig und mit geringer Verarbeitungstiefe aufgenommen. Entsprechend können nur wenige, einfach verständliche Informationen vermittelt werden.

Deshalb wird auch kein fundiertes Produktwissen aufgebaut. Allenfalls kann sich der Empfänger, der die Werbung mit geringer Aufmerksamkeit betrachtet, nach einigen Wiederholungen an die beworbene Marke erinnern. In einer Kaufsituation wird er möglicherweise die Marke kaufen, weil er sie behalten hat oder ihm die Marke durch die bloßen Wiederholungen sympathisch erscheint (gestrichelte Linie).

Im Kern schlägt hier die Markenaktualität auf das Verhalten durch, weil noch keine umfassenden Produktkenntnisse erworben und Präferenzen gebildet wurden (Abbildung 45).

Erst nach dem Kauf – und nicht vorher – bildet sich aufgrund der Nutzung der Marke und der Beurteilung der jeweiligen Markeneigenschaften

Abbildung 45: Wirkungspfade bei informativer Werbung

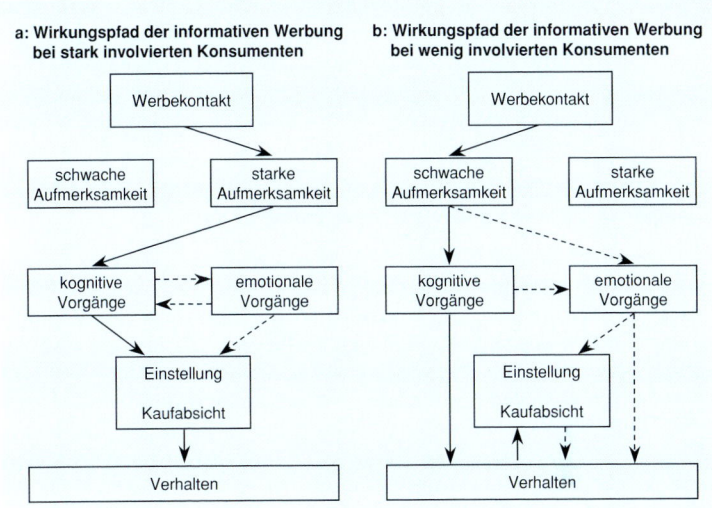

a) bei stark involvierten Konsumenten   b) bei wenig involvierten Konsumenten

Quelle: Kroeber-Riel, Weinberg, 2003, S. 622, 624.

eine Einstellung zur Marke. Gerade hier wird das klassische Wirkungsmuster Werbung → Einstellung → Verhalten auf den Kopf gestellt. Krugman (1965) bezeichnete diesen Weg schon sehr früh als »Low-Involvement-Lernen«, bei dem sich eben erst nach dem Kauf eine Einstellung bildet.

Emotionale Werbung und hohes Involvement:

In diesem Fall setzt sich der Konsument mit starker Aufmerksamkeit mit emotionaler Werbung auseinander. Deshalb bewirken schon wenige Kontakte mit der Werbung eine Verbesserung der Einstellung zur Marke. Die Werbung löst dabei vorrangig emotionale Wirkungen aus, die wiederum die kognitiven Verarbeitungsprozesse beeinflussen. Der Einfluss ist dergestalt, dass durch die emotionalen Werbewirkungen vor allem eine selektive Produktbeurteilung erfolgt.

Wird beispielsweise in einem Spot für Toilettenpapier ein Küken gezeigt, so löst dies automatisch die Produktbeurteilung eines zarten und weichen Toilettenpapiers aus (Mitchell, Olson, 1981). Es werden demnach vor allem positive Eigenschaften zur Marke aktiviert und bewertet.

167

Von den emotionalen Prozessen gehen demzufolge Wirkungen auf die kognitiven Prozesse aus. Emotionale und kognitive Prozesse nehmen dann gemeinsam Einfluss auf die Einstellung und die Kaufabsicht. Daraus wiederum resultiert dann das Verhalten. Anders als bei wenig involvierten Konsumenten kann es hier eher zu gedanklichen Widersprüchen und Gegenargumenten zur Werbung kommen. Damit ist vor allem dann zu rechnen, wenn die emotionalen Bilder keinen sinnvollen Zusammenhang zur Marke aufweisen bzw. dieser nicht herstellbar ist.

Emotionale Werbung und geringes Involvement:

Eine emotional und bildhaft gestaltete Werbung, die sich an wenig involvierte Empfänger richtet, wird mit geringer Aufmerksamkeit betrachtet. Emotionale Wirkungen, das Gefallen und die Akzeptanz der Werbung spielen eine dominante Rolle. Gedankliche Prozesse sind hier nur am Rande von Bedeutung. Sie betreffen primär die Verknüpfung der Marke mit den positiven Gefühlen und Bildern. Aus den positiven Emotionen heraus erfolgt schließlich eine Einstellungsbildung. Innere Bilder können mit der Marke verknüpft werden und daraus ein Kaufverhalten resultieren. Dies wäre der oben als periphere Beeinflussungsweg beschriebene Pfad, für den gilt: »Gefallen geht über Verstehen«. Da es sich hierbei im Wesentlichen um die weiter oben beschriebenen Konditionierungsvorgänge handelt, können die Emotionen jedoch auch unmittelbar auf das Verhalten durchschlagen, bevor sich eine Einstellungsbildung vollzogen hat (gestrichelte Linie).

In der Werbepraxis hat man es häufig mit gemischter Werbung, d. h. einer Mischung aus Information und Emotion zu tun. Entsprechend sind hier verschiedene Wirkungspfade je nach vorliegendem Involvement miteinander zu verknüpfen.

Betrachtet man diese unterschiedlichen Wirkungspfade, so wird klar, dass auch die Wirkungsmessungen Werbung nicht über einen Kamm scheren dürfen (siehe Seite 136). Das lange Zeit präferierte Wirkungsmodell der informativen Werbung für stark involvierte Konsumenten ist in dieser Form heute meist nicht mehr tragfähig. Vielmehr muss man sich unter den herrschenden Markt- und Kommunikationsbedingungen verstärkt auf wenig involvierte Konsumenten einstellen. Dies hat dabei weniger mit dem vorherrschenden Produktinteresse zu tun, sondern hängt stark mit dem situativen Involvement zusammen. Selbst Konsumenten mit hohem Produktinvolvement sind aufgrund situativer Umstände wie z. B. Zeitdruck nicht bereit, sich intensiv mit Werbung auseinander zu setzen (vgl. Seite 137 ff.).

Abbildung 46: Wirkungspfade bei emotionaler Werbung

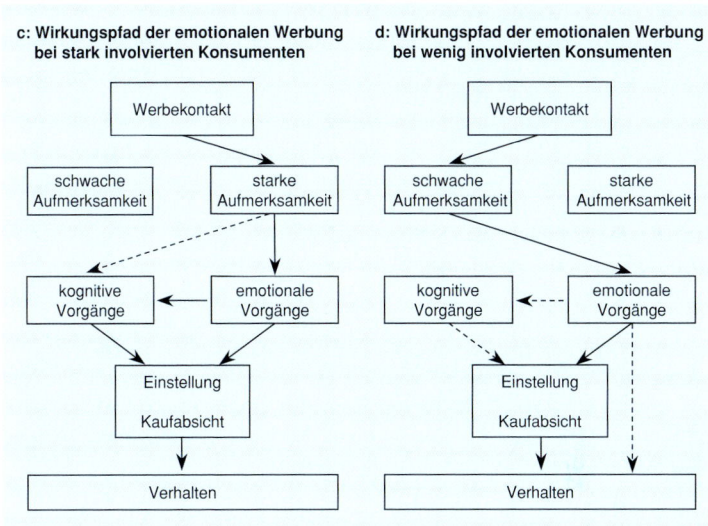

a) bei stark involvierten Konsumenten   b) bei wenig involvierten Konsumenten

Quelle: Kroeber-Riel, Weinberg, 2003, S. 627, 628.

3 Sozialtechnische Regeln

3.1 Kontakt herstellen

Die Kontaktbarrieren nehmen zu: Die Werbung hat es immer schwieriger, in Kontakt mit den Konsumenten zu kommen. Dazu trägt vor allem die Informationsüberlastung bei.

Aufgrund der Informationsüberlastung konkurrieren immer mehr Informationen um die Zuwendung der Empfänger. Die einzelne Werbebotschaft droht in der Informationsflut unterzugehen, ohne beachtet zu werden.

Naisbitt (1984, S. 22) schreibt dazu in seinem Buch über Megatrends:

»Die Informationsfülle liegt so phantastisch hoch, daß wir uns durch Schreien bemerkbar machen müssen, um überhaupt gehört zu werden.«

In der wachsenden Informationskonkurrenz setzen sich nur solche Werbebotschaften durch, die stärker auffallen als die konkurrierenden Werbebotschaften und damit die Aufmerksamkeit der Empfänger auf sich ziehen.

Die fortschreitende Informationsüberlastung führt deswegen zu einer immer auffallenderen Darbietung und Verpackung von Informationen. Das lässt sich sehr anschaulich durch einen Vergleich der Titelblätter von Zeitschriften aus den 50er oder 60er Jahren (als die Informationsüberlastung noch geringer als heute war) mit den Titelblättern aus den letzten Jahren verdeutlichen. Die Informationsüberflutung kommt ja nicht zuletzt durch die erhebliche Zunahme der Zeitschriftentitel und ihres Umfangs zustande. Auch für die einzelne Zeitschrift gilt deswegen das Gebot: Auffallen, um in der Informationsflut zu überleben – insbesondere dann, wenn die Zeitschrift im freien Verkauf über Zeitschriftenstände verkauft wird. Abbildung 47 gibt einige Zeitschriftentitel für diesen historischen Vergleich wieder.

Aber nicht nur die wachsende Informationskonkurrenz verlangt Auffälligkeit der Werbung, sondern auch das geringe Involvement, mit dem die Konsumenten heute die Werbung über sich ergehen lassen. Sie blättern Zeitschriften flüchtig und mit geringer Aufmerksamkeit durch und sie hören nur nebenbei hin, wenn das Radio läuft.

In zunehmendem Maße wird auch Fernsehen zur Nebentätigkeit. Stoßen die Konsumenten dabei auf Werbung, so lässt die Aufmerksamkeit noch stärker nach. Ob bei eingeschaltetem Fernsehgerät tatsächlich Werbung aufgenommen wird oder nicht, kann nur durch Verhaltensbeobachtung ermittelt werden. In Italien wurde bei eingeschaltetem Gerät das Programm von rund 60 % der Zuschauer aufmerksam verfolgt, während eines Werbeblocks waren es nur noch 37 %, die aufmerksam hinschauten. Hinzu kam noch, dass sich viele dieser Zuschauer nur die ersten Sequenzen eines Werbespots anschauten und dann »abschalteten« (Capocasa, Lucchi, 1985, S. 99).

Wettig (1988) konnte in einer Pilotstudie ähnliche Werte für Deutschland ermitteln. Diesen Ergebnissen zufolge beachtet ein Drittel der Zuschauer das Fernsehen während eines Werbeblocks gar nicht, ein weiteres Drittel nur teilweise. Lediglich ein verbleibendes Drittel nimmt die Werbespots wahr. Amerikanische Studien untermauern diese Zahlen (vgl. Abernethy, 1991, Krugman, Cameron, White, 1995)[55].

Konkret: »Sind bei der ARD vor 20.00 Uhr in Erwartung der Tagesschau etwa 22 % der Geräte eingeschaltet, sitzt in rund 14 % der Fälle mindestens eine Person vor dem Gerät, wobei nur insgesamt 8 % ihre Aufmerksamkeit ausschließlich dem Werbefernsehen widmen.« (Lorson, 1992,

---

[55] Zur Übersicht vgl. Abernethy, 1991. Nach einer Studie, bei der das Fernsehverhalten zu Hause beobachtet wurde, hatten in den USA nur 33 % der Zuschauer bei laufenden Werbespots die Augen auf dem Bildschirm (Krugman, Cameron, White, 1995).

Abbildung 47: Historischer Titelblattvergleich für Publikumszeit-schriften

 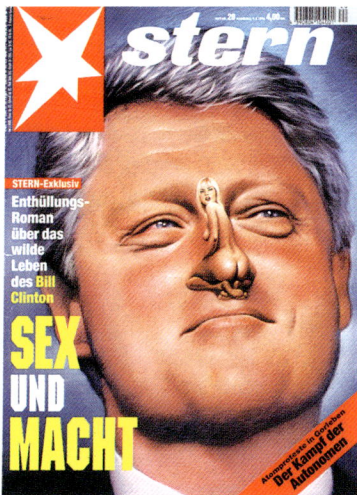

Oben: Titelblätter des STERN aus den 50er Jahren und von heute

Unten: Titelblätter des SPIEGEL aus den 60er Jahren und von heute

S. 57). Für viele Zuschauer wird demzufolge das Fernsehen während der Werbeblöcke zur kaum wahrgenommenen Hintergrundkulisse[56].

Außenwerbung wie Plakatwerbung wird ebenfalls mit minimaler Anteilnahme betrachtet. Das ergibt sich schon aus der Tatsache, dass nach einer französischen Untersuchung 90 % der Leute, die an einem Plakat vorbeikommen, im Auto oder Bus sitzen (Agostini, 1985) sowie aus dem geringen situationsbedingten Involvement der Passanten. Die Gestaltung von Plakaten hat sich von jeher auf diesen flüchtigen und wenig aufmerksamen Kontakt eingestellt. Im Hinblick auf das nachlassende Involvement beim Betrachten von Printwerbung kann diese viel von der Plakatgestaltung lernen (Treistman, 1987).

Die Werbung kann diese Kontaktbarrieren vor allem durch zwei Sozialtechniken überwinden:

1. Aktivierungstechniken,
2. Frequenztechniken.

Aktivierungstechniken einsetzen

Als Aktivierung wird ein Zustand vorübergehender oder anhaltender innerer Erregung oder Wachheit bezeichnet, der dazu führt, dass sich die Empfänger einem Reiz **zuwenden.** Diese Auswirkung der Aktivierung nennt man »Kontaktwirkung«.

Aktivierung regt außerdem die emotionale und gedankliche Verarbeitung der Reize an. Stark aktivierende Reize werden beispielsweise besser erinnert. Diese Wirkungen kann man als »Verstärkerwirkungen« der Aktivierung bezeichnen.

Die Wirkungen der Aktivierung können in folgender Gesetzmäßigkeit zusammengefasst werden:

Je größer die Aktivierungskraft eines Werbemittels ist, um so größer wird seine Chance, unter konkurrierenden Werbemitteln beachtet **und** genutzt zu werden.

Es hängt von den Kontaktbedingungen ab, ob die Aktivierungskraft eines Werbemittels mehr für die **Herstellung** oder mehr für die **Nutzung** des Kontaktes zu sorgen hat. Bei Printmedien können wir davon ausgehen, dass 80–95 % der Leser Kontakt mit einseitigen Anzeigen bekommen. Die Nutzung des hergestellten Kontakts ist jedoch – wie die durchschnittlichen

---

[56] Zum Verhalten während eingeschaltetem Bildschirm vgl. auch die aufschlussreichen Studien von Clancey (1994) Sonne von Brennan und Syn (2001).

Betrachtungszeiten belegen – gering. Die Aktivierungskraft der Anzeigen ist demzufolge weniger dazu erforderlich, Kontakt herzustellen als dazu, die Nutzung des Kontakts zu fördern (siehe Seite 196 ff.). Bei elektronischen Medien ist es umgekehrt: Wir haben mit relativ niedrigen Kontaktchancen, aber stärkerer Kontaktnutzung zu rechnen.

Bei zunehmender Informationsüberlastung wird es immer wichtiger, unter konkurrierenden Informationen aufzufallen und die nachfolgend beschriebenen Aktivierungstechniken einzusetzen. Auf eine zusätzliche Aktivierung der Empfänger durch die Werbung kann nur dann mehr oder weniger verzichtet werden, wenn diese ein stärkeres Involvement haben und **von sich** aus **aktiv** und aufmerksam nach Informationen suchen.

Das erklärt die längere Betrachtung von Anzeigen mit Einzelhandelsangeboten. Die Suchbereitschaft der Betrachter beim Lesen solcher Anzeigen ist jedoch begrenzt (Zuwendung zu einer Zeitungsseite mit Angeboten bis zu 30 Sekunden, vgl. Kroeber-Riel, 1987 c).

Aktive und gezielte Informationssuche ist auch verantwortlich für den Erfolg von Kleinanzeigen (und von nicht aktivierender Werbung in spezifischen Medienrubriken). Beispiel: Im Anzeigenblatt »Annoncen Avis«, das in Düsseldorf und Hamburg erscheint, gibt es ungefähr 200 Rubriken wie »Briefmarken« oder »internationale Kontakte« mit zahllosen Kleinanzeigen. Kontakt und Nutzung dieser Anzeigen ist selbstverständlich nicht vom Aktivierungspotential abhängig, weil die Empfänger von sich aus zur Informationsaufnahme motiviert sind. Der gegenwärtige Erfolg von Anzeigenblättern ist vor allem darauf zurückzuführen, dass die Empfänger in der heutigen unüberschaubaren Informationsflut in diesen Medien genau die Informationen finden, die für sie beachtenswert sind.

Zur gezielten Aktivierung der Empfänger gibt es drei Techniken, die Verwendung von

– physisch intensiven Reizen,
– emotionalen Reizen und
– überraschenden Reizen.

Eine ziemlich sichere Aktivierung und Zuwendung zum Werbemittel wird durch die Verwendung von physisch intensiven Reizen ausgelöst, das sind vor allem große, laute und bunte Reize (Beispiel in Abbildung 48 a).

Die Bedeutung dieser Reize für die Wirkung von Werbung, Schaufenster, Verpackung usw. wurde bereits durch die experimentelle Werbeforschung zu Beginn dieses Jahrhunderts erforscht (siehe zum Beispiel König, 1926, Lysinski, 1919). Man wundert sich deshalb, wie wenig professionell heute auf diese Erkenntnisse zurückgegriffen wird (vgl. im Einzelnen Seite 129 ff.).

Aktivierung durch intensive Reize ist eine bevorzugte Technik der Werbung für Pharmaprodukte, technische Güter und Investitionsgüter, da es dort schwieriger als in anderen Bereichen ist, emotionale und überraschende Reize einzusetzen.

Beispiel: Hanssens und Weitz (1980) untersuchten die Wirkung von 1.160 Anzeigen für technische Gebrauchsgüter, die in Fachzeitschriften erschienen. Zur Wirkungsmessung wurde der Starch-Test – also eine Wiedererkennungsmethode – benutzt, außerdem wurden die von den Anzeigen mittels Coupons ausgelösten Anfragen ermittelt. Den größten Einfluss hatten Farbe und Anzeigengröße[57]. Auch jüngere Studien belegen immer wieder den starken Einfluss von Farbe und Anzeigengröße sowie von der Größe der eingesetzten Bilder auf die Erinnerung an Werbeanzeigen (z. B. Bauer Medien Akademie, 2003).

Dabei zeigte sich auch der Einfluss ablenkender emotionaler Reize (von Mädchenabbildungen), die zwar die Aktivierung und damit die Erinnerung verbesserten, aber das angebotsbezogene Verhalten – in diesem Fall die von der Werbung ausgelösten Anfragen – nicht verstärkten. (Das gilt allerdings nur, wenn diese Reize bloß als Blickfänge eingesetzt und nicht mit der Werbebotschaft integriert werden, siehe dazu Kroeber-Riel, Meyer-Hentschel, 1982.)

Das Spektrum physisch intensiver Aktivierungsmöglichkeiten ist medienspezifisch verschieden. Die meisten Gestaltungsmöglichkeiten bietet hier die Fernsehwerbung. Hier können durch den Einsatz von Bewegung und Dynamik, die Nutzung schneller Bildschnitte und Bildfolgen, Lichteffekte aber auch durch die Einstellungstechnik und Wechsel zwischen Nah- und Fernaufnahmen physisch intensive Reize dargeboten werden (Lorson, 1992). Darüber hinaus kann wie beim Radio über akustische Bilder und Lautstärke, aber auch über Sprechtempo, Stimmqualität und Sprechmelodie oder durch Verwendung entsprechender Rhythmen eine starke physische Aktivierung ausgelöst werden (Dittmann, 1994).

Der Einsatz physischer Reize ist genau zu planen, da oft mit physischen Reizen zwar ein Kontakt hergestellt wird, dieser Kontakt möglicherweise jedoch nicht weiter genutzt wird. Dies ist gerade bei physisch intensiver und großflächiger Farbverwendung bei Anzeigenwerbung der Fall. »Durch physisch intensive Reize wird zwar Aufmerksamkeit erregt, aber in der Anzeigenwerbung selten gefesselt« (Kroeber-Riel, 1993, S. 112, von Keitz, 1986 a, S. 115 ff.).

Emotionale Reize sind ein klassisches Instrument der Werbung. Besonders wirksam sind emotionale Schlüsselreize wie das Kindchenschema oder erotische Abbildungen, die biologisch vorprogrammierte Reaktionen im Menschen auslösen und in vielfältiger Weise, auch indirekt, zur Auslösung von Aufmerksamkeit benutzt werden können (Beispiel in Abbildung 48 b).

---

[57] Schweiger und Hruschka (1977) ermittelten ebenfalls als vorrangige Ursache für die Resonanz auf Anzeigen in Fachzeitschriften deren mehr oder weniger farbige Gestaltung.

Abbildung 48a: Aktivierung durch physisch intensive Reize

Oben: Heinz Suppen 1968 (Quelle: Holme, 1982, S. 250)

Unten: Anzeigen für die Bild-Zeitung aus neuerer Zeit

Abbildung 48b: Aktivierung durch emotionale Reize

Oben: Anzeige von Bell Telefon 1924 aus Holme, 1982, S. 224

Unten: Anzeigen aus neuerer Zeit für Singapore Airlines und Hennessy

Starke emotionale Reize unterliegen praktisch keinen Abnutzungserscheinungen, sie entfalten dauerhaft wirksame Aktivierungswirkungen.

Die dritte Technik zur Aktivierung erzielt ihre Wirkung dadurch, dass sie gegen vorhandene Erwartungen und Schemavorstellungen verstößt und in den Empfängern gedankliche Widersprüche, **Überraschungen** und Konflikte auslöst.

Oft gefundene Beispiele sind Abbildungen, die Menschen entstellen oder entfremden: Mann mit Schweinekopf, Frau mit Pantherkörper usw. Diese Verfremdungstechnik wird zur Zeit geradezu exzessiv in Videoclips benutzt. Abbildung 48c gibt Anzeigen wieder, die durch diese Überraschungstechnik aktivieren. Überraschende Reize sind allerdings vorsichtig und mit Umsicht einzusetzen. Sie unterliegen einer schnellen Abnutzung.

Weitere Aktivierungsmöglichkeiten über diese drei Techniken hinaus gibt es nicht. Im Allgemeinen werden mehrere dieser Techniken gleichzeitig benutzt. Eine gute praktische Übung besteht darin, für die Anzeigen in einer Zeitschrift ein Expertenurteil abzugeben, (1.) welche Aktivierungstechniken verwendet werden und (2.) wie stark die erzielte Aktivierungskraft im Vergleich zu den konkurrierenden Anzeigen ist.

Abbildung 48c: Aktivierung durch überraschende Reize

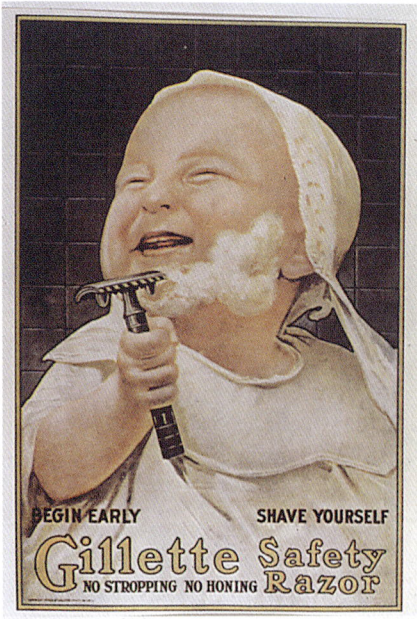

Oben: Gillette Sicherheits-Rasierer, Anzeige von 1905, aus: Holme, 1982, S. 43

Unten: japanische Anzeige aus neuerer Zeit

Dabei ist zu beachten, dass die Aktivierungswirkungen vom Umfeld der Werbung abhängen. Der aktivierende Reiz eines Werbemittels lässt sich als »Ereignis« interpretieren, das die Aufmerksamkeit der Empfänger auf sich zieht. Werden im Umfeld zahlreiche ähnliche »Ereignisse« geboten, so büßt der Reiz Aktivierungskraft ein (Beispiel auf Seite 263). Andererseits sind Aktivierungstechniken auch zielgruppenspezifisch zu gestalten. Während Jugendliche beispielsweise die Lautstärke ihres Walkman als angenehm empfinden, würden dies die Großeltern als unangenehmen Lärm wahrnehmen. Ähnlich verhält es sich mit schnellen Schnitten im Fernsehen, die für Jüngere etwas Normales darstellen, ältere Personen hingegen irritieren.

Die Stärke der von Werbemitteln bewirkten Aktivierung kann relativ sicher durch Expertenurteile eingeschätzt werden. Messungen sind erst dann zweckmäßig, wenn die Expertenurteile zu unsicher werden, etwa deswegen, weil die Reaktionen spezifischer Zielgruppen nicht eingeschätzt werden können. Für diesen Zweck kann man auf mehrere Verfahren der Aktivierungsmessung zurückgreifen, wie Befragungen, Bilder- und Zuordnungsskalen oder psychobiologische Messungen.

Ein großer Teil der Werbung **aktiviert zu wenig**, dadurch werden die Zuwendungen der Empfänger zur Werbung beeinträchtigt. Zwei Beispiele:

1. Beispiel: Besonders hohe Ansprüche sind an die Aktivierungskraft einer Werbung zu stellen, die dazu dient, ein Produkt oder eine Dienstleistung zu aktualisieren. Dieses Ziel verfolgte eine Gemeinschaftskampagne für Kupfer, die diesen Rohstoff ins Gespräch bringen und aktualisieren sollte: Kupfer sollte verstärkt als Rohstoffalternative wahrgenommen werden.

Die Kupferkampagne erschien in Publikumszeitschriften. Die Anzeigen waren schwarz-weiß, mit einem kleinen – oft schlecht erkennbaren – Bild und wenig anregenden Überschriften. Ein Beispiel ist die Anzeige »Wettermantel« (Abbildung 49). Für diese Anzeige wird keine der verfügbaren Aktivierungstechniken genutzt. Die Überschrift »Wettermantel« ist zwar in einer solchen Anzeige überraschend, aber erst, wenn man weiß, um was es geht. Ergebnis: Kontakt- und Verstärkungswirkung (Nutzungswirkung) der Anzeige sind unterentwickelt.

2. Beispiel: Ein Werbespot für Knäckebrot von Wasa beginnt damit, dass zwei Bergsteiger gezeigt werden, noch dazu stehend (Bewegung wäre am Anfang des Spots besonders wichtig, um im visuellen Wahrnehmungsbereich der Empfänger eine Orientierungsreaktion auszulösen). Etwas verspätet setzt der Ton ein: Im werblichen Plauderton, der wenig Kraft und Eigenart aufweist, beginnt der eine Bergsteiger: »Walter, warum isst Du keine dicke Scheibe Brot wie ich? ... « Dieser Anfang führt kaum zu der »Initialaktivierung«, die für einen wirksamen Spot erforderlich ist:

Die Reizwirkung am Anfang des Spots beschränkt sich auf Bilder von eher geringem Aktivierungs- bzw. Unterhaltungswert. Bei der geringen

Abbildung 49: Anzeige mit geringer Aktivierungswirkung

Aufmerksamkeit, mit der sich heute das Publikum der Fernsehwerbung zuwendet, muss ein Fernsehspot gleich am Anfang stark aktivieren, um Orientierungsreaktionen bei den Empfängern auszulösen und ihre Aufmerksamkeit einzufangen. Dazu sind bevorzugt akustische Reize einzusetzen, die auch solche Empfänger ansprechen, die ihre Aufmerksamkeit zur Zeit gerade nicht der Mattscheibe zuwenden. Solche akustischen Auftaktreize fehlen in der Knäckebrotwerbung.

Eine starke Anfangsaktivierung sorgt nicht nur für Kontakt mit dem Fernsehspot, sie baut auch eine Spannung auf, die der Verarbeitung der gesamten Werbebotschaft zugute kommt. Spots mit starker Anfangsaktivierung erzielen deswegen höhere Erinnerungswerte (von Keitz, 1983 a).

Bei Fernsehspots ist ferner auf eine durchgängige Aktivierung während des gesamten Spots zu achten, da viele Zuschauer bereits nach wenigen Sekunden den Kontakt mit dem Fernsehspot abbrechen (siehe Seite 164). Durch eine entsprechend aufmerksamkeitsstarke Gestaltung des Spots kann dieses frühe Ausklinken der Zuschauer vermieden werden. Dabei ist es Analysen von McCollum und Spielman (1986 a, b) zufolge erforderlich, Bild und Ton so zu gestalten, dass sie selbst getrennt noch aktivieren. Nach Analysen von von Keitz setzen sich aktivierende Spots besser durch als schwach aktivierende TV-Spots (von Keitz, 1998).

Die Aktivierungswirkungen von Spots lassen sich durch dynamische Testverfahren kontrollieren. Dazu eignen sich besonders Messungen der Hautreaktionen (Veränderungen des elektrischen Hautwiderstandes) beim Betrachten der Werbung. Das gemessene Aktivierungsprofil eines Spots weist im Sekundentakt die Aktivierungswirkung jeder einzelnen Szene aus (Kroeber-Riel, Weinberg 2003, S. 96 ff., insb. S. 97, von Keitz, 1986 b, S. 107 ff.).

Fazit: Bei der heutigen Kommunikationsflut kommt man um den Einsatz aktivierender Reize nicht mehr umhin. Die notwendige Aktivierungsstärke, um sich im Reizumfeld durchzusetzen, hängt dabei wesentlich von dem jeweiligen Medienumfeld ab. Da dieses auch die Erwartungen der Konsumenten hinsichtlich der Art der eingesetzten Reize und der Reizstärke prägt, ist auf eine zielgruppen- und medienspezifische Gestaltung der Aktivierung zu achten. Ein Schaufenster bietet beispielsweise aufgrund seiner Dreidimensionalität ein größeres Spektrum möglicher Aktivierungsreize (Bewegung, Dynamik, Lichteffekte, Geräusche usw.) als eine Anzeige.

Gefahren der Aktivierung beachten: Zunächst hat man zu beachten, dass Aktivierung eine notwendige, aber keinesfalls hinreichende Bedingung für den Werbeerfolg ist. Es ist deswegen unsinnig, die Aktivierungsstärke eines Werbemittels als Maßstab für den Werbeerfolg heranzuziehen; sie ist nur als diagnostisches Maß geeignet.

Der Einsatz stark aktivierender Reize wird von beachtlichen Risiken begleitet. Diese sind vor allem in den

- Ablenkungsgefahren,
- Bumerangwirkungen und
- Irritationsgefahren

zu sehen.

Die Ablenkung ist ein bekanntes Phänomen: Aktivierende Reize (etwa ein Blickfang) werden bevorzugt beachtet und lenken oft von der eigentlichen Werbebotschaft ab (Leven, 1983). Man spricht in diesem Fall von einem **Vampireffekt** (Abbildung 50). Dieser Gefahr kann dadurch begegnet werden, dass man die Werbebotschaft selbst aktivierend gestaltet – zum Beispiel, indem man einen Produktvorteil in einer überraschenden und dadurch aktivierenden Weise darstellt. Oder man kann dafür sorgen, dass die aktivierenden Gestaltungselemente und die nicht-aktivierenden Elemente (die zu lernende Werbebotschaft bzw. die Marke) zu Wahrnehmungseinheiten verknüpft werden, die von den Umworbenen zusammenhängend aufgenommen werden (Abbildung 51). Durch diese Verknüpfung kommt die Aktivierungskraft der auffallenden und nicht zur eigentlichen Werbebotschaft gehörenden Elemente dem Lernen der Werbebotschaft zugute (im Einzelnen: Kroeber-Riel, Meyer-Hentschel, 1982, S. 94).

Der **Bumerangeffekt** geht noch über den Vampireffekt hinaus: Aktivierende Werbung kann zu einem Bumerang werden, wenn die von der Werbung ausgelösten informativen und emotionalen Wirkungen nicht dem Werbeziel entsprechen. Die bei den Umworbenen ausgelöste Aktivierung verstärkt auch solche ungewollten Wirkungen. Sie entfaltet ihre Verstärkerwirkung unabhängig davon, ob die Werbebotschaft im Sinne des Werbeziels aufgefasst wird oder nicht.

Irritation ist eine Werbewirkung, die erst in den letzten Jahren in das Blickfeld der Werbeforschung getreten ist. Sie ist ein Gefühl der Verunsicherung und Störung, das durch die Werbung ausgelöst wird. Dieses Gefühl führt vor allem bei wiederholten Kontakten zu Abwehrhaltungen, welche den Beeinflussungserfolg herabsetzen.

Beispiel: In einem Werbespot für Kamillosan wurde durch laute und ausgefallene Musik aktiviert. Diese Musik wurde von den Ärzten der Zielgruppe als aufdringlich und entnervend empfunden.

Da Irritation mit Aktivierung einhergeht, verstärkt sie wie jede Aktivierung die gedankliche und emotionale Verarbeitung und Speicherung der Werbebotschaft. Deswegen konnten in bisherigen Irritationsuntersuchungen auch höhere Recallwerte für irritierende Werbung festgestellt werden (vgl. u. a. Brungs, 1984, Kroeber-Riel, Esch, 1988).

Die mit Irritation verbundene Abwehrhaltung der Umworbenen beeinträchtigt jedoch die Akzeptanz- und Überzeugungswirkungen der Werbung, vor allem die Auswirkungen der Werbung auf die inneren Haltungen, die zum Kauf führen. Die am Institut für Konsum- und Verhaltensforschung der Universität des Saarlandes durchgeführten Untersuchungen weisen durchgängig nach, dass Irritation die Kaufabsicht verschlechtert (starke negative Korrelationen zwischen Irritation und Kaufabsicht, in manchen Fällen von mehr als 0,9) (Kroeber-Riel, Esch, 1988). Die mit der Irritation einhergehenden Verringerungen der Akzeptanz- und Überzeugungswirkungen kommen allerdings nur dann zum Zuge, wenn die Irritation eine bestimmte Schwelle überschreitet (Kroeber-Riel, Esch, 1988).

Die Ursachen der Irritation sind im Produkt, in den umworbenen Personen und vor allem im Werbestil zu suchen:

Die Werbung für Produkte aus dem Intim-Bereich – wie Mittel für Frauenhygiene oder gegen Mundgeruch oder Hämorrhoiden usw. – erweist sich als besonders irritationsanfällig (Aaker, Bruzzone, 1985).

Abbildung 50: Gefahr eines Vampireffekts

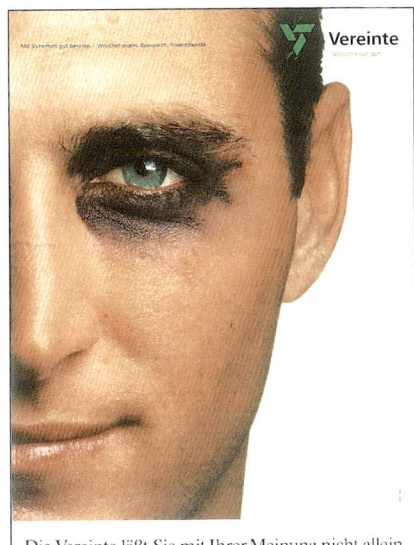

Die Vereinte läßt Sie mit Ihrer Meinung nicht allein.

Anmerkung: Durch das stark aktivierende Gesicht mit dem großen und stark fokussierten Auge sowie dem Mund kann der Blickverlauf von diesen Bildelementen weiter nach unten geführt werden. In diesem Fall könnte man den Markennamen und das -zeichen rechts oben nicht wahrnehmen.

Abbildung 51: Integration der Marke in den aktivierenden Reiz

183

Hinsichtlich der Eigenschaften der umworbenen Personen ist hervorzuheben, dass gebildete Zielgruppen und solche, die gegenüber Werbung eingenommen sind, eher Irritation empfinden.

Der Werbestil, der Irritation auslöst, lässt sich im Wesentlichen wie folgt kennzeichnen: (1.) vordergründiges und aufdringliches Argumentieren, (2.) Hinweise auf unliebsame Konsequenzen, die eintreten, wenn man das Produkt nicht benutzt und (3.) aufdringliche, peinliche und geschmacklose Aktivierungsreize.

Letzteres sind vor allem zu starke und ausgefallene intensive Reize, anstößige emotionale Reize bzw. übertriebene Verfremdungen und Überraschungen. Beispiel: Eine schöne Frau mit Holzbein mag zwar originell sein, die Verfremdung würde dennoch als geschmacklos empfunden werden. Ebenso empfanden viele Konsumenten die Benetton-Werbung mit den provozierenden Bildmotiven von Neugeborenen, HIV-infizierten Menschen, Menschenjägern usw. als irritierend (Abbildung 52). Ähnliches gilt für Bildmotive, die gegen die Emanzipation der Frau verstoßen (siehe Abbildung 5, S. 28), unangenehm aufdringliche Abbildungen von Krankheiten wie Abbildungen von vereiterten Mandeln oder tropfenden Augen in der Pharma-Werbung sowie Blickfänge, die zu der Erwartung führen, dass die Werbung wichtige Informationen bietet, obwohl nur triviale Informationen dargeboten werden.

Da die Informationsüberflutung zur Verwendung von stärkeren Aktivierungstechniken zwingt, um in Kontakt mit den Empfängern zu kommen, wird es in Zukunft wichtiger, die Irritationswirkungen der Werbung zu kontrollieren. Für eine verstärkte Kontrolle auftretender Irritationsgefahren spricht auch, dass die Umworbenen empfindlicher als früher auf dümmliche und aufdringliche Werbestile zu reagieren scheinen[58].

Frequenztechniken entwickeln

Je öfter Werbung dargeboten wird, um so größer wird die Chance, dass sie von den Umworbenen bemerkt wird. Die Kontaktwirkungen der Werbemittel hängen also auch von der Schaltfrequenz ab. Dabei sind die Substitutionsmöglichkeiten zu bedenken, die dadurch entstehen, dass weniger aktivierende Werbung häufiger geschaltet werden muss, um so viele Kontakte wie stark aktivierende Werbung zu erreichen.

Nun ist eine größere Frequenz nur dann wirtschaftlich durchzusetzen, wenn für die einzelne Werbemittelschaltung weniger aufgewendet werden muss. Für die Fernsehwerbung bedeutet dies,

---

[58] Zur Kontrolle von Irritationswirkungen haben sich dabei vor allem Ratingskalen bewährt, die die Irritation indirekt messen. Geringe Zustimmungen zu Ratings wie »unterhaltsam«, »heiter«, »lebendig« lassen Rückschlüsse auf mögliche Irritationen zu (Kroeber-Riel, Esch, 1988).

Abbildung 52: Irritation durch Werbung: Benetton

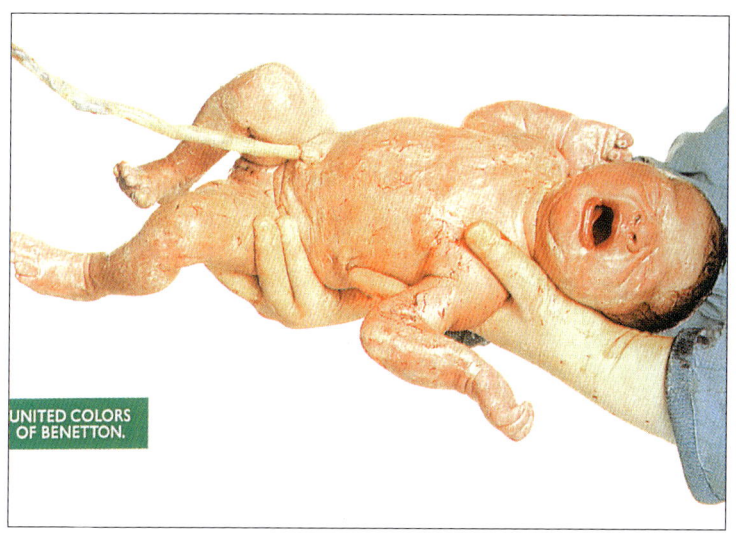

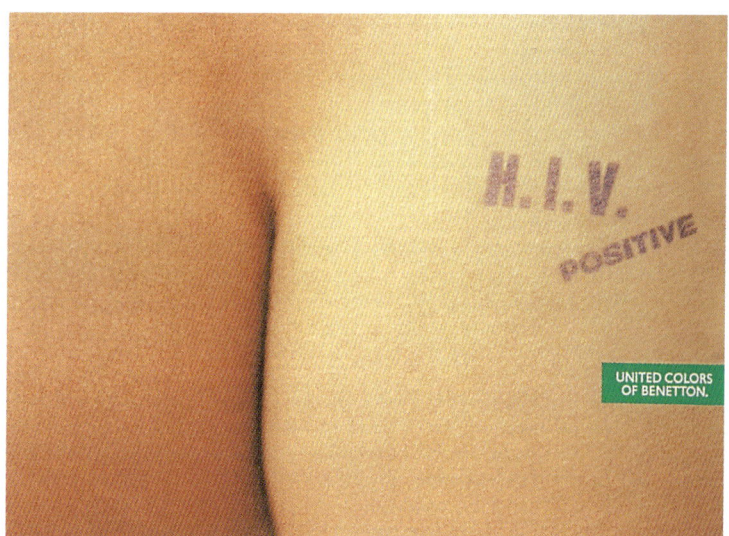

185

häufiger mit kürzeren Spots werben.

Da die zunehmende Informationsüberlastung die Kontaktchancen und die Kontaktnutzung (Kontaktwirkung) verringert, wird die Erhöhung der Schaltfrequenzen immer notwendiger. Das ließ sich bereits frühzeitig an der Verkürzung der Fernsehspots in besonders informationsüberlasteten Ländern ablesen. In Italien, dem europäischen Land, das nach Einführung des Privatfernsehens in den 70er Jahren die stärkste Informationsüberlastung im Fernsehbereich aufwies, ist die durchschnittliche Spotlänge von Anfang der 70er Jahre bis Mitte der 80er Jahre von 44 Sekunden auf unter 20 Sekunden gefallen. In Japan bestritten Spots mit einer Länge von 15 Sekunden bereits in den 80er Jahren 70 % der Fernsehwerbung, 1962 waren es erst 11 % (Heyder, Musiol, 1986).

Der Trend zum kurzen Spot wird inzwischen in allen werbeintensiven Ländern sichtbar.

In Deutschland lag im Jahr 1990 die durchschnittliche Spotlänge noch bei 27 Sekunden, 2003 betrug sie im Durchschnitt nur noch 23 Sekunden (Nielsen S+P Werbeforschung). Die Verkürzung der Spotlängen ermöglicht bei gleichem Budget mehr Schaltungen. Entsprechend sollten bei mehr Wiederholungen auch bessere Erinnerungswirkungen erzielt werden können.

Die bislang durchgeführten Untersuchungen über die Wirkung von Kurzspots, insbesondere von 15-Sekunden-Spots, geben zu optimistischen Erwartungen Anlass, insbesondere, wenn man an die Änderungen der Fernsehgewohnheiten des jugendlichen Publikums denkt, das sich an schnelle Filmschnitte gewöhnt hat.

15-Sekunden-Spots erzielen amerikanischen Studien zufolge im Durchschnitt 70-80 % der Gedächtnisleistung von 30-Sekunden-Spots und noch höhere Beeinflussungsleistungen. Eine in den 90er Jahren durchgeführte Analyse von IP in Zusammenarbeit mit Media Markt Analysen in Deutschland zeigte ebenfalls, dass längere Spots in der Tendenz wirksamer als deren kürzere Pendants sind[59]. Allerdings sind diese Unterschiede in Bezug auf die Markenerinnerung oder auf die Erinnerung an Aussagen nicht

---

[59] In dieser Untersuchung wurden 500 Testpersonen nach Quotenmerkmalen in einem Studioexperiment jeweils 15 Testspots für verschiedene Marken in unterschiedlichen Produktgruppen mit zwei unterschiedlichen Spotlängen (einer Kurz- und einer Langversion) ausgesetzt. Die Spots waren in zwei Werbeblöcken in einer Gottschalk-Sendung integriert. Im Anschluss an die Darbietung wurden Fragen zur Erinnerung an Marken, Slogans, Aussagen und weiteren Einzelelementen sowie weitere diagnostische Fragen gestellt. Die Spotlängen für die Lang- und die Kurzversion variierten von 15 bis 60 Sekunden (Langversionen) und 7 bis 45 Sekunden (Kurzversionen). Die durchschnittliche Spotlänge betrug bei der Langversion 32 Sekunden, bei der Kurzversion 21 Sekunden.

frappierend. So kommt man auch in der Studie zu dem Schluss, dass »bei allen getesteten (Spot-)Paaren die Kommunikationsverluste bei Marken- und Sloganerinnerung geringer sind als die erreichbaren Kosteneinsparungen.« (IP, 1997, o.S.)[60].

Bisher fehlt allerdings ein systematischer Vergleich über die Wirkungen mehrmaliger Schaltungen von 30- und von 15-Sekunden-Spots, um zum Beispiel die Frage zu klären, was eine Fernsehwerbung von dreimal 30 Sekunden im Vergleich zu einer Werbung von sechsmal 15 Sekunden bringt. (Bei solchen Vergleichen sind natürlich die verschiedenen Formen informativer und emotionaler Werbung auseinander zu halten.)[61]

Eine spezielle Technik zur Frequenzverstärkung zielt darauf ab, längere und kürzere Werbemittel, vor allem Fernsehspots, zu kombinieren und kurz hintereinander darzubieten. Diese Technik nennt man **Reminder-Technik**, am besten mit »Auffrischungstechnik« zu übersetzen. Ein typischer Auffrischungsspot ist ein Spot von 8 bis 10 Sekunden Länge, der im **gleichen** Werbeblock auf einen längeren Spot für das gleiche Produkt von etwa 20 bis 30 Sekunden folgt.

Die Reminder-Technik wird zwischenzeitlich auch verstärkt in Deutschland genutzt.

Beispiel: In einem Werbespot für die Deutsche Telekom wird ein neues Angebot durch eine unterhaltsame Geschichte mit der Comic-Figur Paulchen Panther inszeniert. In dem Reminder fliegt dann Paulchen Panther mit einem Flugzeug über den Bildschirm, an dem auf einem Transparent nochmals auf das Angebot verwiesen wird.

Das Nacheinanderschalten von Werbung für das gleiche Produkt im gleichen »Block« findet auch Eingang in Printmedien. Dabei folgt nach mehreren Seiten auf eine Anzeige eine weitere Anzeige für das gleiche Angebot oder für verschiedene Angebote mit dem gleichen Marken- oder Firmennamen. Ist die Auffrischungsanzeige kleiner als eine Seite, so muss sie allerdings besonders stark aktivieren, um beachtet zu werden.

---

[60] Die GfK, Nürnberg, kommt in den AD★VANTAGE/ACT-Untersuchungen zum gleichen Ergebnis und formuliert das Gesetz des abnehmenden Grenznutzens, nach dem der pro Werbesekunde dazugewonnene Prozentsatz an Werbeerinnerung mit der Spotlänge eines Commercials abnimmt (GfK, 1994). Dies wird auch durch jüngere Ergebnisse einer Analyse von mehr als 1000 Fernsehspots unterschiedlicher Länge aus der icon AdPlus-Datenbank bestätigt (Andresen, 2001).

[61] Vgl. dazu Fabian, 1986, Krugman, 1986, Heyder, Musiol, 1986, Stanton, Burke, 1998. Die Wirkung kurzer Spots hängt u. a. von der Art der Werbung, von der Länge der Umfeldspots und davon ab, ob eine eingeführte oder eine neue Werbestrategie (Markenwerbung) umgesetzt wird. Tendenziell scheinen kürzere Spots (15 Sekunden) in Bezug auf Einstellung zur Werbung, zur Marke und Kaufabsicht besser bei informativer Werbung zu wirken als längere Spots (30 Sekunden). Bei emotionalen Spots verhält es sich genau umgekehrt (Singh, Cole, 1993, S. 100).

Neben dieser Auffrischungswerbung besteht gerade bei Printmedien ein Trend zur Schaltung mehrseitiger Anzeigen, die oft vier und mehr Seiten umfassen. Damit will man stärker das kommunikative Rauschen durchdringen und mehr Aufmerksamkeit erzeugen als mit ein- oder zweiseitigen Anzeigen. Allerdings sollte man dabei vorsichtig bei der Verwendung zu vieler verschiedener Bilder sein, wenn die Werbung über mehr als zwei Seiten geht. Nach experimentellen Studien von Singh, Lessig u. a. (2000, S. 24) ist deshalb die mehrfache Schaltung einer komprimierten (ein- oder zweiseitigen) Anzeige effizienter als der Einsatz einer mehrere Seiten umfassenden Anzeige.

Auffrischungswerbung wird vor allem betrieben, um durch den nachfolgenden Zweitkontakt die flüchtige Erinnerung, die nach dem ersten Kontakt entsteht, zu verstärken. Da man vor allem bei Low-Involvement-Verhalten nicht unterstellen kann, dass es stets zu einem doppelten Kontakt kommt, sollte man jedes der aufeinander folgenden Werbemittel (Anzeigen, Spots) so gestalten, dass es selbstständig – also unabhängig von dem anderen Werbemittel, das im gleichen »Block« geschaltet wird – wirken kann. Daraus folgt die Anforderung an das nachgeschaltete Werbemittel (Reminder), solche Elemente der Werbebotschaft aufzuweisen, die ein selbstständiges Verständnis ermöglichen; das sind vor allem visuelle Schlüsselelemente[62].

Besonders bei flüchtigem Betrachtungsverhalten sollte man den Kerninhalt des vorangegangenen Spots im Reminder wieder aufgreifen, um sicherzustellen, dass die Schlüsselbotschaft wirksam vermittelt wird. Das bedeutet noch lange nicht, dass diese Szene völlig identisch wiederholt werden muss. Allerdings muss man sich auch hier darüber bewusst werden, dass die Wirkung von Remindern stark davon abhängt, ob eher emotionale

---

[62] Aufgrund vorliegender Erfahrungen sieht die GfK Vorteile von Reminderspots auch durch die höhere Wahrscheinlichkeit, sich die besten Plätze zu Beginn und am Ende eines Werbeblocks zu sichern. Zudem stützt sie die Auffassung, dass Reminder auch unabhängig vom Basisspot verstanden werden müssen. Zur Wirkung von Reminderspots vgl. auch Brosius, Fahr, 1996, S. 108 ff., die durchweg positive Ergebnisse für Reminderwerbung hinsichtlich Aufmerksamkeits- und Erinnerungswirkungen erzielten. Sie empfehlen eine Verwendung von Remindern bei allgemein geringen Kontaktwahrscheinlichkeiten und für neue Produkte und Marken. Zum Teil wird hierzu eine andere Auffassung vertreten: Einer Untersuchung von MGM zufolge erhöhen vor allem dynamische Tandemspots die Markenerinnerung. Darunter versteht man solche Reminderspots, die eine Geschichte erzählen bzw. im zweiten Teil eine Pointe haben. Reminderspots, die lediglich eine Botschaft (z. B. einen Slogan oder eine Telefonnummer) penetrieren, erzielen hingegen keine signifikant besseren Markenerinnerungswerte im Vergleich zu einem einzelnen Spot, werden jedoch als störender empfunden (MGM, 1999). Diese Ergebnisse sind jedoch mit Vorsicht zu genießen, sie sind kaum auf die aktuellen Markt- und Kommunikationsbedingungen übertragbar. Die Probanden betrachteten bei diesem Experiment in einer Laborsituation aufmerksamer die Werbung.

oder sachliche Botschaften sprachlich oder bildlich vermittelt werden. Natürlich ist bei sprachlicher Vermittlung von Sachinhalten schneller mit Abnutzung zu rechnen als bei emotionaler, bildhafter Werbung und entsprechenden Remindern.

Im Zusammenhang mit der Frequenz von Werbebotschaften ist auch das Zusammenspiel verschiedener Medien im Marketing-Mix (Kommunikationsmix) zu beurteilen.

Oft ist es so, dass die Verpackung von Verbrauchsgütern des täglichen Bedarfs völlig anders aussieht als die Werbung, dass sie andere visuelle und sprachliche Elemente enthält und auch andere Eindrücke vermittelt als diese. Entsprechendes gilt für andere Medien der Marktkommunikation. Die Kontakte mit den verschiedenen Medien der Marktkommunikation lassen sich dann nicht mehr so ohne weiteres als Wiederholungs- und Verstärkungskontakte auffassen, da die verschiedenen Kontakte jeweils unterschiedliche Eindrücke bei den Konsumenten hinterlassen (wenn man einmal vom konstant auftretenden Markennamen absieht).

Hat man das Ziel vor Augen, möglichst viele Kontakte für eine Marken- oder Firmenbotschaft zu bekommen, so ist es zweckmäßig, die verschiedenen Eindrücke, die von den Medien der Marktkommunikation vermittelt werden, so weit wie möglich zu vereinheitlichen (vgl. Seite 100 ff. zur integrierten Kommunikation). Dann würden die Mittel der Marktkommunikation nicht zur Vermittlung von zahlreichen unterschiedlichen Botschaften aufgespalten, sie könnten vielmehr für die Erhöhung der Kontaktfrequenz einer zentralen Botschaft eingesetzt werden. Die durch zunehmende Informationsüberlastung immer schwächer werdenden Erinnerungsspuren einer Produkt- oder Dienstleistungsbotschaft könnten auf diese Weise erheblich verstärkt werden.

Zur Vereinheitlichung wird man sich verbaler, visueller oder akustischer »Erkennungsformeln« bedienen[63]. Beispiele sind die Übernahme von Kennmelodien aus Fernsehspots in den Hörfunk[64] oder die Übernahme visueller Schlüsselelemente aus der Fernsehwerbung auf die Verpackung (Edell, Keller, 1989, Keller, 1996, Esch, 2001 a, vgl. auch Seite 124). Dazu im Einzelnen:

Nach herkömmlicher Auffassung ist es zweckmäßig, die Marke (die Verpackung) in der Werbung zu zeigen. Der Vorschlag, wenn möglich die Werbung auch auf der Verpackung zu zeigen, bringt unter gegenwärtigen Marktbedingungen mehrere Vorteile:

---

[63] Die Forderung, synergetische Vorteile bei der Kommunikation durch Vereinheitlichung des gesamten öffentlichen Auftritts eines Unternehmens zu erzielen, ist auch Ansatzpunkt für das Corporate Design (CD) eines Unternehmens. Die Bedeutung des CD kann bei wachsender Informationsüberlastung gar nicht genügend hervorgehoben werden.

[64] Vgl. dazu die Visual Transfer-Studie von RMS/IPA (1990) sowie Dittmann (1994).

Unter den heutigen Marktbedingungen wird die Präferenz für eine Marke bei geringem Involvement weniger von Produkt und Verpackung, vielmehr von der (erlebnisbetonten) Werbung geprägt (kommunikative Produktdifferenzierung, vgl. S. 214 ff.). Findet der Konsument beim Einkauf auf der Verpackung die visuellen Schlüsselsignale der Werbung, so wird er an die für seine Präferenz maßgebenden Eindrücke aus der Werbung erinnert. Das aktualisiert seine Markenpräferenz, zugleich wird eine gedankliche Wiederholung und Verstärkung des Werbekontaktes erreicht.

Beispiel: In der Werbung für Dentagard-Zahnpasta spielt ein Biber, der für Natürlichkeit und gesunde, robuste Zähne steht, eine visuelle Schlüsselrolle (Abbildung 53). Statt lediglich eine grün-weiße Zahnpasta-Verpackung ohne direkten Bezug zur Werbung zu verwenden, liegt es nahe, den Biber aus der Werbung auf der Verpackung zu zeigen.

Kevin Keller hat durch mehrere Experimente eindrucksvoll belegt, dass durch eine solche Abstimmung der Verpackung auf die Werbung Markenbeurteilung und Kaufabsichten verstärkt werden (Keller, 1987, 1991). Die Abstimmung setzt allerdings langfristiges strategisches Denken bei der Entwicklung des visuellen Auftritts einer Marke voraus (vgl. auch Seite 100 ff.).

3.2 Aufnahme der Werbebotschaft sichern

Sprachlicher Hinweis: Streng genommen müssten wir statt von Informationsaufnahme von Reizaufnahme sprechen. Da der Ausdruck »Reizaufnahme« aber im praktischen Sprachgebrauch wenig verbreitet und schwer zu verstehen ist, sprechen wir von Informationsaufnahme. Diese bezieht sich nicht nur auf die Aufnahme sachlicher Informationen, sondern auch auf die Aufnahme emotionaler Reize, welche die Werbung bietet. Sie umfasst also die Aufnahme der gesamten emotionalen und informativen Werbebotschaft. Nun zur Frage, wie man sicherstellen kann, dass die dargebotene Werbebotschaft von den Empfängern aufgenommen wird. Die wichtigste Regel lautet:

Abbruch des Kontaktes einkalkulieren

Wir sehen uns zunächst einmal einem grundlegenden und vernachlässigten Problem gegenüber:

Der Kontakt mit der Werbebotschaft wird **fast immer** abgebrochen.

Das geht konsistent aus allen empirischen Untersuchungen über die Betrachtung von Werbung hervor. Der Kontaktabbruch spiegelt sich auch von den bereits beschriebenen Ergebnissen zur Informationsüberlastung wider: Im Durchschnitt enthalten Anzeigen in Publikumszeitschriften Informationen, deren Aufnahme 35 bis 40 Sekunden erfordern würde. Der

Abbildung 53: Unzureichende Abstimmung von Fernsehwerbung und Verpackung

Oben: Auszug aus dem Storyboard des Fernsehspots für Dentagard

Unten: Verpackung von Dentagard

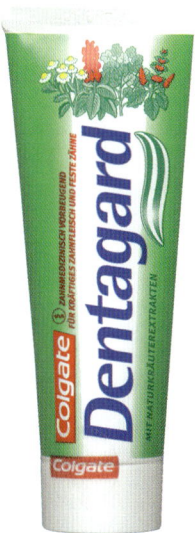

tatsächliche Zeitaufwand der Zeitschriftenleser für Anzeigen beträgt jedoch rund zwei Sekunden. Das heißt: Der Kontakt wird abgebrochen, nachdem etwa 5 % der angebotenen Informationen übernommen wurden!

Dabei schneiden Bild und Text unterschiedlich ab: Die Übernahme eines Bildes mittlerer Komplexität erfordert im Durchschnitt zwei Sekunden. Nun ist es so, dass von der durchschnittlichen Betrachtungszeit einer Anzeige mehr als die Hälfte auf das Bild entfallen, je nach Involvement sind es zwischen 50 % und 75 %. Daraus folgt: Von den im Bild enthaltenen Informationen (zwei Sekunden) kommen in der durchschnittlichen Betrachtungszeit mehr als 50 % beim Empfänger an, darunter meist die visuelle Schlüsselinformation. Von den Textinformationen werden dagegen im Durchschnitt nur etwa 2 %. beachtet, die sprachliche Schlüsselinformation ist jedoch oft nicht dabei. Folgerung:

Die Vermittlung von Bildinformationen ist wesentlich weniger vom Kontaktabbruch betroffen als die Vermittlung von Textinformationen.

Über den Kontaktabbruch beim Betrachten von Fernsehspots liegen nur wenige Erkenntnisse vor. Nach einer Zusammenfassung amerikanischer Untersuchungen ist damit zu rechnen, dass ein großer Teil der Fernsehzuschauer bereits in den ersten Sekunden eines Spots abspringt. Schon in den 70er Jahren waren 10-Sekunden-Spots in der Lage, 40 % mehr Zuschauer bis zum Ende des Spots bei Aufmerksamkeit zu halten als 30-Sekünder (Krugman, 1986, S. 81).

Durch das **Zapping** verschärft sich diese Situation[65]. Die genaue Ermittlung des Kontaktabbruches ist schwierig, da sie eine direkte Verhaltensbeobachtung erfordert, eine Methode, die in der Medienforschung kaum genutzt wird.

Aufschlussreiche Ergebnisse liegen jedoch aus den Niederlanden vor: Einer umfassenden niederländischen Studie zum Zapping zufolge nutzen rund 29 Prozent der Zuschauer die Werbeunterbrechung, um nicht weiter fernzusehen oder um das Programm zu wechseln (van Meurs, 1998)[66]. Allerdings wird dieser Verlust der Fernsehzuschauer teilweise dadurch kom-

---

[65] Unter dem Zapping versteht man allgemein das Ausweichen bzw. Vermeiden von Fernsehwerbung (Kaplan, 1985, S. 9). Neben dem Zapping existieren noch weitere Begriffe, die selektives Zuschauerverhalten beschreiben: Switching kennzeichnet adäquates Umschaltverhalten zwischen Fernsehkanälen, Flipping charakterisiert das sekundenschnelle Durchschalten der Programme, um einen Überblick zu erhalten. Das Hopping dient dazu, mehrere Sendungen gleichzeitig zu verfolgen und das Zipping beschreibt die Umgehung von Werbung im Videobereich (Ottler, 1998, S. 89 f.).

[66] Diese umfassende Studie basiert auf der Analyse von 12.278 Werbepausen in den fünf führenden Fernsehkanälen der Niederlande auf der Grundlage von People-Meter-Daten (van Meurs, 1998).

pensiert, dass wiederum etwa 7 Prozent anderer Zuschauer zu dem jeweiligen Programm umschalten[67]. Gründe für einen solchen Wechsel liegen in funktionalen Bedürfnissen, etwa dem Wunsch, sich einen Überblick über andere Programminhalte zu verschaffen. In dieser Studie wurde allerdings kein Einfluss von den jeweils dargebotenen Werbespots auf das Zapping-Verhalten nachgewiesen (van Meurs, 1998). Weder Abnutzungserscheinungen einzelner Werbespots noch ein Informationsüberfluss durch zu viele Spots konnten das Zapping-Verhalten beeinflussen.

Allerdings wird mit zunehmender Dauer der Werbeblöcke häufiger gezappt (Rossmann, 2000). Das Werbeumfeld spielt ebenfalls eine wichtige Rolle. Interessante Programme reduzieren das Zapping-Verhalten. Andererseits nimmt die Tendenz zum Zapping mit der Programmlänge zu. Nach längeren Programmen zappen die Zuschauer häufiger als bei kurzen Programmen.

Um den voraussichtlichen Kontaktabbruch bei einzelnen Werbemitteln (hier: vor allem bei Anzeigen) genauer bestimmen zu können, müssen wir mehr über die von den Empfängern für die Informationsaufnahme aufgewendete Zeit und über die Nutzung dieser Zeit wissen.

Wie viel Zeit bleibt für die Informationsvermittlung? Bereits 1972 stellten Kiss und Wettig durch verborgenes Filmen des Betrachtungsverhaltens von 400 Frauen für 459 Anzeigen, die größer als 3/4 Seiten waren, in sechs Publikumszeitschriften (u. a. von STERN und QUICK) eine mittlere Betrachtungszeit von zwei Sekunden fest. Neuere Ergebnisse verteilen sich um diesen Durchschnittswert mit einer Tendenz zu abnehmenden Werten. Für zielgruppenorientierte Zeitschriften mit breiter Streuung wie das manager magazin oder für Fachzeitschriften wie die Ärztezeitung liegen die Betrachtungszeiten nicht wesentlich höher. Grob gesehen kann man sagen: bis zu drei Sekunden pro Anzeige (Ärztezeitung: 2,7 Sekunden pro Pharma-Anzeige).

Wir geben in Abbildung 54 einige Ergebnisse für die durchschnittliche Betrachtungszeit von Anzeigen in verschiedenen Publikumszeitschriften, insbesondere im STERN und SPIEGEL, wieder. Sie stammen von Konsumenten, die ohne besonderes Involvement in den Zeitschriften gelesen haben und als »Durchschnittsleser« aufgefasst werden können. Dabei werden die Werte unterschiedlicher Untersuchungen des Compagnon Marktforschungsinstituts in Stuttgart, des Instituts für Kommunikationsforschung von Keitz, Hamburg, sowie des Instituts für Konsum- und Verhaltensforschung der Universität des Saarlandes zusammengefasst. Diese Zusammen-

---

[67] Nach einer Analyse der Arbeitsgemeinschaft Fernsehforschung auf Basis des elektronischen Fernsehforschungspanels für das Vorabendprogramm und die Prime Time im Jahr 1998 liegt der Anteil der Werbeblockreichweite an der Programmreichweite über verschiedene Sender hinweg bei rund 80 % (Hofsümmer, Müller, 1999, S. 297).

Abbildung 54: Mittlere Betrachtungsdauer von Anzeigen (einseitig, schwarz-weiß und farbig)

Produktbereich	Betrachtungszeit in Sekunden	Zahl der getesteten Anzeigen
Fluglinien	2,0	9
Mode, Bekleidung	1,9	18
Fotogeräte	1,9	8
PKW	1,8	15
Banken, Bausparkassen	1,7	9
alkoholische Getränke	1,6	21
Zigaretten	1,3	22

Anmerkung: Es handelt sich hier um Orientierungswerte aus zahlreichen Untersuchungen verschiedener Institute (siehe Text). Man kann im Allgemeinen davon ausgehen, dass zur Ermittlung der Betrachtungszeit einer Anzeige mindestens 50 Verhaltensbeobachtungen durchgeführt wurden.

fassung ist wegen der Unterschiede in den benutzten Methoden, in den Untersuchungsbedingungen und Stichproben problematisch, sie kann aber wegen der relativ geringen Abweichungen der von den Instituten ermittelten Durchschnittswerte vertreten werden, wenn es wie hier nur darum geht, Orientierungswerte zu erhalten[68].

Leider gibt es keine entsprechenden Angaben über die Betrachtungsdauer von Fernsehspots, also über den Abbruch des Kontaktes mit den Spots. Es ist jedoch anzunehmen, dass bereits in den ersten Sekunden eines Spots ein großer Teil der Zuschauer »abspringt« und nicht mehr oder nur noch nebenbei – mit sehr geringer Aufmerksamkeit – hinschaut (Krugman, 1986, S. 81).

Angaben über die geringe Betrachtungsdauer werden oft mit der Bemerkung abgetan, dass es sich um Durchschnittswerte handele. Um zu sinnvollen Aussagen zu kommen, müsse man vor allem solche Empfänger aus der Stichprobe beachten, die länger hinschauen und mehr Informationen aufnehmen. Darauf ist Folgendes zu antworten: Es ist selbstverständlich, bei der Interpretation von Durchschnittszahlen die Streuung zu berücksichtigen. Man darf sich aber bei so niedrigen Durchschnitten keiner Illusion hingeben, dass es eine größere Zahl von Intensivbetrachtern gibt.

---

[68] Zur weiteren Differenzierung dieser Werte vgl. vor allem Seite 141 und den Text weiter unten.

Nehmen wir ein Beispiel: Nach einer Untersuchung des Compagnon-Instituts in Stuttgart zur Betrachtung einer zweiseitigen und farbigen Imageanzeige eines bekannten Investitionsgüterherstellers im manager magazin ergibt sich eine mittlere Betrachtungszeit von 4,7 Sekunden oder pro Seite von 2,35 Sekunden. Diese über dem Durchschnittswert aus Publikumszeitschriften liegende Betrachtungsdauer geht darauf zurück, dass das Betrachtungsverhalten von interessierten Personen der Zielgruppe (40 »Einkaufsentscheider« in Unternehmen sowie Meinungsbildner) beim Lesen der Zeitschrift gemessen wurde. Es ergab sich folgende Verteilung:

45 % Betrachtungsdauer bis zu drei Sekunden (pro Seite),
25 % Betrachtungsdauer drei bis fünf Sekunden,
20 % Betrachtungsdauer fünf bis zehn Sekunden und
8 % Betrachtungsdauer zehn bis zwanzig Sekunden.

Nur ein Leser beschäftigte sich bis zu einer Minute mit der Anzeige. Die beiden in der Anzeige enthaltenen Bilder wurden von **allen** Personen beachtet. Der Text umfasst zwei Textblöcke oben links und unten rechts, von denen der Text unten rechts am meisten beachtet wurde: von 1/3 der Personen mit durchschnittlich 0,8 Sekunden.

Die Aufnahme der in der Anzeige enthaltenen Bild- und Textinformationen erfordert eine Betrachtungszeit von 65-70 Sekunden. Wie die Verteilung zeigt, wurde von **keiner** einzigen Zielperson die gesamten Informationen aufgenommen und nur 10 % der angesprochenen Zielgruppe wendeten für die Betrachtung der Anzeige mehr als 10 Sekunden auf! Im Durchschnitt wurden etwa 93 % der angebotenen Informationen **nicht** aufgenommen. Dabei gehört diese Anzeige noch zu den Anzeigen, denen das Testinstitut eine »gute Durchsetzungsfähigkeit hinsichtlich Kontakt und Kontaktnutzung« bescheinigt. (Die zentrale Botschaft wurde aufgrund der Informationsüberlastung »allenfalls von 25 % der Testpersonen ungefähr im angestrebten Sinn verstanden«.)

Bereits diese Ergebnisse zum zielgruppenspezifischen Betrachtungsverhalten weisen darauf hin, dass die Unterschiede des Betrachtungsverhaltens zwischen wenig und stärker involvierten Empfängern gar nicht so groß sind. Weitere Beispiele für diesen wichtigen Sachverhalt:

Ebenfalls durch das Compagnon-Institut in Stuttgart wurde eine Anzeige für eine bekannte Modemarke in einer Frauenzeitschrift getestet. Frauen mit einem Lebensstil, der ein geringes Modeinvolvement einschließt, wendeten sich der Anzeige 1,7 Sekunden zu, solche mit einem modeorientierten Lebensstil 3,2 Sekunden. Oder: Nach einer Untersuchung des Instituts für Konsum- und Verhaltensforschung der Universität des Saarlandes für Procter & Gamble wurde eine Pampers-Anzeige von Müttern mit dem ersten Kind und sehr hohem Produktinteresse im Durchschnitt nur 4,2 Sekunden betrachtet (siehe dazu Fußnote auf Seite 141, vgl. auch Pieters, Rosbergen, Wedel, 1999).

Auch in anderen Bereichen der Marktkommunikation müssen wir mit sehr kurzen Kontaktzeiten rechnen: Nach 6-8 Sekunden Betrachtungszeit (nach 20 Sekunden einschließlich Öffnen und Handhaben) landen im Durchschnitt bereits 50 % der Direktwerbesendungen im Papierkorb (Vögele, 1986, 1995). Und für das Betrachten von Verpackungen typischer Konsumgüter, also für die Aufnahme von Verpackungsinformationen am Regal wurden Zeiten von 4-7 Sekunden ermittelt (Young, 1981)[69]. Mittlerweile ist die Betrachtungszeit von Verpackungen am Point of Sale auf 1,6 Sekunden gesunken (Amann, Rippstein, 1999, S. 202).

Welche Informationen werden nun aufgenommen? Die Messung des Blickverhaltens bei der Betrachtung von Anzeigen bietet Einsichten in die bevorzugt aufgenommenen Anzeigenelemente. Dabei können wir gewohnheitsmäßiges Betrachtungsverhalten und Reagieren auf eine aktivierende Anzeigengestaltung unterscheiden.

Gewohnheitsmäßiges Verhalten (siehe dazu Bernhard, 1978, Kroeber-Riel, Weinberg, 2003, S. 255 ff.): Bei Textanzeigen, die wenig aktivierende Besonderheiten auf einer Seite aufweisen, ist damit zu rechnen, dass der oben stehende Text mehr beachtet wird als der untere. Links oben erzielt die höchste Beachtung, links unten die schwächste. Das hängt mit unseren kulturell geprägten Lesegewohnheiten zusammen.

In Bild-Text-Anzeigen werden die zum Bild gehörenden Texte mehr beachtet, wenn sie rechts neben dem Bild stehen (und nicht links) oder unter dem Bildmotiv (statt darüber).

Reagieren auf die Anzeigengestaltung: Es ist bekannt, dass gewohnheitsmäßiges Verhalten dann aufgegeben wird, wenn »besondere Vorkommnisse« die Aufmerksamkeit auf sich lenken und das Betrachtungsverhalten kanalisieren. Solche »Vorkommnisse« sind bei der Betrachtung von Anzeigen sprachliche und bildliche Reize, die der Empfänger sucht (bei aktiver Informationssuche) oder auf die er automatisch reagiert, weil sie ein starkes Aktivierungspotential haben (bei passiver Informationsaufnahme).

Wenig involvierte Betrachter von Anzeigen werden demzufolge durch aktivierende Reize von ihren Betrachtungsgewohnheiten abgebracht. Es ist deswegen sozialtechnisch wenig empfehlenswert, sich auf die oben angegebenen Betrachtungsgewohnheiten zu verlassen. Wesentlich wirksamer ist es, bei der Gestaltung von Anzeigen aktivierende Bild- und Sprachelemente zu benutzen, um den Blick des Betrachters zu lenken.

---

[69] Etwas abweichende Angaben wurden dazu durch von Keitz (1986 b) ermittelt.

Anmerkung: Bei dieser Anzeige wurde der durch Blickaufzeichnung ermittelte
Blickverlauf kenntlich gemacht. Der Blickverlauf gliedert sich in Fixationen und
Saccaden. Die Punkte geben die Fixationen wieder, also längere Verweildauern des
Blicks (ca. 300 msec.). Während einer Fixation werden Informationen aufgenom-
men. Die Linien kennzeichnen die Sprünge (Saccaden: Dauer 30 – 90 msec.), die
der Orientierung dienen. Eine Informationsaufnahme ist hierbei kaum möglich.

Im Allgemeinen werden die am stärksten aktivierenden Anzeigenelemente an erster Stelle betrachtet, der Blick wendet sich anschließend solchen Elementen zu, die wiederum ein stärkeres Aktivierungspotential als die nachfolgenden Elemente haben. Typischerweise werden

– Bilder vor Texten,
– Personenabbildungen vor Abbildungen von Gegenständen sowie
– Gesichter von Personen

bevorzugt betrachtet. (Wie das Aktivierungspotential von Bild- oder Sprachelementen einer Anzeige zustande kommt, wurde bereits auf Seite 167 erörtert.)

Während zwar die Betrachtungszeiten bei mehrfacher Wiederholung einer Werbeanzeige abnehmen, bleiben die Betrachtungsgewohnheiten hingegen gleich. Pieters, Rosbergen und Wedel (1999) stellten in einer umfassenden Blickaufzeichnungsstudie fest, dass trotz abnehmender Betrachtungszeiten im Laufe der Wiederholungen wie bei dem ersten Kontakt ein- und dieselben Elemente der Werbeanzeige betrachtet werden. Mehrmalige Darbietungen einer Werbeanzeige führen demnach nicht zu einer Veränderung hinsichtlich der aufgenommenen Werbeinhalte.

Aufgrund dieser Einsichten ist es möglich, den Blickverlauf mit einer hinreichend großen Wahrscheinlichkeit abzuschätzen, um Auskunft über die voraussichtliche Informationsaufnahme der Empfänger zu erhalten.

Dabei sind folgende Fragen unserer **sozialtechnischen Checkliste** zum Ablauf des Anzeigenkontaktes zu beantworten:

(1.) Wie stark ist das Involvement?
Die Beantwortung dieser Frage gibt Hinweise auf die voraussichtliche Dauer und das Wie der Anzeigenbetrachtung. Auf dieser Grundlage ergeben sich die Antworten auf die nächste Frage:

(2.) Wie wird der Blick auf der Anzeige verlaufen? Wann wird der Anzeigenkontakt in Abhängigkeit vom Involvement voraussichtlich abgebrochen?

(3.) Welche Bild- und Textelemente werden bei diesem Blickverlauf voraussichtlich fixiert? Sie machen die vom Empfänger übernommenen Informationen aus.

Manchmal ist es schwierig, nur einen (den »richtigen«) Blickverlauf zu bestimmen. Es sind dann zwei, drei oder mehr alternative Blickverläufe in Erwägung zu ziehen.

Wenn unter den beim Blickverlauf aufgenommenen Informationen die **Schlüsselinformationen** nicht enthalten sind, besteht ein hohes Risiko, dass die Werbebotschaft wirkungslos bleibt.

Selbstverständlich sind diese Schätzungen mit Unsicherheiten verbunden[70]. Wer jedoch solche sozialtechnischen Analyseverfahren ablehnt, muss ein wesentlich höheres Risiko in Kauf nehmen, wenn er die voraussichtlichen Wirkungen einer Anzeige einschätzen will. Er kann sich dann nur von intuitiven Vorstellungen und Faustregeln über die Wirkungen auf das Empfängerverhalten leiten lassen.

Durch Einschätzung des voraussichtlichen Blickverlaufs auf einer Werbeanzeige oder mittels Blickaufzeichnungsstudien lassen sich demnach sehr gut Wirkungsabschätzungen zur Werbung durchführen. Von Keitz und Koziel (2002) demonstrieren dies nachdrücklich an einem Beispiel für die Barclaycard, bei der nachträglich drei Varianten von Beilagenwerbung, die im Markt unterschiedlich starke Response-Wirkung erzielt hatten, mittels Blickaufzeichnungsverfahren getestet wurden. Die aus der Studie ermittelte Wirkungsreihenfolge der Beilagenwerbung entsprach exakt der im Markt erzielten Wirkung hinsichtlich der generierten Kartenanträge. Diese Anzeige konnte zudem aufgrund der Erkenntnisse aus der Blickaufzeichnungsstudie, die mit einer zusätzlichen Befragung kombiniert wurde, noch weiter optimiert werden.

Werbewirkung bei Informationsüberlastung: Wir betrachten jetzt anhand von Beispielen drei Anzeigentypen, die das Vorgehen bei unserer Verhaltensanalyse verdeutlichen.

Typ 1 – keine Informationsüberlastung (vgl. Abbildung 57 a): Das Involvement bei der Betrachtung von Anzeigen in Publikumszeitschriften ist relativ gering. Die Beck's und die Lotto-Anzeigen sind darauf eingestellt: Der eingeschätzte Blickverlauf erfordert eine Betrachtungszeit von zwei Sekunden. In dieser Zeit werden alle wesentlichen Informationen fixiert und aufgenommen. Es entsteht praktisch kein Informationsüberschuss.

Typ 2 – Werbewirkung trotz Informationsüberschuss (vgl. Abbildung 57 b): Auch bei Werbung für Fluglinien können wir ein geringes Involvement unterstellen (Seite 189). Dies wird von den geringen Betrachtungszeiten von unter zwei Sekunden für solche Anzeigen bestätigt.

Die abgebildete Anzeige von Singapore Airlines aktiviert allerdings stärker als konkurrierende Anzeigen. Der Kontaktabbruch tritt deswegen zeitlich später als üblich ein. Wir können davon ausgehen, dass zunächst das Bild und dann die Headline gelesen wird. Das erfordert ungefähr zwei Sekunden.

---

[70] Diese laufen meistens auf eine zu hohe (günstige) Einschätzung der Informationsaufnahme hinaus, weil man die mehrfache Betrachtung gleicher Elemente außer Acht lässt. Vor allem nach 4,5 Sekunden Betrachtungszeit kommt es verstärkt zu Mehrfachbetrachtungen (Leven, 1987, 1991).

Abbildung 56: Optimierung der Informationsaufnahme von Beilagenwerbung für die Barclaycard mittels Blickaufzeichnungsergebnissen

Quelle: von Keitz, Koziel, 2002, S. 65 f.

Anmerkung: Die Anzeige »Mit Barclaycard hat der Monat 41 Tage« schnitt am besten ab, gefolgt von der Beilagenwerbung »Die schönste Nachricht des Jahres« und »Jetzt können Sie wählen, was Ihre Karte kann!«. In der besten Beilage geben die Prozentangaben auf den einzelnen Anzeigenelementen wieder, wie viel Prozent der Leser diese Elemente fixiert hatten. Aus den Erkenntnissen der Blickaufzeichnungsstudie wurde dann eine weiter optimierte Kampagne ermittelt, die den Nutzen der Karte durch die Headline noch stärker betont, eine noch emotionalere Personenansprache wählt und die Karte und die Headline noch besser in den Blickverlauf integriert und somit eine bessere Produkt- und Markenidentifikation bewirkt.

Bei diesem Blickverlauf kommt das Wesentliche (die Information, dass Singapore Airlines das größte Bett aller Business-Klassen hat) der Werbebotschaft rüber, auch wenn der Text unter dem Bildmotiv fast nicht gelesen wird und zu einem erheblichen Informationsüberschuss führt.

Typ 3 – Keine Werbewirkung durch Informationsüberschuss (vgl. Abbildung 57 c): Bei dieser in der Wirtschaftswoche erschienenen Anzeige für die Dresdner Bank ist wiederum von einem niedrigen Involvement fast aller Leser auszugehen. Die Aktivierungskraft der Anzeige ist ebenfalls gering. Demzufolge wird der Blickverlauf nicht über die Betrachtung des Bilds sowie – bei großzügiger Schätzung – der teilweisen Erfassung der Headline hinausgehen. Dabei kommen die wesentlichen Informationen nicht rüber.

Die Information, dass die Dresdner Bank-Beratung für Firmenkunden schneller, direkter und stärker durch einen persönlichen Berater und ein neues Service-Center wird, ist noch nicht einmal andeutungsweise verständlich. Diese Schlüsselinformation geht in der nicht beachteten Informationsfülle unter.

Ein großer Teil der Werbung gehört zu diesem Anzeigentyp: Der Kontakt mit der Anzeige wird nach Bild- und Headlinebetrachtung abgebro-

Abbildung 57a: Anzeigentyp 1 ohne Informationsüberschuss

Abbildung 57b: Anzeigentyp 2 mit Informationsüberschuss, aber mit Verständnis der Schlüsselbotschaft

Abbildung 57c: Anzeigentyp 3 mit Informationsüberschuss, aber ohne Verständnis der Schlüsselbotschaft

Die Dresdner Bank dreht auf: Die Beratung unserer Firmenkunden wird schneller, direkter, stärker.

Denn Ihr Betreuer besucht Sie vor Ort, wann immer Sie wollen. Er hat jetzt kompetente Verstärkung: Als Ihr persönlicher Berater steht er an der Spitze eines Betreuungsteams, das aus Spezialisten für internationales Geschäft, Office Banking, Investment Banking und Kreditgeschäft besteht. Dadurch können Sie jederzeit schneller und umfassender Lösungen für Ihr Unternehmen erwarten.

Zusätzlichen Service bieten wir Ihnen jetzt durch eine weitere innovative Einrichtung: unser Service-Center für Firmenkunden. Dort können Sie, wie bei einer Direktbank, auch außerhalb banküblicher Zeiten montags bis freitags von 7 bis 20 Uhr einen Großteil Ihres Tagesgeschäftes regeln, direkt per Telefon oder Fax. Das Service-Center und Ihr Betreuer arbeiten eng zusammen, um Ihnen ein Maximum an Service und Beratung zu bieten.

Sie profitieren also ab jetzt von jedem Ort aus – wann immer Sie uns brauchen – von unserem weltweiten Leistungsspektrum für integriertes Commercial-/Investment-Banking, und Institutional Asset Management. Kurzum: Sie erleben eine ganz neue Beraterbank. Andere mögen sich durch Lautstärke hervortun, wir tun es durch Leistung.

Die Beraterbank

204

chen, bevor die Schlüsselinformationen aufgenommen werden. Ein weiteres Beispiel sind die im Kapitel 3.4 besprochenen »Rätselanzeigen«.

Kontakt wirksam nutzen

Der Kontakt ist zwar eine notwendige, aber bei weitem keine hinreichende Bedingung für die Werbewirkung. Diese kommt erst durch eine effiziente Nutzung des Werbemittelkontaktes zustande. Die Nutzung setzt auf Seiten des Lesers so viel Aufmerksamkeit voraus, dass er für kurze Zeit bei der Werbebotschaft verweilt und wenigstens die Schlüsselinformationen der Botschaft aufnimmt. Erst dann kann es zum Verständnis, zur Speicherung und zur Verhaltenswirksamkeit der Werbebotschaft kommen.

Hier geht es um den ersten Schritt: die Nutzung des zustandegekommenen Werbemittelkontaktes. Dazu stehen Techniken zur Verfügung, die auf der einen Seite die Nutzung des Kontaktes anregen und fördern, auf der anderen Seite die Wahrnehmung erleichtern und Wahrnehmungsbarrieren abbauen.

Zu den Techniken, welche die Nutzung verstärken, gehören vor allem eine günstige Plazierung des Werbemittels im Umfeld (Medium) und die aktivierende Gestaltung.

Zur Plazierung im Umfeld liegen zahlreiche Untersuchungen von Verlagen vor[71].

Eine wichtige Frage richtet sich darauf, ob rechte Seiten in Zeitungen und Zeitschriften mehr beachtet werden als linke Seiten. Nach Jeck-Schlottmann (1987, S. 165) »werden Anzeigen auf der rechten Zeitschriftenseite sowohl von wenig als auch von stark involvierten Konsumenten signifikant häufiger und länger fixiert«. Diese Ergebnisse werden zwar von Andresen (1988) und Gerloff (1988) bestätigt, sie sind aber nicht unbestritten (siehe etwa Kiss, Wettig, 1972, Köhler, 1987). Eine ganze Reihe von Verlagsuntersuchungen weisen auch keine Unterschiede zwischen linker und rechter Heftseite aus (Übersicht in B.A.C., 1993, Bauer Media Akademie, 2003). Eine Klärung bleibt abzuwarten.

Abgesichert sind dagegen die Erkenntnisse zur Bedeutung der von der Werbung ausgelösten Aktivierung. Für die Nutzung der Anzeigenwerbung spielt die Aktivierung der Empfänger durch physisch intensive Reize eine zentrale Rolle (siehe Seite 168).

Nach Kiss und Wettig (1972) ist vor allem die Größe für die Dauer des Anzeigenkontaktes verantwortlich. Die Größenunterschiede der Anzeigen führten in Publikumszeitschriften zu folgenden Betrachtungsunterschieden:

---

[71] Vgl. HÖRZU, 1982, Jahreszeiten-Verlag, 1983, Burda GmbH, 1992, B.A.C., 1993, Bauer Media Akademie, 2003.

$^2/_1$ Seite	2,8 Sekunden,
$^3/_4 - ^1/_1$ Seite	1,9 Sekunden,
$^1/_2$ Seite und kleiner	0,6 Sekunden.

Diese Werte entsprechen weitgehend unseren eigenen Ergebnissen für den STERN. Dagegen kommt von Keitz bei Untersuchungen für DIE BUN-TE zu 2,1 Sekunden für 1/1 Anzeigen und 4,1 Sekunden für doppelseitige Anzeigen. Es handelt sich stets um Durchschnittswerte für schwarz-weiße und für farbige Anzeigen (Burda-Marktforschung, 1987). Die Anzeigengröße ist somit ein bereits seit Jahren konstanter Einflussfaktor für die Anzeigenbeachtung, wie auch neuere Untersuchungen bestätigen (Gerloff, 1988, Burda GmbH, 1992, B.A.C., 1993).

Die Farbigkeit führt im Vergleich zur Schwarz-Weiß-Gestaltung nur zu schwachen Verschiebungen dieser Werte. Sie wirkt sich allerdings stark auf die Erinnerungswerte aus: Farbige Anzeigen bleiben dreimal besser im Gedächtnis haften als schwarz-weiße Anzeigen (Recall als Maßstab)[72].

Aufgrund dieses Zusammenhanges kommt Andresen (1988) in seiner aufschlussreichen Untersuchung über das Zustandekommen von Werbekontakten bei Informationsüberlastung zu dem Ergebnis:

»Die Anzeigengröße ist die mit Abstand wichtigste Determinante der Informationsaufnahme bei Anzeigen.«

Zusätzlich zu diesen Einflussgrößen sind noch die anderen Aktivierungstechniken zu sehen: die emotionale und überraschende Gestaltung der Werbemittel. Die dadurch entstehenden Aktivierungswirkungen fassen wir als »Unterhaltungswert« der Werbung zusammen. Anzeigen mit geringem Unterhaltungswert sind oft **Vermeideranzeigen:**

Damit bezeichnen wir Anzeigen, die zwar Kontakt bekommen, dann aber überblättert werden. Von 118 getesteten (größeren) Anzeigen im STERN Nr. 49 von 1984 wurden 21 Anzeigen von allen Testpersonen genutzt, d. h. die Testpersonen nutzten den Kontakt zur Aufnahme der angebotenen Informationen. Etwa die gleiche Anzahl, 19 Anzeigen, wurden von mindestens 20 % der Leser **gemieden:** Die in diesen Anzeigen dargebotenen Bild- und Textinformationen wurden also nicht genutzt.

Sucht man nach gemeinsamen Merkmalen der Anzeigen, die von allen Personen genutzt wurden, so stößt man zunächst auf die Größe: Bis auf zwei Ausnahmen waren die Anzeigen zweiseitig. Die beiden einseitigen Anzeigen waren farbig und sehr aktivierend (es handelt sich um eine BRI-GITTE-Anzeige, in der viele Frauenköpfe abgebildet waren und um die

---

[72] Vgl. dazu auch Stern Bibliothek, 1994, Bauer Verlagsgruppe, 1996, Kramer, 1998.

bekannte Fernet Branca-Anzeige). Alle Anzeigen hatten darüber hinaus einen beachtlichen Unterhaltungswert.

Die Vermeider-Anzeigen waren dagegen ohne Ausnahme einseitig, mehr als die Hälfte war schwarz-weiß oder benutzte nur eine Zusatzfarbe. Ihr Unterhaltungswert war sehr gering. Fast zwei Drittel bildeten nur das Produkt ab, ohne Menschen oder andere interessante Motive.

Der Unterhaltungswert von Anzeigen ist vor allem in der Abbildung von Menschen und Tieren zu sehen, auch in der Einbeziehung von seltenen Landschaften und Gegenständen. Besonders wirksam ist eine dynamische Gestaltung. Beispiel dafür ist eine Wüstenrot-Anzeige, die einen laufenden Rechtsanwalt im schwarzen Talar zeigt und hohe Beachtungswerte erzielt. Bei den Ansprüchen an den heutigen Kommunikationsstil hat Werbung mit geringem Unterhaltungswert wesentlich weniger Wirkungschancen als früher. Das gilt ganz besonders für die Fernsehwerbung, weil auf der einen Seite das Medieninvolvement noch geringer als bei Zeitschriften ist, so dass die Aufmerksamkeit stärker stimuliert werden muss.

So stellten Woltman Elpers u. a. (2003) in einer experimentellen Studie einen positiven Effekt unterhaltsamer Fernsehspots sowie eine negative Wirkung informativer Spots auf die Bereitschaft zum Weiterschauen fest. Dazu wurde der Einfluss von Unterhaltung und Information sekundengenau bei insgesamt 45 Spots aus den unterschiedlichsten Produktkategorien analysiert[73]. Sind Spots in den einzelnen Szenen sowohl unterhaltsam als auch informativ gestaltet, so reduziert sich die Wahrscheinlichkeit eines Kontaktabbruchs erheblich. Die Autoren raten deshalb, informative Werbespots mit durchgängigem Unterhaltungswert über die gesamte Länge des Spots zu füllen, ohne dass sich daraus eine zu hohe Komplexität durch Konkurrenz dieser Elemente ergeben darf (Woltman Elpers, Wedel, Pieters, 2003, S. 450).

Auf der anderen Seite setzt das Unterhaltungsprogramm des Fernsehens Maßstäbe, die auch an die Werbung anzulegen sind. »Mood and Motion« heißen die Maßstäbe, die heute vom Fernsehen – vor allem für die jüngere Generation – gesetzt werden (Hornblower, 1986).

Bereits 1985 wurde in einer Umfrage bei den deutschen GWA-Agenturen dem Unterhaltungswert besondere Bedeutung zugemessen (Andresen, Ruge, 1985). Daran hat sich neueren Analysen zufolge bis heute nichts geändert (Pasquier, Weiss, Felser, 1994). Manager sind sich dessen bewusst, dass rein sachliche Auftritte ohne Emotionalität, auffällige Gestaltung und Unterhaltungswert unter den herrschenden Kommunikationsbedingungen zur Wirkungslosigkeit verdammt sind (Pasquier, Dreosso, Rauch, 2004).

---

[73] Die Produktkategorien reichten von Getränken, Yoghurts, Tierfutter, Kameras, Medikamenten, Bankdienstleistungen usw. bis hin zu Tankstellenanbietern.

Die Nutzung der Werbekontakte durch die Empfänger lässt sich nicht nur durch stimulierende (aktivierende) Techniken der Informationsdarbietung verbessern, sondern auch durch Wahrnehmungserleichterungen, die es den Empfängern ermöglichen, sich schnell und leicht zu orientieren. Anders gesagt: Die Werbung sollte auf die gedankliche Bequemlichkeit der Empfänger Rücksicht nehmen und ihnen besondere Anstrengungen bei der Aufnahme und Verarbeitung der Werbebotschaft so weit wie möglich erleichtern (Jeck-Schlottmann, 1987). Entscheidende Erleichterungen bieten

- Bild und
- Textstruktur.

Schnelle Orientierung durch das Bild: Bilder wurden als schnelle Schüsse ins Gehirn bezeichnet: Bereits in 1,5 bis 2,5 Sekunden können so viele Details eines Bildes aufgenommen werden, dass ein Bild mittlerer Komplexität später wieder erkannt werden kann[74].

Der Bildteil einer Werbebotschaft erlaubt den Empfängern eine besonders schnelle Orientierung. Das gilt auch für sachliche Bildinformationen. Ein aufschlussreiches Beispiel bieten Informationen über einen Wachstumstrend:

Wird die Entwicklung des Umsatzes von drei Unternehmen über sechs Jahre hinweg als Graphik dargestellt, so genügen ungefähr eineinhalb Sekunden, um die Trendinformationen aus den Kurven des Umsatzverlaufs aufzunehmen und zu verstehen. Wird die gleiche Information in Form einer Tabelle mit Umsatzzahlen gegeben, so benötigt man sechs Sekunden. (Dies begründet den Vorteil von Business-Graphiken, vgl. Kroeber-Riel, 1986 e.)

Ein Bild wird müheloser aufgenommen und vermittelt in der gleichen Zeit mehr und einprägsamere Informationen als eine sprachliche und numerische Darstellung. Zudem aktiviert die bildliche Darstellung stärker. Die auf diese Weise geschaffene Beschleunigung und Erleichterung der Wahrnehmung trägt erheblich zur Kontaktnutzung der Low-Involvement-Werbung bei.

Da das Bild als erstes betrachtet wird, baut das Thema des Bildes Erwartungen bezüglich der Werbebotschaft auf. Diese Erwartungen dürfen nicht in eine Richtung gelenkt werden, welche die schnelle Orientierung über die Werbebotschaft und ihr Verständnis erschweren. Das ist unter anderem der Fall, wenn Bild und Headline im Widerspruch stehen, und wenn das Bild Wahrnehmungsklischees anspricht, die von der Werbebotschaft ablenken (siehe dazu Seite 234 ff.).

---

[74] Aufgrund der räumlichen Grammatik bietet das Bild Anschaulichkeit auf den ersten und Begreifen auf den zweiten Blick. Hingegen muss eine vergleichbare Textaussage Schritt für Schritt erworben werden (Stankowski, Duschek, 1994, S. 180 ff.).

Abbildung 58: Vermeideranzeige

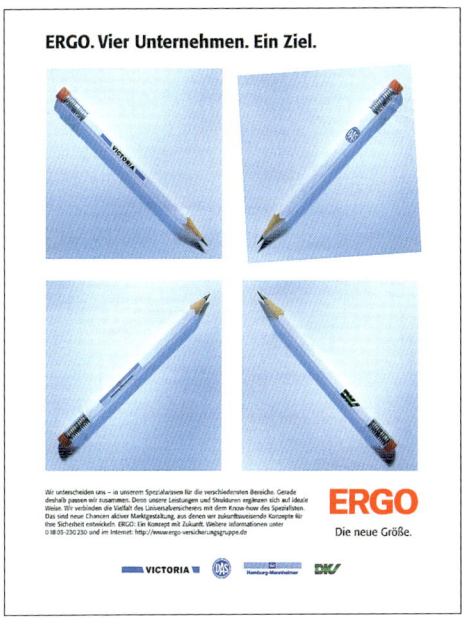

Wirksame Informationsvermittlung durch Bilder: Neueren Erkenntnissen zufolge stellen Bilder das Tor zum Anzeigenverständnis dar. Deshalb ist es wichtig, Schlüsselinformationen durch Bilder zu vermitteln. Dadurch wird eine wirksame Kontaktnutzung sichergestellt: Die wesentlichen Informationen können von den Betrachtern noch vor einem Kontaktabbruch aufgenommen werden. Die Überlegenheit bildlicher Informationsvermittlung wird durch eine neuere Studie von Gail und Eves (1999) eindrucksvoll belegt. In einer Analyse von 40 Werbekampagnen, für die kontinuierlich Effizienzmaße durch Befragung erfasst werden, zeigte sich die Überlegenheit bildbezogener Werbung mit Darstellungen, die eine Aussage, einen Slogan oder eine Eigenschaft einer Marke visuell symbolisieren gegenüber Werbung ohne bildliche Vermittlung relevanter Informationen[75]. Diese wurden besser erinnert und lösten zudem ein höheres Kaufinteresse aus. Dabei spielten die beworbenen Produkte (z. B. Dienstleistungen oder Konsumgüter) keine Rolle. Allerdings sollte man nach den Erkenntnissen der Autoren die Rezipienten nicht durch eine zu komplizierte Symbolik überfordern.

---

[75] Die Autoren sprechen hierbei von »rhetorical devices« (Gail, Eves, 1999, S. 39 f.).

Für den Transfer sprachlicher Informationen in Bilder lassen sich zwei grundlegende Ansätze unterscheiden (Kroeber-Riel, 1993, S. 123 ff.)[76]:

– die direkte Umsetzung von Sprachinformationen in Bilder sowie
– die indirekte Umsetzung von Sprachinformationen in Bilder.

Bei der **direkten Bildumsetzung** ist eine unmittelbare Darstellung eines Nutzens oder einer Sachinformation möglich. Geradezu klassische Beispiele hierfür sind die so genannten »Side-by-Side-Vergleiche«, bei der z. B. die Saugkraft einer Pampers-Windel mit einer herkömmlichen Windel verglichen wird.

Eine trockene, sachliche Darstellung solcher Sachverhalte in Bildern reicht unter den heutigen Kommunikationsbedingungen allerdings kaum noch aus. Vielmehr sind direkte Bildumsetzungen auffällig und unterhaltsam zu inszenieren, um den Lust- und Spaßbedürfnissen der Konsumenten gerecht zu werden. Kreativität ist bei der direkten Bildumsetzung gefordert!

Beispiel: In einem Tesa-Fernsehspot kleben zwei Fußballfans vor einem wichtigen Fußballspiel ein Poster ihrer Mannschaft an die Wand. Der eine mit herkömmlichem Klebestreifen, der andere mit Tesa-Power-Strips. Beide verfolgen danach das dramatische Spiel im Fernsehen. Kurz vor Spielschluss liegt die eigene Mannschaft hoffnungslos zurück. Völlig am Boden zerstört reißen beide Fans ihre Poster von der Wand. Plötzlich kommt es zur überraschenden Wende des Spiels: Die eigene Mannschaft kann das Heft noch herumreißen. Der eine Fan steht daraufhin fassungslos vor seinem zerrissenen Poster, während der andere sein Poster freudestrahlend mit den wiederverwendbaren Tesa-Power-Strips an die Wand klebt.

Ebenso wird die Rolle des Reifenprofils, das es Autofahrern ermöglicht, die Kraft ihres Autos kontrolliert auf die Straße zu bringen, bei Pirelli und Vredestein anschaulich in der Anzeigenwerbung inszeniert (Abbildung 59).

Bei der direkten Bildumsetzung läuft man allerdings gerade bei Fernsehwerbung Gefahr, missverstanden zu werden, wenn man nach dem klassischen Motto »Problem aufzeigen – Problemlösung« vorgeht. Hierbei wird zunächst das Problem bildlich dargestellt und die Problemlösung meist später sprachlich dargeboten. Dies birgt die Gefahr, dass Zuschauer zwar das Problem wahrnehmen, nicht jedoch die Lösung. So zeigte die Allianz-Versicherung in Werbespots Unfallszenen mit negativer Wahrnehmungsatmosphäre, die durch die später angebotene positive (verbal dargebotene) Lösung der Allianz kaum aufgefangen werden konnte.

---

[76] Bei dieser Einteilung handelt es sich um eine Klassifikation von zwölf Kreativmethoden zur Visualisierung von Informationen mit insgesamt 101 Lösungswegen, die Gaede (1981) in seinem Buch »Vom Wort zum Bild« vorschlägt.

Abbildung 59: Direkte Umsetzungen der Schlüsselbotschaft in das Bild

Oben: Vredestein
Unten: Pirelli-Spotauszüge
1: Carl Lewis läuft über das Wasser
2: Carl Lewis springt auf Freiheitssta-
   tue
3. Carl Lewis läuft hoch und stoppt
4: Carl Lewis fährt sich über seine
   Fußsohle mit Profil
5: Marke und Slogan

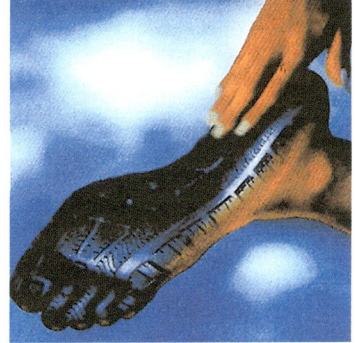

Die **indirekte Bildumsetzung** erfolgt durch das Auslösen von Bildassoziationen. Bei der indirekten Bildumsetzung wird der zu vermittelnde Sachverhalt nicht selbst abgebildet, vielmehr werden Bilder eines anderen Sachverhalts benutzt, um ein bestimmtes Verständnis zu erzielen (Kroeber-Riel, 1993, S. 126). Folgende Techniken kommen hierzu in Frage:

- freie Bildassoziationen,
- Bildanalogien sowie
- Bildmetaphern.

Bei **freien Bildassoziationen** macht man sich die andere Informationsaufnahme und -verarbeitung von Bildern zunutze, die – anders als Sprache – ganzheitlich-analog verarbeitet werden. Das Bildverständnis folgt einer »räumlichen Grammatik«, d. h. durch die räumliche Nähe von Bildern entstehen Assoziationen, die die verschiedenen Bilder in einen sinnvollen Zusammenhang bringen. Man spricht hierbei auch von dem »dritten Effekt des Bildes« (Morgan, Welton, 1989, S. 64). Dieses Prinzip wird auch bei der emotionalen Konditionierung angewandt, indem man emotionale Bilder durch die räumliche Nähe zur Marke mit dieser verknüpft (siehe auch Seite 214 ff.). Die Beeinflussungsmöglichkeiten durch freie Bildassoziationen sind nahezu grenzenlos. Selbst Sachverhalte, die sprachlich dargeboten nur ein Schmunzeln oder Unverständnis auslösen würden (wie: »Eine Zigarette fliegt durch den Weltraum.«), sind dadurch vermittelbar.

Bildanalogien sind in der Werbung weit verbreitet. Bei einer Analogie handelt es sich um einen induktiven Schluss, der auf einer Ähnlichkeit zwischen einem Modell und einem Sachverhalt beruht. Bildanalogien regen demnach zu einem sinnvollen Vergleich an[77]. So wird beispielsweise in der Good Year-Werbung (Abbildung 60) die Analogie mit einer Eidechse gewählt, um die besondere Straßenhaftung der Reifen zu betonen. Opel hat für den Opel Omega in einer überaus erfolgreichen Werbekampagne mit der Analogie zu Schienenfahrzeugen geworben, indem das Auto immer auf Schienen gezeigt wurde, und damit zu dem Vergleich »so sicher wie auf Schienen« bzw. »fährt wie auf Schienen« angeregt.

Durch professionell umgesetzte Bildanalogien lassen sich sachliche und emotionale Produkt- und Dienstleistungsnutzen einprägsamer und verhaltenswirksamer als durch sprachliche Darstellungen vermitteln (Kroeber-Riel, 1993, S. 131). Zudem werden Bildanalogien weniger gedanklich hinterfragt als vergleichbare sprachliche Auslobungen einer Marke. Sie unterlaufen die kognitive Kontrolle der Konsumenten und werden deshalb unbewusst und besser wirksam.

Ein Beispiel hierzu beschreibt Kroeber-Riel (1993, S. 131): In einem ab 1990 geschalteten Werbespot für den Ford Escort wurde ein durch die

---

[77] Zu Bildanalogien vgl. ausführlich Messaris, 1997, S. 193 ff.

Abbildung 60: Indirekte Bildumsetzungen durch Bildanalogien

Fortsetzung Abbildung 60: Indirekte Bildumsetzungen durch Bildanalogien

Landschaft fahrender Escort mit Tierschatten hinterlegt, z. B. durch den Tierschatten eines rassigen Pferdes. Diese Bildanalogie ruft nach einem GfK-Test Assoziationen hervor, die sprachlich als sportlich, schnell, wendig und gut aussehend geäußert werden. Diese Meinungen konnten die Testpersonen allerdings nicht begründen. Mehr noch: Bei der Beurteilung der Aussage »Der Spot macht eine klare Aussage« erzielte der Spot nur unterdurchschnittliche Werte.

Bildmetaphern sind in Analogie zu Sprachmetaphern Bilder, die im übertragenen Sinne benutzt werden. Ähnlich wie die Sprachmetapher »Der Kunde ist König« haben Bildmetaphern im Gegensatz zu Bildanalogien eine weitgehend geschlossene Bedeutung (Schuster, Wickert, 1989, S. 53). Diese Bedeutung lässt sich unmittelbar sprachlich ausdrücken. So steht beispielsweise das Bild einer weißen Taube für Frieden. Bildmetaphern können allerdings nur dann wirken, wenn deren Verständnis bei der jeweiligen Zielgruppe sichergestellt ist. Dazu muss das Bild ein klares Schema treffen, wie dies bei der Taube der Fall wäre.

Schnelle Orientierung durch den Text: Kann man keine Bilder benutzen, ist man auf eine sprachliche Informationsvermittlung angewiesen,
so ist durch kurze und prägnante Überschriften, durch dick gedruckte
Schlüsselwörter, durch Hervorhebungen usw. – kurz gesagt: durch eine
klare Textstruktur – für eine schnelle Orientierung über die dargebotenen
Informationen zu sorgen[78].

Gerade bei der Gestaltung der Headline ist auf Kürze und Prägnanz bei
der sprachlichen Informationsvermittlung zu achten (Esch, 1990). Rossiter
und Percy (1997) empfehlen drei bis maximal acht Wörter für eine Headline. Sie führen diese Erkenntnis auf die »Magical Number 7« von Miller
(1956) zurück, der diese Zahl als oberes Limit für das Kurzzeitgedächtnis
während der Informationsverarbeitung ermittelt hat. Während diese
Faustregel im redaktionellen Teil von Zeitschriften bereits zum Einsatz
kommt, findet man in der Werbung nach wie vor zu lange Headlines
(Stark, 1992, S. 148).

Die genannten Anforderungen gelten auch für Werbung, die sich an
Leser mit stärkerem Involvement richtet. Auch diese stehen unter dem
Druck der Informationsüberlastung und sind auf einen schnellen Überblick
über das Informationsangebot und auf eine selektive Informationsbewältigung angewiesen. Ein besonderes Problem der Werbung stellen **Rätselanzeigen** dar. Damit sind Anzeigen mit Überschriften gemeint, die dem
Empfänger Rätsel aufgeben und dadurch für seine Aufmerksamkeit sorgen
sollen. Beispiele aus Anzeigen:

– Haben sechs Millionen Deutsche geschlafen? (Vaillant)
– Was hat ein Zündholz mit Zantic zu tun? (Zantic 300 Ranitidin)
– Hat der Vorstand noch genügend Profil? (Fulda-Reifen)
– Treten Sie der Ericsson-Freiheitsbewegung bei (Ericsson Information
  Systems)
– Die Zeit ist reif (vitOrgan-Arzneimittel)
– Was hat die Wahrheit von Olympus? (Olympus)
– Höchstleistungen im modernen Zehnkampf (Brother)
– Jeder wird mal unterschätzt (German Parcel)
– Ihr Unternehmen besteht aus vielen Teilen. Wirken auch alle in die
  gleiche Richtung? (Infomatec)

Besonders wirksam sind solche Rätselüberschriften, wenn noch nicht einmal die Marke in ihnen auftaucht und der »Lösungstext« (wie in fast allen
Anzeigen) sehr ausführlich, klein gedruckt und ohne Struktur ist! Originelle

---

[78] Gute Übersichten über diese klassischen Kriterien zur wirksamen sprachlichen Informationsvermittlung liefern Behrens (1996, S. 72 ff.) sowie Meyer-Hentschel
(1993).

Abbildung 61: Indirekte Bildumsetzung durch Bildmetapher

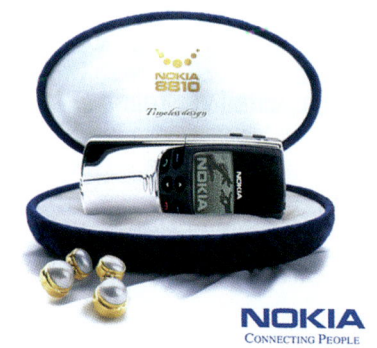

Überschriften, die nichts mit der Werbebotschaft und nur selten etwas mit dem Bild zu tun haben, erhöhen die Spannung. Es wäre doch gelacht, wenn man die Leser nicht dazu bringen könnte, sich von ihrem Informationsdruck zu befreien und sich in Ruhe den Rätsellösungen hinzugeben.

Eine Überschrift kann durchaus spannend, witzig und anregend sein, sie sollte das Verständnis aber schnell auf den Kern der Werbebotschaft lenken. In vielen Fällen absorbiert bereits die Betrachtung von Bild und Überschrift solcher Rätselanzeigen die durchschnittliche Betrachtungszeit. Der Leser müsste also wesentlich mehr Zeit als bei üblichen Anzeigen aufwenden, um etwas von der Werbebotschaft zu erfahren. Dazu ist er häufig nicht bereit; er unterbricht den Anzeigenkontakt, ohne sich um die Lösung des Werberätsels zu bemühen (die nach seinen Erwartungen ohnehin meist trivial ist). Bei den Werbeanzeigen für den Opel Meriva (Abbildung 62) ging das Rätsel sogar so weit, dass der Anzeigenbetrachter das Rätsel nur durch den Besuch der Homepage lösen konnte. Allerdings verirrte sich fast niemand auf die Internetseite Meriva.de.

Das Werberätsel erweist sich bei der Verhaltensanalyse fast immer als wesentliche Erschwerung der Wahrnehmung. Man geht ein hohes Risiko ein, wenn man annimmt, dass die (wenig involvierten) Empfänger durch die Rätsel so stark animiert werden, dass sie diese Mühen auf sich nehmen.

Letztlich entpuppen sich diese Anzeigen als Ergebnis von Kreativen, die eine an und für sich wirksame Aktivierungstechnik (löse gedankliche Überraschung aus) in unreflektierter Weise anwenden, ohne sich Gedanken über das voraussichtliche Verhalten der Umworbenen zu machen.

Die Informationsaufnahme wird nicht zuletzt durch **formale Mängel** erschwert, welche die visuelle oder akustische Wahrnehmung beeinträchtigen. Dazu gehören:

– die schlechte Erkennbarkeit der Bild- und Textelemente sowie
– die unübersichtliche Anordnung und Verknüpfung von Bild- und Textelementen.

Die schlechte Erkennbarkeit von Bild- und Textelementen wird oft durch einen zu geringen Figur-Grund-Kontrast zwischen dem Hauptbildmotiv und dem Hintergrund bzw. zwischen Schrift und Hintergrund hervorgerufen (Abbildung 63). Bei der Schrift wird die Wahrnehmung durch Verwendung von Negativschrift, von Großbuchstaben, seltenen und extrem verschnörkelten Schrifttypen sowie ungewöhnlichen Schriftanordnungen erschwert (Abbildung 63).

Im Fernsehen hemmen noch zusätzlich schnelle Schnitte die Informationsaufnahme. Man spricht dann von der »fehlenden Halbsekunde« (siehe Seite 247). Besonders verbreitet sind zu geringer Kontrast im Bild sowie Negativschrift. Obwohl bekannt ist, wie schlecht Negativschrift zu lesen ist, sind 30 % der Überschriften im STERN und über 40 %, im SPIEGEL in Negativschrift gehalten (jeweils Heft 3/2000). BMW-Anzeigen lagen

Abbildung 62: Rätselanzeigen

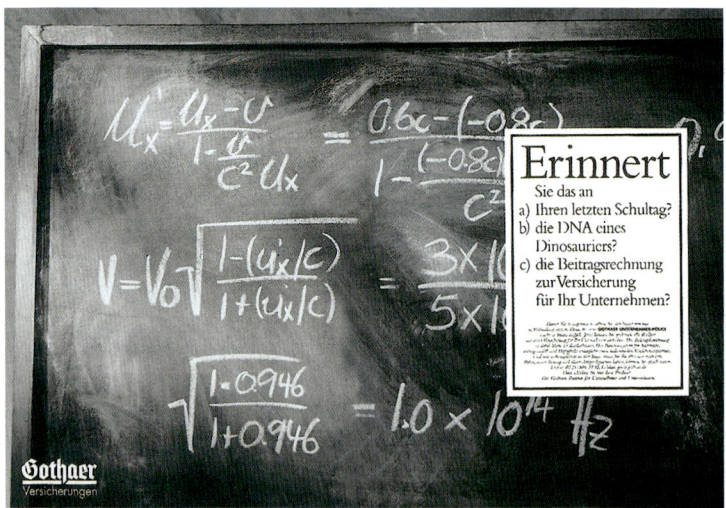

lange Zeit hinsichtlich schlechter Wahrnehmbarkeit (Negativschrift und Textgestaltung) an erster Stelle.

Die unübersichtliche Anordnung von Bild- und Textelementen bezieht sich auf eine zu hohe Komplexität durch zu viele verschiedene Bild- und Textelemente sowie auf eine verworrene Anordnung, die zu einer Wahrnehmungserschwernis führt (Abbildung 64). Deshalb sollten für die Vermittlung der Werbebotschaft überflüssige Bild- und Textelemente entrümpelt werden. Zudem sollte die Anordnung der Elemente dem typischen Blickverlauf folgen bzw. durch aktivierende Gestaltung der einzelnen Bild- und Textelemente das Betrachtungsverhalten so gesteuert werden, dass eine einfache Informationsaufnahme möglich wird.

Abbildung 63: Erkennbarkeit von Schrift: Positiv- und Negativbeispiele

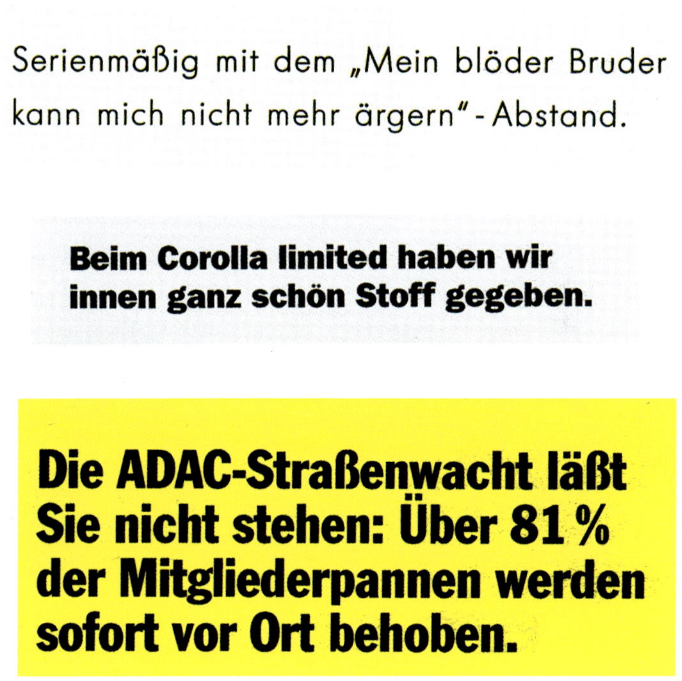

Serienmäßig mit dem „Mein blöder Bruder kann mich nicht mehr ärgern"-Abstand.

Beim Corolla limited haben wir innen ganz schön Stoff gegeben.

Die ADAC-Straßenwacht läßt Sie nicht stehen: Über 81 % der Mitgliederpannen werden sofort vor Ort behoben.

Beispiele für gute Lesbarkeit

Beispiele für schlechte Lesbarkeit

Abbildung 64: Anzeige mit hoher Komplexität

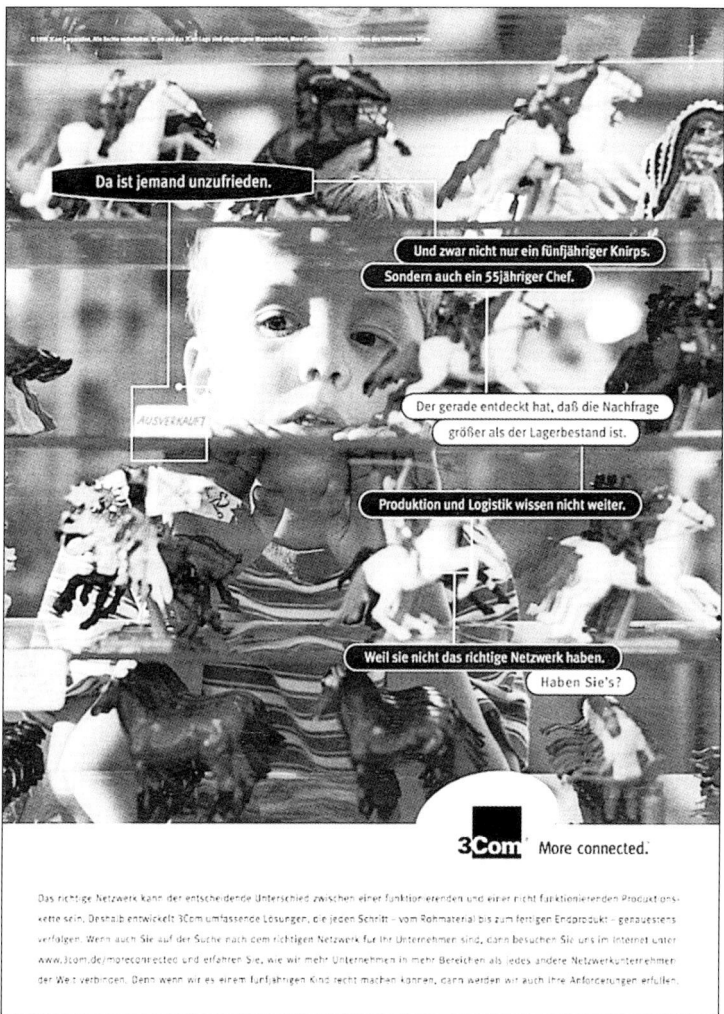

3.3 Emotionen vermitteln

Den Einstieg in dieses Thema bieten Bemerkungen, die Berger in seinem Buch »Sehen – das Bild der Welt in der Bilderwelt« (1984, S. 125) macht:

> »Die Wahrheit der Werbung wird nicht an der realen Erfüllung ihrer Versprechungen gemessen, sondern an der Bedeutung ihrer Fantasien im Hinblick auf die Fantasien des Betrachters/Käufers.«

Nicht der dargebotene emotionale Reiz bestimmt die Wirkung der Werbung, sondern was die Empfänger innerlich aus diesem Reiz machen: Ihre subjektiven Gefühle sind ausschlaggebend!

Die Vermittlung von emotionalen Erlebnissen setzt also stets zielgruppenspezifische Einsichten in das emotionale Verhalten der Empfänger voraus. Das darf nicht übersehen werden, wenn wir nachfolgend von »den« emotionalen Reizen sprechen.

Wir unterscheiden zwei Arten emotionaler Wirkungen (Kroeber-Riel, 1986 d, 1993):
– Vermittlung von emotionalen Erlebnissen und
– atmosphärische Wirkungen.

Im ersten Fall dominieren in der Werbung die emotionalen Reize. Ziel ist die Vermittlung von Gefühlen. Im zweiten Fall bleiben die emotionalen Reize im Hintergrund, sie erzeugen ein emotionales Klima und Stimmungen. Ziel ist die Verbesserung der Informationsvermittlung (Abbildung 65).

Beide Wirkungen sollen letztlich zur Akzeptanz des Produkts (der Marke der Firma) führen. Neuen Erkenntnissen zufolge unterstützen emotionale Eindrücke sogar bei extrem flüchtigem (beiläufigem) Betrachten von Werbung die Aufnahme von Marken in das Set akzeptierter Marken, selbst wenn keine expliziten Gedächtnisinhalte zur Werbung messbar sind (Shapiro, MacInnis, Heckler, 1997, S. 94 ff.)[79]. Wir wenden uns als erstes den Werbetechniken zu, die dazu dienen, emotionale Erlebnisse (Gefühle) zu vermitteln.

Emotionen sind (1.) innere Erregungen, die (2.) angenehm oder unangenehm empfunden und (3.) mehr oder weniger bewusst (4.) erlebt werden. Beispiel: Familienglück und Frische(erlebnis) sind Emotionen bezie-

---

[79] Neueren Erkenntnissen zufolge entscheiden sich Personen auch häufiger für vor längerer Zeit beworbene Marken, wenn die Werbung emotional gestaltet war. In einem emotionalen Umfeld vermittelte Informationen beeinflussen die Präferenzbildung stärker als rein sachlich dargebotene Informationen (Alba, Marmorstein, Chattopadhyay, 1992, S. 406 ff.).

Abbildung 65: Verwendung von emotionalen Bildern

Oben: Das emotionale Element dominiert im Werbemittel und dient der Vermittlung von emotionalen Erlebnissen

Unten: Das emotionale Bildelement bleibt im Hintergrund und dient dazu, eine angenehme Wahrnehmungsatmosphäre zu erzeugen.

hungsweise Gefühle. Sie sind mit inneren Erregungen verbunden und aktivieren den Menschen. Beide werden als angenehm empfunden (Angst ist beispielsweise unangenehm) und sie werden mehr oder weniger bewusst erlebt. Was Familienglück von Frische unterscheidet, ist die Erlebnisqualität: Darunter versteht man die Vorstellungen, das heißt die inneren Bilder und Gedanken, die mit Familienglück und Frische verbunden sind. Zum Familienglück gehört beispielsweise das innere Bild einer fröhlichen Mutter, zur Frische der Eindruck von blauem Wasser.

Wenn man Emotionen messen und kontrollieren will, hat man alle vier Merkmale zu berücksichtigen: die Intensität der ausgelösten Erregungen, die angenehmen oder unangenehmen Empfindungen und den mehr oder weniger bewusst erlebten Inhalt der Gefühle. Dazu stehen unterschiedliche Messverfahren zur Verfügung (Kroeber-Riel, 1986 d, Kroeber-Riel, Weinberg, 2003).

Das Marketing macht sich die Möglichkeit, bei den Abnehmern gezielt Emotionen auszulösen, für verschiedene Zwecke zunutze:

– um emotionale Beziehungen zum Unternehmen oder ganz allgemein zum Angebot herzustellen und zu verstärken (unter anderem durch Werbegeschenke, Einladungen zum Mittagessen usw.) und
– um dem Unternehmen oder dem Angebot ein Erlebnisprofil zu geben, das es von der Konkurrenz abhebt.

Nachfolgend geht es um den zuletzt genannten Zweck: Durch die Werbung sollen spezifische Firmen- und Markenerlebnisse vermittelt werden, die der Positionierung der Firmen oder Marken dienen (siehe Kapitel C. 4). Das geschieht im Allgemeinen durch Techniken der emotionalen Konditionierung, die sich auf wenig involvierte und passive Empfänger richten. (Die Vermittlung von Gefühlen durch die Werbung kann auch über ein aktives Lernen von involvierten Empfängern erfolgen.)

Emotional konditionieren

Um die Vermittlung von Firmen- und Markenerlebnissen durch die Werbung zu verstehen, müssen wir uns klar machen, dass die meisten Gefühle gelernt sind: Wir erwerben im Laufe unserer Erziehung, später durch soziale Lernprozesse und durch den Umgang mit Gegenständen emotionale Haltungen gegenüber unserer Umwelt. So lernt jemand zum Beispiel, Bilder von Dali als angenehm zu erleben oder Jusos zu verabscheuen.

Durch die Werbung (aber nicht nur durch sie) wird uns beigebracht, gern die Seife Fa zu benutzen oder Citroën zu fahren.

In der Werbung wird das Angebot, zum Beispiel eine Marke, **symbolisch** als Produktabbildung, als Markenname, als Markenzeichen usw. dargestellt. Der Konsument soll lernen, diese Markensymbole (Markenabbildungen) in emotionaler Weise wahrzunehmen und zu erleben. Man kann auch sagen: Der Werbung geht es zunächst darum, den Produktnamen oder Markennamen eine emotionale Bedeutung zu geben, sie emotional aufzuladen.

Die emotionale Bedeutung eines Markennamens kann zugleich als emotionale Haltung (Einstellung) zur Marke aufgefasst werden, die das Verhalten gegenüber der Marke (mit)bestimmt: »Wenn durch Werbung angenehme Reaktionen auf eine Warenbezeichnung konditioniert werden, so wird das Produkt eher gekauft ... « (Mednick, Pollio u. a., 1977, S. 49).

Die Technik der emotionalen Konditionierung baut auf der folgenden Regel auf:

Bietet man in der Werbung wiederholt eine Marke zusammen mit emotionalen Reizen dar, so erhält die Marke für die Umworbenen einen emotionalen Erlebnisgehalt.

Dieser Vorgang wurde unter experimentellen Bedingungen »in Reinkultur« vollzogen, in Untersuchungen der Grundlagenforschung (Staats, Staats, 1978) ebenso wie in der Konsumentenforschung (Kroeber-Riel, Weinberg, 2003, Ghazizadeh, 1987, Stuart, Shimp, Engle, 1987, Janiszewski, 1988, 1990 a, b, 1993).

Ein klassisches Beispiel bietet die Werbung für Marlboro: Durch dauernde Einbeziehung der Marke in die Cowboywelt der Werbung wurde die Marlboro-Zigarette zum Medium für besondere emotionale Konsumerlebnisse. Diesen Konsumerlebnissen verdankt die Marke ihre Präferenzen bei den Konsumenten und (so weit die Werbung dafür verantwortlich gemacht werden kann) ihren Verkaufserfolg.

Zum Konditionieren kann man stereotype Reize wie erotische Szenen oder Sonnenuntergänge benutzen. Dann wird zwar eine emotionale Haltung erzeugt, aber kein spezifisches Erlebnis, mit dem sich ein Angebot gegenüber der Konkurrenz abgrenzen lässt.

Zur Positionierung sind **markenspezifische** – möglichst neuartige – Reize erforderlich. Wie man emotionale Reize für eine markenspezifische Erlebniswelt findet, wurde bereits auf Seite 83 ff. skizziert.

Die wichtigsten Bedingungen für eine wirksame emotionale Konditionierung lauten (siehe dazu Kroeber-Riel, 1984 b):

– gleichzeitige Darbietung von emotionalem Reiz und Marke,
– starke Reize,
– zahlreiche Wiederholungen,
– gedankliche Passivität der Konsumenten und
– Konsistenz der Reizdarbietung.

Gleichzeitigkeit: Besonders wirksam ist eine Konditionierung, wenn der »neutrale« Reiz – das ist die Marke, die emotional aufgeladen werden soll –

kurz vor dem emotionalen Reiz dargeboten wird. Das ist in elektronischen Medien möglich, allerdings nicht in Printmedien. Aber auch ungefähre Gleichzeitigkeit der Darbietung von emotionalem Reiz und Marke ist wirksam.

Die Gleichzeitigkeit verlangt, dass Marke und emotionales Umfeld integriert werden. Positive Beispiele sind Anzeigen des Marlboro-Typs, in Deutschland unter anderem realisiert durch Anzeigen von Beck's- oder Krombacher-Bier. In der Fernsehwerbung sind Spots für Campari oder Freixenet als Muster der emotionalen Konditionierung aufzuführen. Als emotionaler Reiz wird dabei auch Musik verwendet.

Nicht an die Konditionierungsregeln hält sich Anzeigenwerbung, in der die Marke aus dem emotionalen Umfeld herausgenommen wird und außerhalb des Bildes in einem abgekoppelten Text erscheint; das gleiche gilt für Fernsehwerbung, in der die Marke losgelöst von den emotionalen Szenen am Ende eingeblendet wird. Bei der Konditionierung macht man sich die räumliche Nähe zwischen neutralem Reiz (Marke) und emotionalem Reiz zunutze. Aufgrund der räumlichen Grammatik erfolgt dann beiläufig die Zuordnung der positiven Emotionen zur Marke (siehe auch Seite 147).

Reizstärke: Misserfolge der emotionalen Werbung (Konditionierung) entstehen vor allem durch die Verwendung von zu schwachen emotionalen Reizen.

Die Reizschwäche kommt dabei nicht selten durch unzureichende Abstimmung der ausgewählten Reize auf den Lebensstil der Zielgruppe zustande. Oder es werden Reize benutzt, die ein zu geringes Erregungspotential haben, wie in einer Werbung für Pralinen von Heller: In dieser Fernsehwerbung fährt die Kamera über endlose Reihen von Pralinen, die sich über eine wellige braune Stein- oder Wüstenebene erstrecken. Hier werden zu viele Pralinen gezeigt (die offensichtlich als emotionale Reize aufgefasst werden) und zu wenig emotionale Umfeldreize. Es sind ja die Umfeldreize, die Produkt und Marke emotional aufladen sollen).

Die schwache Wirkung von Reizen kann erstens auf eine wenig wirksame Darbietungsform des Reizes – zum Beispiel auf eine abgegriffene und stereotype Bildgestaltung – zurückgehen; oder zweitens auf einen gefühlsschwachen Inhalt, zum Beispiel auf ein wenig aufregendes Bildmotiv. Die emotionale Kraft eines Erlebniskonzepts wie »exotisch« oder »natürlich« reicht nur so weit wie das dazu verwendete Bild reicht. Schöne und glatte Bilder gibt es in der Werbung zuhauf. Es kommt jedoch auf deren psychologische Stärke an, auf das emotionale Schema, das von Bildern getroffen wird (Kroeber-Riel, 1993, S. 162).

Wie findet man nun emotionsstarke Reize? Welche Bilder gehen den Empfängern unter die Haut? Zur Beantwortung können wir uns an ein Suchraster halten, das drei Kategorien emotional wirksamer Reize (Bilder) unterscheidet:

226

Besonders wirksam sind Bilder, die

– biologisch vorprogrammierte und kulturübergreifende (z. B. Kindchenschema und Held),
– kulturell geprägte (z. B. Tropenschema, Bayernschema) oder
– zielgruppenspezifisch gelernte (z. B. Fußballschema, Golfschema)

Schemavorstellungen mit starker Verhaltenswirkung treffen.

Die individuellen Verhaltensunterschiede werden von der ersten zur dritten Ebene größer! Zur Veranschaulichung erörtern wir drei Anzeigen, die auf diese Schemavorstellungen abgestimmt sind: Abbildung 66a bis c.

Abbildung 66a: In dieser Anzeige dominiert das Bild eines Gesichtes mit auffallenden Augen. Die Augen wirken als emotionale Schlüsselreize, denen sich ein Betrachter aufgrund seines biologisch vorprogrammierten – wenig bewussten – Verhaltens weitgehend automatisch zuwendet. Andere Schlüsselreize sind erotische Reize und Kindchenschema. Der Augenausdruck gehört zur Mimik und damit zur Körpersprache des Menschen[80]. Die Abbildung von Körpersprache ist eine wichtige Werbetechnik, um Emotionen bei den Empfängern auszulösen. Weinberg (1986, S. 163 ff.) hat dazu einen Anforderungskatalog erarbeitet, wie Körpersprache gezielt und wirkungsvoll in der Werbung eingesetzt werden kann (vgl. auch Bekmeier, 1989, 1994). Neben biologisch vorprogrammierten Reizen können auch Archetypen kulturübergreifende Wirkungen auslösen. Archetypen – wie der des Helden – wurden bislang nur punktuell und eher zufällig in der Werbung eingesetzt. Deshalb wird darauf etwas ausführlicher weiter unten eingegangen.

Abbildung 66b: Die Metaxa-Anzeige appelliert an ein starkes inneres Schema: das Bild vom »fremdartigen und nostalgischen Reiz des Mittelmeers«. Dieses Bild ist kulturell geprägt in nördlichen europäischen Ländern (Berger, 1984, S. 132). Es wird bis heute immer wieder in Dichtung und Kunst umgesetzt und bevorzugt durch blauen Himmel, weiße Tempel (Ruinen) und Meer mit Felsenküste dargestellt (nicht zu verwechseln mit dem Tropenschema).

Eine der wirksamsten Kampagnen der psychologischen Kriegsführung im letzten Weltkrieg hat mit einem solchen Bildmotiv gearbeitet, um amerikanische Soldaten auf ihrem Vormarsch in Italien anzusprechen (Buchbender, Schuh, 1974, Kroeber-Riel, 1998).

---

[80] Vgl. dazu Schuster (1978) und das interessante Buch von Koenig (1975) über Augenabbildungen in den verschiedenen Kulturen. Zur Verwendung von Reizen und Attrappen, die biologisch vorprogrammiertes Verhalten ansprechen, vgl. Kroeber-Riel, 1981.

Abbildung 66a: Anzeige mit Appell an ein biologisch vorprogrammiertes Verhaltensschema

Abbildung 66b: Anzeige mit Appell an ein kulturell geprägtes Verhaltensschema

Abbildung 66c: Anzeige mit Appell an ein zielgruppenspezifisches Verhaltensschema

Abbildung 66c: vom Bild dieser Anzeige lassen sich im Wesentlichen nur solche Empfänger emotional beeinflussen, die sich für Formel 1-Rennen begeistern. Sie haben aufgrund ihrer sportlichen Erfahrungen und ihrer Vorliebe für diesen Sport zielgruppenspezifische Schemavorstellungen erworben, durch die das Anzeigenmotiv emotional besetzt wird. Andere Zielgruppen werden davon weitgehend unberührt bleiben.

Einen weiteren Zugang zu starken Reizen für die emotionale Konditionierung bieten die **Träume** der Menschen. Mit Hilfe von tiefenpsychologischen Modellen ist es möglich, Bildmotive für die Werbung zu entwickeln, die in die Traumwelten der Konsumenten vorstoßen und damit tiefsitzende Emotionen ansprechen. Ähnlich wie bei biologisch vorprogrammierten Reizen lassen sich auch hier kulturübergreifende Wirkungen erzielen.

C. G. Jung hat sich intensiv mit diesen unbewussten und abstrakten Vorstellungen von Menschen beschäftigt, die kulturübergreifend identifizierbar sind. Er bezeichnete diese erfahrungsunabhängigen und überdauernden Wirkfaktoren in Menschen als **Archetypen** (Jung, 1986, 1987)[81].

---

[81] Nach Jung lassen sich Archetypen und archetypische Motive unterscheiden. Archetypen sind der alte Weise, die Anima, der Animus, der Clown, der Held, die Hexe, das Kind, das Mädchen, die Mutter, die Nixe, die Sphinx, der Trickster sowie der Vater. Zu den archetypischen Motiven zählen Erde, Luft, Wasser, Feuer, Transzendenz und Wiedergeburt (Jung, 1987, Dieterle, 1992).

Solche Archetypen wie der des Helden können in unterschiedlichen Kulturkreisen als verschiedene Figuren eine visuelle Gestalt annehmen, etwa in Form des Superman oder des Cowboys (Kroeber-Riel, 1993, S. 176). So kann beispielsweise der Archeyp des »alten Weisen« in westlichen Ländern in Gestalt eines Professors, Arztes oder Großvaters auftreten, in anderen Kulturkreisen hingegen als Medizinmann oder Guru. Dennoch weisen all diese Figuren ein gleiches psychologisches Grundmuster auf: Dieses Wirkungsmuster umfasst beim alten Weisen eine auf Wissen und Weisheit beruhende Autoritätsperson, die Problemlösungsbeiträge leistet (Dieterle, 1992, S. 102 ff., Dieterle, Esch, 1994).

In der Werbung können tief greifende Erlebnisse bei Menschen durch den Einsatz solcher Archetypen ausgelöst werden. Dabei ist darauf zu achten, dass ein Archetyp, der ein bestimmtes Wirkmuster umfasst, durch entsprechende Figuren auch erkennbar umgesetzt wird. Dr. Best in der Werbung für Dr. Best-Zahnbürsten ist ein Umsetzungsbeispiel für den alten Weisen (Abbildung 67). Würde man diesen alten Mann durch einen jungen Arzt oder eine junge Frau ersetzen, wäre das Wirkungsmuster gestört. Durch den Tod des Dr. Best wurde die Werbung zwischenzeitlich geändert. Eine junge Frau erklärt nun die Vorteile der Dr. Best-Produkte. Um den daraus resultierenden Glaubwürdigkeitsverlust in Grenzen zu halten, spielen die Szenen deshalb in dem Dr. Best Forschungslabor.

Wie stark die in Frage kommenden Reize tatsächlich auf die Zielgruppen wirken, kann im Zweifelsfall durch die Marktforschung geprüft werden. Sie hat sich dabei bevorzugt nicht verbaler Messmethoden zu bedienen, weil das Publikum über die Kraft emotionaler Reize bei einer Befragung nur unzureichende Auskünfte geben kann. Die Reizwirkungen sind stets in Abhängigkeit von der Gestaltung der Werbemittel zu sehen. Zur visuellen Vermittlung von emotionalen Reizen sind am besten Bilder geeignet. Sie entfalten die stärksten Erlebniswirkungen, weil sie die emotionalen Reize der realen Umwelt am besten wiedergeben (simulieren). Konsumerlebnisse lassen sich deswegen besonders wirksam durch den Aufbau von inneren Erlebnisbildern erzeugen. Bereits der römische Rhetoriker Quintilian erkannte:

Wer Macht über die inneren Bilder der Menschen hat, der hat auch Macht über ihre Gefühle.

Fahren wir fort mit den Bedingungen für eine wirksame emotionale Konditionierung. Die nächste lautet:

Zahlreiche Wiederholungen: Die emotionale Konditionierung ist ein Vorgang, der wenig Aufmerksamkeit und keine gedankliche Einsicht auf Seiten der Umworbenen verlangt. Sie ist deswegen vor allem auch bei passiven Empfängern wirksam, d. h. sie eignet sich besonders für die Beeinflussung von wenig involvierten Konsumenten. Deshalb benötigt man

230

Abbildung 67: Archetyp »Alter Weiser«

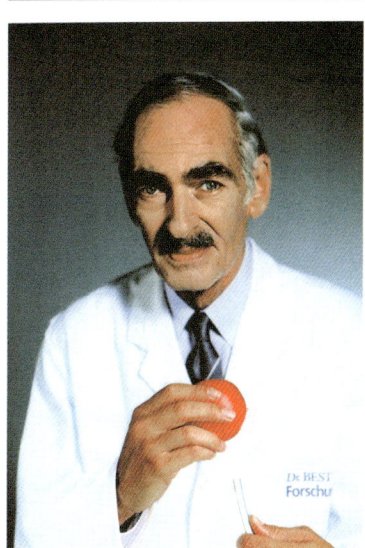

Anmerkung: Umsetzung des Archetyps »Alter Weiser« in der früheren Dr. Best-Werbung durch den seriösen und alten Präsenter Dr. Best.

zahlreiche Schaltungen, um emotionale Haltungen zum Produkt oder zur Dienstleistung zu erzeugen. Eine genaue Zahl kann nicht angegeben werden, sie hängt in erster Linie von der Stärke des emotionalen Reizmaterials ab. Unter experimentellen Bedingungen führten erst zwanzig bis dreißig Wiederholungen in einem relativ kurzen Zeitraum zu einem messbaren Konditionierungserfolg. Über längere Zeiträume hinweg werden noch mehr Kontakte erforderlich. Mit Abnutzungserscheinungen ist bei geeigneter Reizauswahl auch nach zahlreichen Kontakten kaum zu rechnen (siehe dazu auch Seite 152 ff.).

Passivität: Wie erwähnt setzt die Konditionierung keine gedankliche Mitwirkung der Umworbenen, keine Einsicht in den Zusammenhang von Produktverwendung und emotionalen Erlebnissen voraus. Gedankliche Aktivitäten der Umworbenen können sogar den Konditionierungserfolg verringern, weil sie leicht rationale Sperren gegen die Beeinflussung anregen.

Konsistenz: Unter diesem Stichwort ist an zwei Bedingungen für eine erfolgreiche emotionale Werbung zu denken:

1. an die Konsistenz der Reizdarbietung: Ein klares Erlebnisprofil kommt nicht zustande, wenn die Werbung einmal diese, ein anderes Mal jene Erlebnisse vermittelt.
2. an die Konsistenz zwischen den emotionalen Erfahrungen, welche die Werbung bietet, und den Erfahrungen, die durch andere Marketingmaßnahmen und durch den Umgang mit Produkt oder Dienstleistung zustande kommen: So klafft zwischen dem modernen und emotionalen Auftritt der C & A-Fernsehwerbung und den C & A-Läden, die eher nüchtern, traditionell und verstaubt wirken, eine riesige Lücke. Diese Widersprüche sind kontraproduktiv für eine emotionale Konditionierung.

Das Zusammenspiel zwischen emotionalen und rationalen Erfahrungen des Konsumenten lässt noch viele Fragen offen. Widersprüche zwischen den Erfahrungen werden zwar den Erfolg emotionaler Beeinflussung herabsetzen, sie werden ihn aber nur selten aufheben, weil unsere emotionalen Haltungen eine gewisse Eigenständigkeit haben und nicht selten über die rationalen Haltungen herrschen.

Atmosphäre auslösen

In vielen Anzeigen für Autos werden Mädchen abgebildet, neben dem Auto stehend, im Auto sitzend, beim Picknick in der Nähe des Autos usw. Ist das nun Firlefanz, ein hübscher Gag, der vielleicht noch vom Produkt ablenkt? Keineswegs: Durch einen zusätzlichen emotionalen Bildreiz wird eine angenehme Stimmung für Aufnahme und Verarbeitung der Werbebotschaft geschaffen. Der Bildreiz bleibt dabei im Hintergrund, so dass er von den Umworbenen nur am Rande – peripher – bemerkt wird oder nur nebenbei eine Fixation erhält (Kroeber-Riel, 1985 c).

Die emotionalen Reize stehen in diesem Fall nicht im Mittelpunkt wie in der emotionalen Werbung, sie sollen keine Konsumerlebnisse vermitteln. Sie sind vielmehr dafür vorgesehen, ein emotionales Klima, eine Atmosphäre zu schaffen, die der Vermittlung der Werbebotschaft zugute kommt. Das Mädchen im Schwimmbad neben dem Auto könnte zu diesem Zweck auch durch andere Reize ersetzt werden: durch eine schöne Blume, eine stimmungsvolle Landschaft, eine rote Sonne im Hintergrund, ein Tier usw.

Wirkungen der Wahrnehmungsatmosphäre: Aus mehreren Untersuchungen zum Bildmotiv »Auto und Mädchen« (Kroeber-Riel, Weinberg, 2003) wissen wir, welche Wirkungen atmosphärische Reize entfalten.

Unter dem Einfluss atmosphärischer Reize werden

- aus gespeicherten Wissenselementen eher die positiven Elemente ins Bewusstsein gerufen,
- die dargebotenen Informationen positiver aufgenommen und
- die gedanklichen Beurteilungsvorgänge positiv beeinflusst.

Daraus folgt insgesamt eine bessere Aufnahme der Werbebotschaft.

Auf Seite 155 wurde bereits erwähnt, dass die Vorgänge bei der gedanklichen Informationsverarbeitung bevorzugt mittels gedanklicher Reaktionsanalyse (kognitiver Reaktionsanalyse) untersucht werden. In der Sprache der Reaktionsanalyse kann man sagen, dass eine positive Wahrnehmungsatmosphäre dazu führt, dass weniger unangenehme Gedanken beziehungsweise Gegenargumente entstehen, die Ursache für die Verminderung des Beeinflussungserfolges sind.

Wir wollen einmal an drei Anzeigen die Möglichkeiten zur Verwendung von Klimareizen verdeutlichen (siehe Abbildung 68):

Die eine Anzeige enthält zusätzlich zur Information einen emotionalen Bildreiz mit angenehmen Klimawirkungen, die der Anzeigenwirkung zugute kommen werden. Die zweite Anzeige weist keinen derartigen Klimareiz auf, sie bietet knochentrockene Information ohne atmosphärische Unterstützung. In der dritten Anzeige bleckt ein Schaf bedrohlich und unangenehm wirkend seine Zähne. Wir haben es hier mit einem atmosphärisch abträglichen Reiz zu tun, der das Risiko birgt, die Aufnahme der Werbebotschaft nachteilig zu beeinflussen.

Solche unangenehmen Reize werden den Empfängern nicht selten zugemutet. Dahinter steht häufig die Überlegung, dass die sachliche Einsicht unabhängig von emotionalen Nebeneindrücken dieser Art zum Zuge

Abbildung 68a: Anzeige mit positiver Wahrnehmungsatmosphäre

Abbildung 68b: Anzeige mit neutraler Wahrnehmungsatmosphäre

Abbildung 68c: Anzeigen mit negativer Wahrnehmungsatmosphäre

kommt. Durch solche Anmutungen will man primär die Aufmerksamkeit auf sich ziehen, um die sachliche Informationsverarbeitung zu fördern. Man vergisst dabei allerdings, dass ästhetische und emotionale Empfindungen auf die Stimmung der Konsumenten durchschlagen und ihre rationalen Überlegungen durchdringen.

Wenn es um sachliche Informationsvermittlung geht, hat man fast immer die Chance, durch die Gestaltung der Werbung auf die Stimmung der Empfänger einzuwirken und die Wahrnehmungsatmosphäre zu verbessern. Bereits ein farblich angenehmer Hintergrund trägt dazu bei. Emotionale Klimareize, die zur Informationsvermittlung passen, sind im Allgemeinen leicht zu finden: Beiwerk aus der Natur, angenehm wirkende Zeichen und Symbole, angedeutete Umrisse eines menschlichen Gesichts usw.

Bei der Verwendung von emotionalen Klimareizen treten weitere Wirkungen auf, die nicht aus den Augen verloren werden dürfen. Die emotionalen Reize lösen nicht nur Atmosphäre, sondern auch bestimmte gedankliche Assoziationen aus. Diese sind um so stärker, je mehr die Reize bei der Wahrnehmung in den Vordergrund treten. Beispiel: Ein neben dem Auto abgebildetes Mädchen kann Vorstellungen wie elegant oder teuer auslösen, die dann mit der Beurteilung des Autos verbunden werden.

Insgesamt sind also **zwei Wirkungen** auseinander zu halten: (1.) die emotionalen Klimawirkungen, die einen allgemeinen Einfluss auf die Verarbeitung der Werbebotschaft ausüben und (2.) besondere gedankliche Anregungen, die von dem Reiz ausgehen und in die Beurteilung des angebotenen Gegenstandes einfließen.

Bisher standen die Wirkungen emotionaler Reize auf die gedankliche Aufnahme und Verarbeitung der Werbebotschaft zur Diskussion. Nun wenden wir uns einer anderen Wirkung der emotionalen Werbemittelgestaltung zu, das ist die Akzeptanz der Werbung. So weit diese auf emotionale Reizeinwirkungen (und nicht auf rationale Einsicht) zurückzuführen ist, sind an ihrem Zustandekommen nicht nur periphere emotionale Reize, die nebenbei benutzt werden, sondern auch dominante emotionale Reize beteiligt, die zur Erlebnisvermittlung dienen.

Akzeptanz erzeugen:
»Gefallen geht über Verstehen«

Unter Akzeptanz versteht man die Zustimmung der Umworbenen zur Werbemittelgestaltung, das Gefallen an der Art und Weise, wie die Werbebotschaft präsentiert wird. Akzeptanz wird zum Beispiel wiedergegeben durch die Feststellung »diese Anzeige gefällt mir gut«. Statt von Akzeptanz kann man auch von der Haltung (Einstellung) zum Werbemittel sprechen. Akzeptanz wird vor allem durch eine glaubwürdige und gefällige Gestaltung erreicht, sie wird durch Auslösung von Irritation und durch innere Gegenargumente gegen den werblichen Auftritt beeinträchtigt.

Wirkungen der Akzeptanz: Die Akzeptanz der Werbung (des Werbemittels) wird für den Beeinflussungserfolg immer wichtiger und zwar deswegen, weil sich Stil und Wirkung der Massenkommunikation mit dem Eintritt ins »Zeitalter des Showbusiness« (Postman, 1985) geändert haben. Es kommt in zunehmendem Maße auf einen gefälligen Auftritt an, d. h. auf die äußere Gestaltung der Botschaft in allen Kommunikationsbereichen. Postman (1985, S. 13) schreibt zum Beispiel über die politische Kommunikation:

»Obwohl in der Verfassung nichts davon steht, ist dicken Leuten der Zugang zu hohen politischen Ämtern heutzutage praktisch versperrt, Leuten mit Glatze wahrscheinlich ebenfalls. Und mit ziemlicher Sicherheit auch all jenen, deren Aussehen durch Kosmetikerkünste nicht beträchtlich geschönt wird. Vielleicht sind wir inzwischen tatsächlich an dem Punkt angelangt, wo nicht mehr die Programmatik, sondern die Kosmetik das Gebiet ist, auf dem sich der Politiker wirklich auskennen muss.«

Allgemein gefragt: Was hat der äußerliche Auftritt eines Politikers oder einer TV-Sprecherin mit der Beurteilung der von ihnen gelieferten Information zu tun? Postman zufolge beurteilt das heutige Fernsehpublikum den Gehalt und die Richtigkeit der dargebotenen Information vor allem danach, wie Politiker oder TV-Sprecherin auftreten, wie sie äußerlich wirken, also ob die Sprecherin attraktiv und anziehend ist, ob sie den Eindruck macht, aufrichtig, glaubwürdig und authentisch zu sein. Wenn das nicht der Fall ist, taugt auch die Nachricht nichts, die sie mitteilt.

Das gilt in besonderem Maße für die Werbung. Es ist häufig nicht der Inhalt der Werbebotschaft, der über ihren Erfolg entscheidet, sondern ihre gefällige oder unterhaltsame Aufmachung. Auf eine kurze Formel gebracht:

Gefallen geht über Verstehen!

Wie stark die Werbemittelakzeptanz auf den Werbeerfolg durchschlägt, hängt vom Involvement der Umworbenen ab: Je geringer das Involvement der Umworbenen ist, um so stärker wirkt sich die gefällige Gestaltung des Werbemittels aus[82].

Bei starkem Involvement: Empfänger mit starkem kognitivem Involvement konzentrieren sich im Allgemeinen auf den Inhalt der Werbebotschaft, auf die Argumentation und das Nutzenversprechen der Werbung. Dabei zählt hier weniger die Zahl der vorgebrachten Argumente, sondern stärker die Qualität der Argumente. Deshalb sprechen Petty und Cacioppo hier auch von dem zentralen Weg der Beeinflussung (siehe Seite 142). Die

---

[82] Vgl. zum folgenden Text Seite 142 ff. sowie mit ausführlichen Literaturangaben die Modelldarstellungen und -überprüfungen von Batra, Ray, 1985, MacKenzie, Lutz, Belch, 1986, Batra, Myers, Aaker, 1996.

äußere Gestaltung hat einen wichtigen, aber keineswegs entscheidenden Einfluss. Hier stoßen wir auf Querverbindungen zur klassischen Kommunikationsforschung, die sich fast nur mit involvierten Empfängern der Kommunikation beschäftigt hat.

Nach den Ergebnissen dieser Forschung ist die **Glaubwürdigkeit** der Kommunikation ein wichtiger Erfolgsfaktor: Sie kann vom Sender ausgehen, vom benutzten Medium sowie von der sprachlichen und bildlichen Gestaltung. Stärkere Glaubwürdigkeit erhöht die Beeinflussungswirkung der dargebotenen Information (Bettinghaus, 1980, S. 90 ff., 161 ff.). Das gilt ganz besonders für die Werbung. Dabei ist auch die Glaubwürdigkeit der Textgestaltung zu beachten: Längere Texte können – vor allem bei mittlerem Involvement – eine Glaubwürdigkeitsillusion erzeugen, die dem Werbeerfolg zugute kommt. Eine Wirkung, die jedoch leicht überschätzt wird (Meyer-Hentschel, 1984).

Zusammengefasst: Die von der Glaubwürdigkeit und von der gefälligen Gestaltung des Werbemittels abhängigen Akzeptanzwirkungen der Werbung unterstützen bei stark involvierten Empfängern den auf die Werbebotschaft zurückgehenden Beeinflussungserfolg. Sie sind allerdings nicht in der Lage, die nachteiligen Wirkungen einer schwachen und wenig überzeugenden Argumentation zu überspielen.

Bei geringem Involvement kommt die Regel »Gefallen geht über Verstehen« voll zum Zuge. Die von Postman aufgezeigte Entwicklung betrifft vor allem diesen Beeinflussungsbereich. Wenig involvierte Empfänger setzen sich mit dem Inhalt einer Werbebotschaft kaum auseinander. Sie nehmen die dargebotenen Informationen und emotionalen »Nutzenversprechen« nur flüchtig, nachlässig und bruchstückhaft auf. Der Inhalt einer Werbebotschaft kann ihnen kaum noch Anhaltspunkte vermitteln, um Präferenzen für eine Marke oder Firma zu bilden.

Mangels Anhaltspunkten in der eigentlichen Werbebotschaft leiten wenig involvierte Konsumenten ihre Marken- und Firmenpräferenzen vor allem vom äußeren Eindruck ab, den ein Werbemittel auf sie macht. Die gefällige und unterhaltsame Gestaltung des Werbemittels bestimmt dann den Werbeerfolg wesentlich stärker als das Verständnis der Werbebotschaft. Dies wirkt sich auch dann auf die Markenwahl aus, wenn zentrale Argumente aufgrund der Austauschbarkeit der Marken wirkungslos bleiben (Miniard, Sirdeshmukh, Innis, 1992, Batra, Myers, Aaker, 1996).

Aufgrund dieser Überlegungen spricht man in der amerikanischen Werbeforschung von einem »zweistufigen Wirkungsmodell der Akzeptanz«:

1. Stufe: Die äußere Gestaltung der Werbung gefällt den Umworbenen; das führt zur Akzeptanz des Werbemittels.
2. Stufe: Diese Akzeptanz wird aus den genannten Gründen auf die Marke (Firma) übertragen.

238

Um Präferenzen für eine Marke oder Firma aufzubauen, kommt es unter der »Low-Involvement Bedingung« kaum noch darauf an, was gesagt wird, vielmehr darauf, wie es gesagt wird: »Gefallen geht über Verstehen!«

Dieser Beeinflussungsstil wird von Petty und Cacioppo als peripherer Weg der Beeinflussung bezeichnet (vgl. Seite 142)[83]. Abbildung 69 gibt Anzeigen wieder, die diesen Stil widerspiegeln. Wegen der zunehmenden Bedeutung dieses Beeinflussungsstils wird die Messung der Werbemittelakzeptanz zu einem vorrangigen Instrument, um Werbewirkungen zu beurteilen und zu kontrollieren. Die Messungen umfassen vor allem Befragungen (Akzeptanzprofile) und den Einsatz von Programmanalysatoren. Letztere haben unter verschiedenen Namen Eingang in die Werbeforschung gefunden[84].

3.4 Verständnis erreichen

Einführung: Verständnis nicht überschätzen

Nach den Ausführungen zu den emotionalen Wirkungen der Werbung gehen wir jetzt zu den gedanklichen (kognitiven) Wirkungen über. Im Mittelpunkt steht die Frage, welche Sozialtechniken für das Verständnis der Werbung sorgen. Das Verständnis der Werbung ist ein wichtiger Schritt zum Werbeerfolg.

Die Bedeutung des Verständnisses wird allerdings meist überschätzt, aus zwei Gründen:

1. Verständnis ist nur ein Teil der gedanklichen Verarbeitung der Werbebotschaft.
2. Verständnismessungen geben oft unzuverlässige (zu positive) Werte an.

Zu 1.: Verständnis als Teil der gedanklichen Reaktionen: Das Verständnis bezieht sich lediglich auf die direkte gedankliche Verarbeitung der zur Werbebotschaft gehörenden Informationen i. w. S. (einschließlich der emotionalen Elemente). So umfasst zum Beispiel die Werbung für ein Reinigungsmittel die sprachlichen und bildlichen Informationen »reinigt stark« und »schont die Hände«. Das Verständnis dieser Informationen umfasst aber

---

[83] Siehe dazu auch Batra, Ray, 1985, Batra, Myers, Aaker, 1996, Shimp, 1999.

[84] In den USA ist das PEAC-System verbreitet (Edell, 1986, Neibecker, 1985, 1987 b). In Deutschland haben u. a. Procter & Gamble (CRAC), die GfK (PROLOG), das Compagnon Marktforschungsinstitut und das Institut für Kommunikationsforschung von Keitz Programmanalysatoren eingeführt, um die Akzeptanz der Werbung zu messen.

Abbildung 69: Anzeigen nach dem Wirkungsmuster »Gefallen geht über Verstehen«

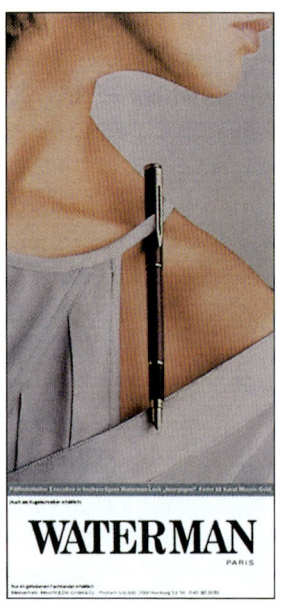

bei weitem nicht alle gedanklichen Reaktionen, die durch die Reinigungsmittelwerbung ausgelöst werden:

Zu den ausgelösten Reaktionen gehören auch solche, die nur in losem Zusammenhang mit dem Inhalt der Werbung stehen, wie »schon wieder eine Spülmittel-Werbung« oder »das Zeug stammt von Firma X, die haben auch schon schönere Werbung gemacht«. Außerdem werden eigenständige Gedanken des Umworbenen ausgelöst, wie »ich habe noch drei Packungen Reinigungsmittel im Schrank« oder »von den Umweltschäden spricht niemand«.

Um die gedanklichen Werbewirkungen richtig einschätzen zu können, genügt es demzufolge nicht, nur das Verständnis festzustellen. Man ist deswegen in den letzten Jahren von Verständnismessungen abgerückt und zur kognitiven Reaktionsanalyse übergegangen. Diese bezieht sich auf alle gedanklichen Reaktionen, die von der Werbung angeregt werden, auch auf Reaktionen der oben angegebenen Art, die über das Verständnis der Werbebotschaft hinausgehen. Das ist deswegen so wichtig, weil die gesamten von der Werbung angeregten Gedanken, insbesondere die entstehenden inneren Gegenargumente, für den Beeinflussungserfolg verantwortlich sind (siehe im Einzelnen Seite 153).

Abbildung 70 verdeutlicht den Einblick, den man durch eine kognitive Reaktionsanalyse erhält: In einem Test von Procter & Gamble für Pampers Anzeigen (P1 bis P3), eine Konkurrenzmarke F und zwei Anzeigen für Kinderpflegemittel P und B machten die eigenen Gedanken der Empfänger 40 % bis 45 % der von der Werbung hervorgerufenen Gedanken aus. Der Gedankenanteil, der das direkte Verständnis der Werbebotschaft betrifft, ist nicht viel größer.

Negative Gedanken sind an den gesamten Gedanken in sehr unterschiedlichem Ausmaß beteiligt (zwischen 19 % und 41 % der gesamten Gedanken). Die Abweichungen im Anzeigenverständnis sind geringer. Für den Anzeigenerfolg sind die positiven und negativen gedanklichen Reaktionen wesentlich wichtiger als das Verständnis.

Anders ausgedrückt: Der gefühlsmäßige Eindruck geht dem genauen Verständnis voraus, mehr noch: Er beeinflusst auch die Verständniswirkungen in erheblichem Maße. Dies gilt für die Verkäufer-Käufer-Interaktion genauso wie für die Werbung. Das heißt plakativ formuliert:

Es gibt keine zweite Chance für den ersten Eindruck!

Dieser Eindruck wiederum prägt das Verständnis.

Zu 2.: Verständnismessungen liefern wenig brauchbare Werte: Die Verfahren, die in kommerziellen Testinstituten üblicherweise eingesetzt werden, um das Verständnis der Werbebotschaft festzustellen, liefern keine gültigen Werte: Das Verständnis wird zu hoch ausgewiesen. Aus folgendem Grund:

Abbildung 70: Ergebnisse einer kognitiven Reaktionsanalyse für fünf Anzeigen

gedankliche Reaktionen auf die Werbung	Anzeigen					
	P1	P2	P3	F	P	B
direkt die Werbebotschaft betreffend	42	49	47	48	53	54
indirekt die Werbebotschaft betreffend	14	9	15	8	11	7
eigene Gedanken	44	42	39	45	36	39
Richtung der gedanklichen Reaktionen						
positiv	63	56	51	44	72	62
neutral	11	14	12	14	10	9
negativ	26	30	37	41	19	29

(Angaben in % der ermittelten gedanklichen Reaktionen)

Bei der getesteten Werbung handelt es sich meistens um Werbung, die von wenig involvierten Empfängern flüchtig aufgenommen wird. Im **Pre-test** wird die Werbung aber so getestet, **als ob** die Empfänger involviert seien. Man fordert die Testpersonen dabei üblicherweise auf, die Werbung kurz zu betrachten (erste Stufe), später legt man ihnen die Werbung zur genaueren Betrachtung – minutenlang – vor (zweite Stufe).

Bereits in der ersten Stufe wird ein so genannter »forcierter Kontakt« hergestellt, der mehr Zuwendung zur Werbung und mehr Aufmerksamkeit auslöst, als es einem realen Kontakt bei wenig involvierten Empfängern entspricht. In der zweiten Stufe (genauere Betrachtung) wird die Werbung unter einer Bedingung getestet, die beim tatsächlichen Kontakt niemals, auch nicht annähernd eintritt und eine intensivere Zuwendung zur Werbung herbeiführt als selbst Empfänger mit hohem Involvement aufbringen.

In Wirklichkeit muss die Werbebotschaft fast immer in einem Zeitraum von einer bis drei Sekunden vermittelt werden. Dabei werden nur Bruchstücke der Werbebotschaft aufgenommen und gedanklich oder emotional wirksam. Im Test wird ein künstliches, weit darüber hinausgehendes Verständnis produziert.

Nur durch Befragung der Umworbenen nach Darbietung der Werbung unter einigermaßen wirklichkeitsnahen Bedingungen kann ein brauchbarer Wert für das Verständnis der Werbebotschaft ermittelt werden.

Abbildung 71: Verteilung der Betrachtungszeiten auf Anzeigenelemente bei unterschiedlichem Produktinvolvement

Anzeigen- elemente	Produktinvolvement	
	hoch	niedrig
Bild	58%	70%
Headline	22%	20%
Text	20%	10%
Durchschnittliche Betrachtungszeit	6 Sek.	1,5 Sek.

Quelle: nach Jeck-Schlottmann, 1987, S. 194 ff.

Neben diesen Problemen der empirischen Ermittlung und Interpretation von Verständniswerten ist auch hier hervorzuheben, dass das Verständnis der Werbebotschaft nachlassende Bedeutung für den Werbeerfolg hat: Bei rückläufigem Involvement gewinnt die gefällige Gestaltung mehr Einfluss als der Inhalt der Werbebotschaft, Gefallen wird wichtiger als Verstehen (vgl. Seite 226).

Bild und Text auf Empfänger abstimmen

Das Verständnis von Anzeigen wird im Wesentlichen durch

- dominante Bilder,
- dominante Texte, vor allem Headlines und durch
- Interaktion zwischen Bild und Text

bestimmt. Bei elektronischen Medien sind noch die akustischen Komponenten einzubeziehen. Im Hinblick auf die durchgehend untergeordnete Rolle des »normalen« Textes richten wir unser Augenmerk vor allem auf diese Elemente der Werbebotschaft.

Das Bild wird unabhängig vom Involvement fast immer als erstes und am längsten betrachtet.

Nach einer Untersuchung von Jeck-Schlottmann (1988) entfallen in Anzeigen bei geringem Involvement ungefähr 70 % aller Blicke (Fixationen) auf das Bild, bei starkem Involvement sind es immer noch fast 60 %.

Nach dem Bild erhält die Headline sowohl bei geringem als auch bei hohem Involvement ungefähr 20 % der Fixationen, der geringe Rest der Aufmerksamkeit wird vom Text absorbiert[85].

Nur wenn das Involvement besonders stark ist, wenn die Empfänger aufmerksam und aktiv Informationen suchen und/oder aufnehmen, kommt es zu Verschiebungen zugunsten des Textes. Dann und nur dann kommt es auch auf den **Argumentationsstil** an. Fast die gesamte Literatur zur Kommunikation einschließlich eines älteren Buches von Kroeber-Riel (Kroeber-Riel, Meyer-Hentschel, 1982, mit Literaturhinweisen) setzt sich ausführlich mit dem Argumentationsstil auseinander: ob einseitig oder zweiseitig argumentiert wird, ob positive oder negative Argumente am Anfang oder am Schluss der Werbebotschaft stehen, ob explizite Schlussfolgerungen gezogen oder Empfehlungen gegeben werden usw.[86].

Darin spiegelt sich die klassische Auffassung von Kommunikation wider, nach der die Beteiligten involviert und aufmerksam die dargebotenen Informationen aufnehmen. Diese Auffassung ist zumindest für die Werbung nicht mehr akzeptierbar, denn unter den heutigen Kommunikationsbedingungen nehmen die Empfänger selten so viel Text auf, dass Unterschiede des Argumentationsstils zum Tragen kommen. Wir sehen deswegen hier von Erörterungen des Argumentationsstils der Werbung ab und beschränken uns auf Fragen, die das Verständnis von Bildmotiv und Headline betreffen (zum Argumentationsstil vgl. z. B. Behrens, 1996).

An erster Stelle ist die Forderung zu stellen, die dominanten Elemente Bild und Headline auf die Erwartungen der Empfänger abzustimmen.

Bild auf Erwartungen der Empfänger abstimmen:

Das Verständnis des Bildes hängt vor allem davon ab, inwieweit es den im Bildgedächtnis vorhandenen Schemavorstellungen der Empfänger entspricht.

Die Betrachter verfügen über innere Schemavorstellungen darüber, wie ein Gegenstand aussieht und wie er abgebildet wird. Diese Schemavorstellungen prägen visuelle Erwartungen, mit denen die Empfänger an das Bild

---

[85] Ergebnisse zur Anzeigenwahrnehmung mittels Blickaufzeichnung auf der Basis von mehr als 600 Anzeigen durch die GfK untermauern diese Resultate nachdrücklich: In dieser Studie betrachteten 71 % der Leser das Bild, 28 % noch die Headline und nur 13 % der Leser den Fließtext, ohne den Text natürlich ganz zu lesen (Grapentin, 1994, S. 202).

[86] Vgl. hierzu auch die Ausführungen von Behrens, 1996.

Abbildung 72: Wahrnehmen (Erkennen) aufgrund innerer Schema-vorstellungen

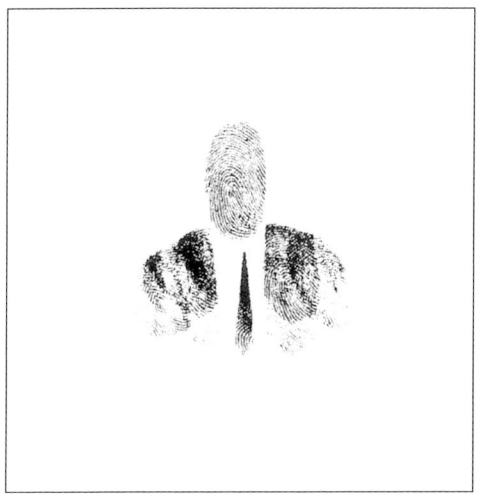

Ein solches Porträt kann nur erkannt werden, wenn der Betrachter innere Schema-vorstellungen davon hat. Erläuterungen im Text. Quelle: Gombrich, 1986, S. 264.

herangehen. Dazu ein Zitat von Gombrich (1986, S. 207), der sich an einen Schriftsteller der Antike anlehnt: »Alle, die ein Werk der Mal- oder Zeichenkunst betrachten, müssen selbst die Gabe der Nachahmung besitzen, niemand könnte einen gemalten Hengst oder Stier verstehen, der nicht wüßte, wie diese Tiere aussehen.« Statt von »Gabe der Nachahmung« würde man heute von vorhandenen Schemavorstellungen sprechen.

Wie flexibel die Wahrnehmung durch visuelle Erwartungen, die von Schemavorstellungen abgeleitet werden, gesteuert wird, verdeutlicht das Verständnis einer von Saul Steinberg – dem großen amerikanischen Humoristen – gezeichneten Passfotografie (Abbildung 72).

Dieses Bild besteht aus wenigen Einzelelementen, die einzeln dargeboten entweder gar nicht oder anders interpretiert würden. Ihre Kombination zum Portrait eines Mannes wird dem Betrachter erst dadurch verständlich, dass er über eine innere Schemavorstellung eines solchen Portraits verfügt: Wir erkennen unschwer das Portrait eines Mannes. Er trägt Jacke und Schlips. Die gestreckte ovale Kopfform deutet auf die Intelligenz dieses Mannes hin. Auch die Machart, die Benutzung von Fingerabdrücken, wird verstanden. Durch die originelle Darstellungsform entsteht Witz und Illusion, welche die Fantasie des Betrachters anregen.

Für die Werbung gilt es nun, das Verständnis der durch Bilder dargebotenen Schlüsselbotschaft dadurch zu erhöhen, dass dominante Schemaattribute klar fokussiert werden. Solche Schemaattribute sind Eigenschaften,
die eine gedankliche Vorstellung von einem Objekt, einem Ereignis oder
einer Situation in besonderem Maße prägen. Bei Schemavorstellungen zu
Paris wäre ein solches dominantes Attribut beispielsweise der Eiffel-Turm.
Maas (1995) fordert deshalb bei der Gestaltung von Bildern, welche die
Schlüsselbotschaft klar kommunizieren sollen:

Triff das Schema!

Diese dominanten Bildeigenschaften lassen sich vorab durch Assoziations-
tests bei Konsumenten erfassen. Will man beispielsweise in einer Werbung
für Hundefutter die Treue eines Hundes kommunizieren, sind hier als wesentliche Schemaattribute die großen, runden Augen des Hundes dominant
herauszustreichen, da offensichtlich der Blick des Hundes als deutlicher
»Treue«-Indikator gilt (Maas, 1995; Abbildung 73).

Die vom Fernsehen verbreitete Bilderflut hat zu einer ungeheuren Aus-
weitung der beim Publikum vorhandenen Schemavorstellungen geführt,
etwa für Fantasiefiguren wie Superman oder Donald Duck.

Die Betonung von Schlüsselattributen fördert zwar das Verständnis,
kann jedoch die Austauschbarkeit der Werbung erhöhen. Für den Bild-
einsatz in der Werbung bietet sich deshalb noch eine zweite Gestal-
tungsvariante an, bei der das Verständnis weiterhin gewährleistet ist, jedoch eine **größere Eigenständigkeit** erzielt wird. Diese lautet (Maas,
1995):

Weiche in bildlichen Details vom Schema ab!

Ausgangspunkt für solche Verfremdungen stellen jeweils die einem Schema entsprechenden Bildideen dar (Abbildung 74). Wird das Schema einer
Braut beispielsweise durch Eigenschaften wie weißer Schleier, langes,
weißes Brautkleid, Brautschmuck usw. bestimmt, wäre eine andere Ein-
färbung des Kleides bereits eine Abweichung davon. Abweichungen zwischen den dargebotenen visuellen Abbildungen und dem inneren Schemabild regen gedankliche Aktivitäten an und verstärken die Erinnerung.
(Diese Wirkung ist in Abhängigkeit vom Involvement der Empfänger zu
sehen.)

Entfernt sich eine Abbildung allerdings zu stark von den visuellen Erwartungen der Empfänger, so wird sie schlecht oder gar nicht verstanden
oder büßt Verhaltenswirksamkeit ein. Diese mangelnde Verhaltenswirksamkeit stark von einem Schema abweichender Bilder hat folgende Ursache: Neue Bilder werden durch einen Mustervergleich mit vorhandenen
inneren Schemata verglichen. Je größer die Abweichung von einem Sche-

Abbildung 73: Hundeblick als »Treue«-Indikator und dominantes Schemaattribut

ma, desto schwerer fällt die korrekte Zuordnung des Bildes, es kommt zu Fehlzuordnungen[87].

Deshalb sind bildliche Abweichungen so zu gestalten, dass durch Musterprozesse eine Zuordnung noch möglich wird. Bei Beck's stellen die grünen Segel des Segelschiffs eine solche Abweichung dar, die dennoch eine klare Zuordnung erlaubt. Der wirksame Grad der Verfremdung ist da-

---

[87] Vgl. dazu die Untersuchung von Meyers-Levy, Tybout, 1989 sowie Maas, 1995. Folgende Verfremdungstechniken sind denkbar: (1.) Veränderung von Farbe, Form, Größe und Anordnung einzelner Bildelemente sowie Änderung des Stils der Umsetzung, (2.) Reduzierung einzelner Bildelemente, (3.) Hinzufügung neuer Bildelemente, d. h. Einsatz neuartiger Bildkombinationen (Maas, 1995, S. 328).

Abbildung 74: Verständnis trotz Abweichung vom Schema

Die EG-Gesundheitsminister: Rauchen gefährdet die Gesundheit. Der Rauch einer Zigarette dieser Marke enthält 0,9 mg Nikotin und 12 mg Kondensat (Teer). (Durchschnittswerte nach ISO.)

durch prüfbar, ob die Konsumenten trotz vorhandener Inkongruenzen das Schema noch erkennen können.

Hält sich ein Bild nicht an die Erwartungen, die sich darauf beziehen, wie Produkte und Dienstleistungen in der Werbung auftreten, so wird das Risiko erhöht, missverstanden zu werden (Abbildung 75).

In einem Brief zu diesem Thema schrieb Eitelfritz Cabus, ehemaliger Leiter der Marktforschung von Henkel, Düsseldorf, vor einigen Jahren:

248

Abbildung 75: Fehlleitung der Konsumenten durch falsche Schemaansprache

Wir haben aus Werbemitteltests inzwischen »die ziemlich sichere Vermutung, dass bestimmte Bilder oder Bildelemente (...) eine ganz bestimmte Signalwirkung in Richtung Produktkategorie haben und bei »Fehlverwendung« zu Irritationen und Missverständnissen führen können. In einer Testanzeige für PRIL hatten wir zum Beispiel neben Geschirr als Spülgut eine dampfende Tasse Kaffee abgebildet nach dem Motto: flink mit PRIL gespült, gönn Dir eine Tasse Kaffee. Die Anzeige wurde von einer Reihe von Versuchspersonen auch nach halbstündiger Auseinandersetzung noch für eine Kaffeeanzeige gehalten«.

Um dieses Risiko zu vermeiden, sollten Werbemittel mit Bildern, die zu Missverständnissen führen können, durch einen Test überprüft werden. Der Test kann sich u. a. auch darauf erstrecken, ob und wie neue und von den Erwartungen abweichende Bildkompositionen bei wiederholter Darbietung von den Empfängern gelernt werden. Im einfachsten Fall legt man dazu die Werbung den Testpersonen nur kurzzeitig vor und befragt diese anschließend nach den durch die Werbung ausgelösten Vorstellungen und Assoziationen.

Missverständnisse entstehen nicht nur durch unzureichende Bildabstimmung auf die Schemavorstellungen der Empfänger und sonstige unklare Bildinhalte, sondern auch durch formale Mängel – vor allem durch zu geringen **Kontrast** und übermäßige **Komplexität**. Solche formalen Mängel verlangen vom Empfänger besondere Anstrengungen, um das Bild zu verstehen. Der flüchtige Betrachter ist kaum bereit, diese auf sich zu nehmen. Man hat sich hier wieder an die Rahmenbedingungen für das Verständnis zu erinnern: kurze Betrachtungszeit und flüchtiges Hinschauen!

Abschließend ist noch auf eine Eigengesetzlichkeit der gedanklichen Verarbeitung von Bildern hinzuweisen:

Im Gegensatz zur sequentiellen Verarbeitung von Sprachinformation, die den Regeln der analytischen Logik folgt, werden Bilder ganzheitlich, in größeren visuellen Einheiten bzw. Zusammenhängen (information chunks) aufgenommen und nach den Regeln einer analogen, vor allem räumlichen Grammatik verarbeitet (siehe Seite 147).

Das heißt: Die entstehenden gedanklichen Verknüpfungen richten sich vor allem nach der **räumlichen** Zuordnung der Bildelemente. Ein Auto wird mit Eindrücken wie »interessant, robust« verbunden, wenn es in einem steinigen Wüstengelände gezeigt wird, ein Lack wird mit »progressiv und modern« assoziiert, wenn die Lackbehälter in einem futuristischen Linienraster abgebildet werden, ein übermächtiger Konzern wie die IBM wird mit humanen Eindrücken verbunden, wenn Fotos von Charly Chaplin in die IBM Werbung einbezogen werden.

Würden diese Bildkompositionen von den Empfängern gedanklich stärker kontrolliert und hinterfragt, würde der Bildinhalt sogar sprachlich formuliert, so würde ihr der analytischen Logik zuwiderlaufender Sinngehalt deutlich. Diese Einsicht macht uns auf die besonderen Möglichkeiten aufmerksam, das analoge, räumlich organisierte Bildverständnis für die werbliche Beeinflussung zu nutzen.

Text auf Erwartungen der Empfänger abstimmen: Das Verständnis von Sprache und ihren Wirkungen auf den Empfänger sind Gegenstand der Semantik und Pragmatik. Diese wissenschaftlichen Richtungen treten in der Werbeforschung immer mehr in Erscheinung. Über die zahlreichen interessanten Ansätze und Ergebnisse der Forschung informiert die unten angegebene Literatur[88].

Bei sprachlichen Formulierungen ist es eher möglich als bei Bildern, nach dem Verständnis von einzelnen Elementen bzw. Wörtern zu fragen, auch wenn sich der Sinn eines Satzes erst aus der Verknüpfung dieser Wörter und aus dem Kontext erschließt.

Entscheidend für das **Verständnis** von **Wörtern** sind die Vorstellungen, die in den Empfängern ausgelöst werden. Mit dieser Thematik setzt sich zunehmend die neue Forschungsrichtung der interpretativen Konsumentenforschung auseinander, der es um ein tieferes Verständnis der Bedeutung von Marketingmaßnahmen, z. B. von Werbetexten und -bildern, für die Konsumenten geht (Hirschman, Holbrook, 1992). Schon 1986 widmete man sich auf einer Tagung für Werbe- und Verbraucherpsychologie in New York dem Verständnis von Werbeaussagen. Beispielhaft sei hier folgende Aussage betrachtet: »X represents the Y corporation ... «.

Die mit »Corporation« verbundenen Vorstellungen sehen beim Zielpublikum wie folgt aus:

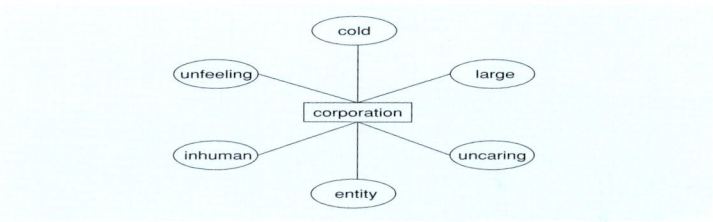

Das Verständnis von »corporation« geht also überwiegend ins Negative. Werbebotschaften, die diesen Ausdruck enthalten, rufen einen nachteiligen Eindruck hervor. Ersetzt man »corporation« durch »company«, so werden die abträglichen Begleitvorstellungen des Ausdrucks vermieden. Das Verständnis von »company« geht in Richtung von »group to party, common purpose« usw.

Ein anderes Beispiel: In der deutschen Werbung einer Computermarke taucht sehr häufig das Wort »Arbeit« auf. Dieses Wort wird im neueren deutschen Sprachgebrauch mehr und mehr negativ besetzt. »Arbeit« wird mit Assoziationen wie »berufliche Mühe«, »Überlastung« und »Stress« ver-

---

[88] Umiker-Sebeok, 1987; Mick, 1986, S. 196 ff., Williamson, 1987, zur Semiotik des Bildes Kroehl, 1987, Scott, 1994, McQuarrie, Mick, 1999.

knüpft. Dadurch entsteht das Risiko, dass die angebotene Marke durch die Werbesprache in ein gedankliches Umfeld gebracht wird, das der Einstellung zur Marke abträglich ist, zusätzlich noch deswegen, weil die Zielgruppe die ausgelösten Vorstellungen leicht auf den Einsatz der angebotenen Computer beziehen kann.

Folgt man der Theorie mentaler Modelle, so bilden bereits die ersten Schlüsselworte bei den Konsumenten eine schematische Vorstellung darüber, wie eine Geschichte fortgesetzt wird: Diese Schlüsselworte sind prägend für das Verständnis.

Dazu folgendes klassisches Beispiel: »Hans war auf dem Weg zur Schule. Er machte sich Sorgen wegen der Mathematikstunde. Er hatte Angst, er würde die Klasse nicht unter Kontrolle halten können.« (Dörner, Meer, 1995, S. 99). Der dritte Satz wird den Leser meist verdutzen, weil dieser sich nach den ersten beiden Sätzen die Vorstellung gebildet hat, dass Hans ein Schüler ist. Aufgrund der sequentiellen Verarbeitung wurde das schematische Textverständnis demnach in eine falsche Richtung gedrängt: Hans ist nämlich ein Lehrer und kein Schüler. Deshalb ist darauf zu achten, dass solche Schlüsselwörter zu Beginn von Textaussagen genutzt werden, die das schematische Verständnis in die gewünschte Richtung bringen.

Man lernt daraus, wie wichtig es ist, die von der Werbesprache bei den Zielgruppen ausgelösten Gedanken zu kontrollieren und bei sprachlichen Formulierungen zu berücksichtigen. Deshalb gilt:

Setze Schlüsselbegriffe zur zielgerichteten Beeinflussung des Verständnisses ein!

Mängel des Sprachverständnisses gehen auch auf die Verwendung von gestelzten (zwanghaft originellen) Formulierungen, und vor allem auf die Verwendung von zu technischen und abstrakten Ausdrücken zurück (vgl. Seite 263 ff.).

Nach diesen Hinweisen zum Verständnis einzelner Wörter gehen wir zum Verständnis von **Sätzen** und Texten über.

Die wichtigste Forderung »kurz und klar« ist hinreichend bekannt, sie wird gleichwohl laufend verletzt. Damit ist weniger die Kürze der Überschriften und Texte gemeint. Es geht vielmehr um die Formulierung der Schlüsselinformationen in der Werbung.

Die für das Verständnis der Werbebotschaft **wesentlichen** Informationen sollten so kurz und prägnant wie möglich formuliert werden. Es ist jedoch oft so, dass die Headline zwar kurz ist, aber Unwesentliches wiedergibt, die eigentliche Werbebotschaft dagegen lang und kompliziert und nicht auf die Anforderungen schneller Informationsvermittlung abgestellt ist. Deshalb gilt:

Formuliere die für das Verständnis wesentlichen Informationen kurz und prägnant!

Da die Umworbenen im Allgemeinen nicht bereit sind, das Studium einer langatmig formulierten Werbebotschaft auf sich zu nehmen, begnügen sie sich in diesen Fällen mit der zwar einfachen, aber nichts sagenden Headline und mit einigen Bruchstücken aus dem Text. Dies führt zu schwer wiegenden Störungen des Verständnisses.

Aufschlussreiches Beispiel ist eine vor einigen Jahren getestete Anzeige der Vereinigten Versicherungsgruppe, die in Abbildung 76 wiedergegeben wird (vgl. dazu Kroeber-Riel, 1985 a, b). Beim Betrachten dieser doppelseitigen Anzeige (die Teil einer ähnlich aufgebauten Serie war) wurden lediglich folgende Elemente aufgenommen: ein großes Bildmotiv mit jungen Mädchen an Spielautomaten sowie eine der beiden Headlines »Mit 17 hält man Sicherheit für spießig« oder »Die Dinge sehen wie sie sind«. Personen mit überdurchschnittlicher Betrachtungszeit entnahmen der Anzeige noch eine oder zwei Textproben wie »Als Jugendlicher kann man kaum erwarten, endlich erwachsen zu werden.« (Satz = 1,5 Sekunden Lesezeit). Der Text mit den eigentlichen Informationen wurde nicht gelesen, er hätte eine Betrachtungszeit von 135 Sekunden (!) erfordert – und das bei geringem Involvement der Zielgruppe, über das der Werbetreibende sogar Bescheid wusste (vgl. Tabelle zum Informationsinteresse in der Fallstudie in werben & verkaufen, 1983, Nr. 39, S. 26).

Aus diesen bei der Betrachtung aufgenommenen Bruchstücken konnten sich die Leser kaum einen Eindruck vom Inhalt der Werbebotschaft machen, um so weniger, als der Firmenname (= Hinweis auf Krankenversicherung) weder im Bild noch in den Überschriften zu finden und relativ schlecht platziert war. Ergebnis: Die Anzeige wurde von über zwei Dritteln der Personen, die Kontakt mit ihr hatten, falsch verstanden!

Einen solchen, wenig wirksamen Aufbau findet man in vielen Anzeigen. Zu lange Texte und zu große Komplexität ohne klares Hervorheben der wesentlichen Informationen sind die wichtigsten Mängel der Informationsvermittlung. Sie beeinträchtigen das Verständnis und die Erinnerung. Auf die Lösung dieses Problems gehen wir später im Abschnitt über hierarchische Informationsvermittlung ein.

Wenn hier oder an anderer Stelle von zu großer oder übermäßiger Komplexität (von Bild oder Text oder von ganzen Werbemitteln) gesprochen wird, so ist von einer Komplexität die Rede, die zu einer Barriere für die Wahrnehmung der Werbebotschaft wird. Davon abgesehen kann eine mittlere Komplexität durchaus zum längeren Betrachten von Anzeigen anregen (Jeck-Schlottmann, 1988). Um Missverständnisse zu vermeiden, ist hervorzuheben, dass eine wirksame Werbemittelgestaltung bei Informationsüberlastung nicht darauf hinausläuft, auf längere Texte oder eine komplexe Gestaltung zu verzichten. Entscheidend ist vielmehr, dass die Werbebotschaft – abgestimmt auf das unterschiedliche Involvement der Empfänger – so formuliert wird, dass eine schnelle, selektive und einprägsame Vermittlung der Werbebotschaft ermöglicht wird (vgl. dazu Seite 247 ff.).

Abbildung 76: Anzeige mit Bild und Headlines, die nichts zum Verständnis beitragen

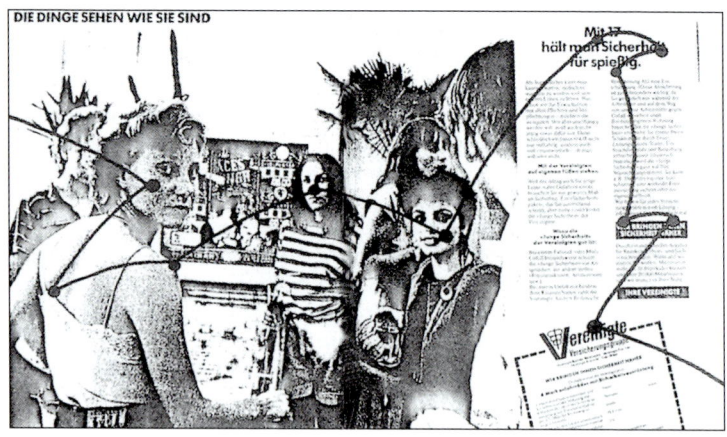

Bild-Text-Interaktion: Das Bild trägt zum Verständnis des Textes bei und umgekehrt.

Da das Bild in der Anzeigenwerbung fast immer zuerst betrachtet wird, ist es für die Erwartungen und für das Verständnis verantwortlich, mit denen sich die Empfänger dem Text zuwenden.

Das Bild ist sozusagen das »Tor zum Textverständnis«.

Dadurch kanalisiert das Bild die gedankliche und emotionale Verarbeitung der nachfolgend aufgenommenen sprachlichen Informationen. Negatives Beispiel ist eine ältere VW-Anzeige: Das Bild stellt eine weinende Tanksäule dar. Daraus folgt kein sehr positives Vorverständnis für den Text! Die Headline verstärkt das nachteilige Vorverständnis noch durch ihren Anfang »Schlechte Nachrichten: Die Volkswagen Turbo Diesel sind da.« Unter dem flüchtigen Eindruck von Bild und Headline werden Erwartungen hervorgerufen, welche die gedankliche Aufnahme der folgenden Textinformationen nachteilig beeinflussen. Die Aufnahme von Bild und Headline allein – ohne nachfolgende Textbeachtung (mit der kaum gerechnet werden kann) – verstärkt das Risiko, dass die Werbebotschaft nicht so positiv aufgenommen wird, wie es dem Werbeziel entspricht.

Hinter dieser kreativen Komposition steht wohl die Absicht, gedankliche Überraschung auszulösen und witzig zu sein. Der Kreative sollte sich aber klarmachen, dass solche Witze involvierte, genau hinschauende und nachdenkende Empfänger voraussetzen; bei flüchtiger Betrachtung sind sie hingegen gefährlich. Zugunsten eines besseren Verständnisses der Anzeige wäre es ohne weiteres möglich gewesen, eine lachende Tanksäule oder ein lachendes Auto abzubilden und statt von schlechten von guten Nachrichten zu sprechen, ohne der Anzeige ihr Aktivierungspotential zu nehmen (vgl. Kroeber-Riel, 1984 e).

Eine Erschwerung des Verständnisses kommt weiterhin dadurch zustande, dass Bild und Überschrift (oder Text) nicht zusammenpassen, ja sogar widersprüchliche Erwartungen hervorrufen. Edell und Staelin (1983) stellten fest, dass die Verwendung von bezugslosen Bildern in Anzeigen das Verständnis der Werbebotschaft erschwert und zu einer schlechteren und ungenaueren Erinnerung an die Anzeige führt. In ihrer Untersuchung wurden Bilder als bezugslos bezeichnet, wenn sie nicht zum Text der Werbebotschaft passten, so dass keine Beziehung zur angebotenen Marke hergestellt wurde[89].

Die **Ergänzung** von Bildern **durch Sprache** ist auch deshalb notwendig, weil durch entsprechende sprachliche Zusätze die Beachtung von für die Werbebotschaft wichtigen Bildelementen verstärkt und abgesichert werden kann (Abbildung 77).

Demzufolge können ergänzende sprachliche Hinweise

- den Interpretationsspielraum eines Bildes zielorientiert einschränken,
- die Bildbedeutung in eine werbebotschaftskonforme Richtung verändern und
- das Bildverständnis und die Erinnerung daran erleichtern (Kroeber-Riel, 1993, S. 181).

Die wichtigste Aufgabe besteht darin, die Mehrdeutigkeit des Bildes einzuschränken. Eine zentrale Rolle spielt dabei das »labeling«, d. h. die unmittelbare sprachliche Bezeichnung des Bildinhalts. Eine solche Bildbenennung fördert das Verständnis und verstärkt die Erinnerung an die Werbung. Bei wenig involvierten Empfängern ist es besonders ratsam, Bilder redundant zu betexten, um somit die Bedeutung der Werbebotschaft noch besser zur Geltung zu bringen.

---

[89] Dabei ist zu beachten, dass die Untersuchung bei hohem Situationsinvolvement (bei forcierter Darbietung) durchgeführt wurde. Bei geringem Involvement ist mit noch stärkerer Beeinträchtigung zu rechnen.
Eine andere Wirkung entsteht, wenn Bild und Text zwar in Beziehung stehen, aber nicht konsistent sind, d. h.: wenn im Bild eine andere Produkteigenschaft als im Text dargestellt wird. Dies kann bei stärkerem Involvement zu einer besseren Erinnerung an die Gesamtanzeige führen, vgl. Houston, Childers, Heckler, 1987.

Abbildung 77: Anzeigen mit Abstimmung zwischen Bild und Headline

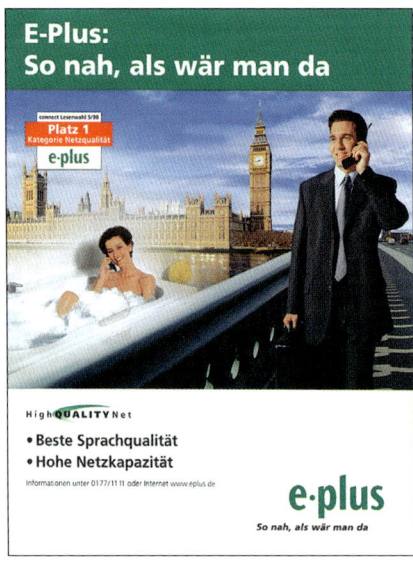

Alles in allem: Bei kurzen Kontakten mit wenig involvierten Empfängern ist es zweckmäßig, dass sich Bild und Textverständnis gegenseitig stützen. Das wird insbesondere dann erreicht, wenn die Headline den Inhalt des Bildes noch einmal andeutet oder formuliert, (1.) um ein eindeutiges Verständnis des Bildes sicherzustellen und (2.), um den flüchtigen Eindruck, den die Bildbotschaft auf den Empfänger macht, durch die sprachliche Wiederholung zu verstärken. Ein Beispiel dafür ist die Anzeigenwerbung für Hewlett Packard-Drucker, die auf das niedrige Empfängerinvolvement abgestimmt ist: Die Bildmotive geben auffallend wirklichkeitsgetreue Ausdrucke, z. B. von einem Baby, wieder, darunter steht kurz und prägnant: »Nur die Wirklichkeit wirkt wirklicher.«

Beim Fernsehen kommt der **»Bild-Text-Schere«** besondere Bedeutung zu (Lorson, 1992). Wember (1983) stellte fest, dass Nachrichten dann besonders gut erinnert werden, wenn Bild und Text aufeinander abgestimmt sind (siehe auch Winterhoff-Spurk, 1986). Klaffen Bild und Sprache hingegen auseinander (= Bild-Text-Schere), scheinen sich Zuschauer bevorzugt an den Bildern entlang zu hangeln und die sprachlichen Informationen zu vernachlässigen (Sturm, 1989, S. 51).

Zur Erzielung einer besseren Verständniswirkung ist es deshalb auch ratsam, Musik und Geräusche mit den jeweiligen bildlichen Szenen abzustimmen (Lorson, 1992)[90]. Durch diese akustische Unterstützung der Bilder wird das Verständnis verstärkt, die Authentizität der Szenen vertieft und eine intensivere Annäherung an reale Szenen erreicht.

Negative Auswirkungen auf das Verständnis der in einem Fernsehspot vermittelten Werbebotschaft können auch schnelle Schnitte haben. Sturm (1989, S. 59) spricht von der **»fehlenden Halbsekunde«**: Zuschauer werden durch schnelle Schnitte oft so schnell durch einen Spot getrieben, dass ihnen die notwendige Zeit zur Verarbeitung der Bilder und damit zum Verständnis der Werbebotschaft fehlt. Diese Erkenntnis spricht sowohl für die Notwendigkeit der Redundanz in Bild und Ton, aber auch für die Darbietung hinreichend langer Bildszenen, um das Verständnis der Bilder sicherzustellen. Rossiter und Percy (1997) zufolge sind hierfür mindestens zwei Sekunden pro Szene erforderlich.

Informationen hierarchisch darbieten

Viele Werbemittel sind zu einem Versteckspiel entartet. Sie folgen dem Motto: »Wer suchet, der findet.« Die Werbebotschaft ist auf den ersten Blick nicht zu erkennen. Das gilt vor allem für die bereits kritisierten Rät-

---

[90] McCollum und Spielman (1986 a, b) geben aufbauend auf Testergebnissen zu 2.000 Werbespots ebenfalls die Empfehlung, Audio- und Videoteil eines Spots zu verknüpfen.

selanzeigen und entsprechende Spots, die dem Empfänger Rätsel aufgeben (»Haben sechs Millionen Deutsche geschlafen?«); Rätsel, die er durch das Lesen des gesamten Anzeigentextes oder durch das Betrachten eines Spots bis zum Ende lösen soll (siehe dazu S. 207). Verbreitet sind auch Anzeigen und Spots mit nichts sagenden und austauschbaren Parolen und Bildern, die von der eigentlichen Werbebotschaft noch nicht einmal Andeutungen preisgeben. Bei solchen Werbemitteln ist die Aufmerksamkeitsspanne der Empfänger meist erschöpft, bevor das Wesentliche der Werbebotschaft aufgenommen wird (siehe Abbildung S. 207).

Nun werden diejenigen, die für diese Gestaltung verantwortlich sind, einwenden, dass man durch Überraschungen und Widersprüche sowie durch rätselhafte Bilder und Headlines die Leser animieren kann, sich länger mit der Werbebotschaft zu beschäftigen. Das gelingt jedoch nur in Ausnahmefällen mit genial ausgelöster Spannung. Fast immer bleibt die Erwartung eine trügerische Hoffnung. Es ist deswegen unverständlich, warum dieses Risiko eingegangen wird.

Beachte: Beim Einsatz von Sozialtechniken sollte man genauso mit Risiken kalkulieren wie in der Technik und Lösungen wählen, die das Risiko des Scheiterns weitgehend ausschließen. Das heißt übertragen auf die Werbung: Bild und Überschrift sollten möglichst so gestaltet werden, dass die Werbebotschaft wenigstens in den Grundzügen sichtbar wird. Das gilt sowohl hinsichtlich wenig involvierter Empfänger als auch hinsichtlich stark involvierter Empfänger.

Empfänger mit **geringem** Involvement sind nicht bereit, wesentlich mehr Zeit als üblich für die Werbung aufzuwenden und Anstrengungen auf sich zu nehmen, um Rätsel zu lösen und nach den wesentlichen Informationen der Werbebotschaft zu forschen.

Auch Empfänger mit **stärkerem** Involvement kommen mit so gestalteten Werbebotschaften im Allgemeinen nicht zurecht, weil der Text, auf den ihn Bild oder Überschrift verweisen, selten so gegliedert und so übersichtlich ist, dass eine schnelle Aufnahme der wesentlichen Werbebotschaft ermöglicht wird.

Gerade darauf sind aber die Empfänger bei der heutigen Informationsüberlastung angewiesen: Textdeutungen und das eingehende Studium von Werbetexten, die mehr als eine halbe Minute Lesezeit erfordern, können kaum erwartet werden – auch wenn ein großer Teil der heute gestalteten Anzeigen das nahe legt.

Aufgrund dieser Überlegung suchen wir eine Gestaltungsregel, mit der Folgendes erreicht wird:

– schnelles Verständnis der Schlüsselinformationen für die wenig involvierten Empfänger, die sich der Werbung nur eine bis zwei Sekunden zuwenden;
– gleichzeitig Verständnis von weitergehenden Informationen, die für stärker involvierte Empfänger vorgesehen sind.

Diese doppelte Zielsetzung ist wichtig, weil man oft nicht genau abschätzen kann, auf welche der beiden Empfängergruppen die Werbung trifft und wie stark das Involvement der Empfänger für ein Werbemittel im Einzelnen ist. Vor allem mit gedruckten Werbemitteln erreicht man Gruppen mit unterschiedlichem Involvement: Neben der großen Menge der wenig aufmerksamen und passiven Empfänger gibt es häufig eine kleine Anzahl, die an der Werbebotschaft stärkeres Interesse hat. Das sind zum Beispiel Empfänger, die zur Zeit in einer Entscheidungssituation sind.

Die gesuchte **Gestaltungsregel** heißt: Sorge durch die Gestaltung der Werbebotschaft dafür, dass die verschiedenen Teile einer Werbebotschaft in der Reihenfolge aufgenommen werden, die ihrer Bedeutung für das Verständnis der Werbebotschaft entspricht:

Der wichtigste Teil der Werbebotschaft zuerst!
Dann der zweitwichtigste!
Drittwichtigste!
usw.

Der wenig involvierte und sehr flüchtige Leser, der den Kontakt mit dem Werbemittel bereits nach Aufnahme eines ersten (Bild- oder Text-)Teils abbricht, bekommt dann wenigstens den Kern der Werbebotschaft mit. Empfänger, die ein bisschen länger hinschauen, die sich aber noch nicht im Einzelnen mit den dargebotenen Informationen beschäftigen, stoßen auf den nächsten wesentlichen Teil der Werbebotschaft usw.

Diese Regel von der »**hierarchischen Informationsdarbietung**« ist unter den verschiedenen Bedingungen der Werbung sinngemäß zu interpretieren und anzupassen:

In der formulierten Regel ist ausdrücklich von verschiedenen Teilen einer Werbebotschaft die Rede und nicht von einzelnen Bild- oder Textelementen. Die Aufnahme einzelner Bild- oder Textelemente ergibt selten einen zusammenhängenden Sinn, mit Ausnahme der Abbildungen oder Bezeichnungen des Angebots (Produkt, Dienstleistung, Marke, Firma). Hier ist eine Verknüpfung von Bild- oder Textelementen zu einem selbstständig verständlichen Sinnzusammenhang gemeint.

Es kommt nun darauf an,

1. eine Werbebotschaft in solche sinnvolle, selbstständig verständliche Teile aufzuspalten und diese übersichtlich und schnell erkennbar darzubieten;
2. durch die Gestaltung des Werbemittels die Informationsaufnahme der Empfänger so zu lenken, dass die für den Werbeerfolg entscheidenden Teile der Werbebotschaft zuerst und abgestuft nach ihrer Wichtigkeit vermittelt werden.

Beispiel zu 1.: In Abbildung 78 wird der Text von zwei Autoanzeigen wiedergegeben. In der Anzeige für den Lexus LS400 fehlt eine Aufgliederung der Werbebotschaft in mehrere schnell erkennbare Teile. Ein schneller Überblick über den Inhalt der Werbebotschaft ist nicht möglich; man muss in den zusammenhängenden und langen Text einsteigen, um zu erfahren, um was es geht. Dadurch wird eine schnelle und selektive Informationsaufnahme verhindert. In der Anzeige für den Fiat Punto wird die Botschaft im Text dagegen in überschaubare Teile gegliedert.

Beispiel zu 2.: Die Philips-Anzeige in Abbildung 79 drückt bereits durch Bild und Headline (links unten) die wesentlichen Teile der Werbebotschaft aus. Dadurch wird ein schnelles und relativ sicheres Verständnis erreicht. Der Markenname ist in Bild und Headline integriert. Von der Headline kann der Leser dann zum Text übergehen, in dem die Schlüsselwörter fett gedruckt sind und eine abgestufte Informationsaufnahme ermöglichen. Ein bereits kommentiertes Gegenbeispiel ist die Anzeige der Vereinigten Krankenversicherungen (siehe S. 244).

Dr. Alfred Schweiger, Marketingleiter von der Österreichischen Doka, äußerte in einem Gespräch eine Analogie, die die Regel von der hierarchischen Informationsdarbietung besonders gut veranschaulicht: Die Informationen sollten in der Werbung so dargeboten werden wie bei einem Gespräch am Münzfernsprecher, für das nur wenige Münzen zur Verfügung stehen: Bevor der Kontakt mit dem Empfänger unterbrochen wird, müssen die wesentlichen Informationen vermittelt werden, angefangen mit dem Namen des Anrufers (den man am Telefon ja auch nicht als Letztes äußert) und der Schlüsselinformation.

Nach diesen grundlegenden Erwägungen wenden wir uns jetzt einzelnen Fragen zur Hierarchieregel zu.

Zum Markennamen: Der Auftritt der Marke (Markenabbildung, Zeichen) muss nach der Hierarchieregel so früh erfolgen, dass er auch bei sehr flüchtiger Informationsaufnahme bereits vor dem erwarteten Abbruch des Werbemittelkontaktes wahrgenommen werden kann. Sonst trägt die Werbung noch nicht einmal zur Markenbekanntheit bei.

Bei Anzeigen wird der Markenname deswegen am besten in Bild oder Headline integriert. Diese für die Werbewirkung existentiell wichtige Absicherung wird von einer ganzen Reihe von Unternehmen beachtet. Ungefähr die Hälfte aller Anzeigen im STERN und SPIEGEL weisen den Markennamen bereits im Bild aus – und über ein Viertel sichern sich doppelt ab und übernehmen den Markennamen sowohl in das Bild als auch in die Headline. Meyer-Hentschel (1993, S. 107) nennt dennoch als häufige Fehler schlecht platzierte bzw. zu kleine Markennamen und fordert deshalb:

Keine falsche Bescheidenheit beim Absender!

Abbildung 78: Texte von Automobilanzeigen mit und ohne Struktur

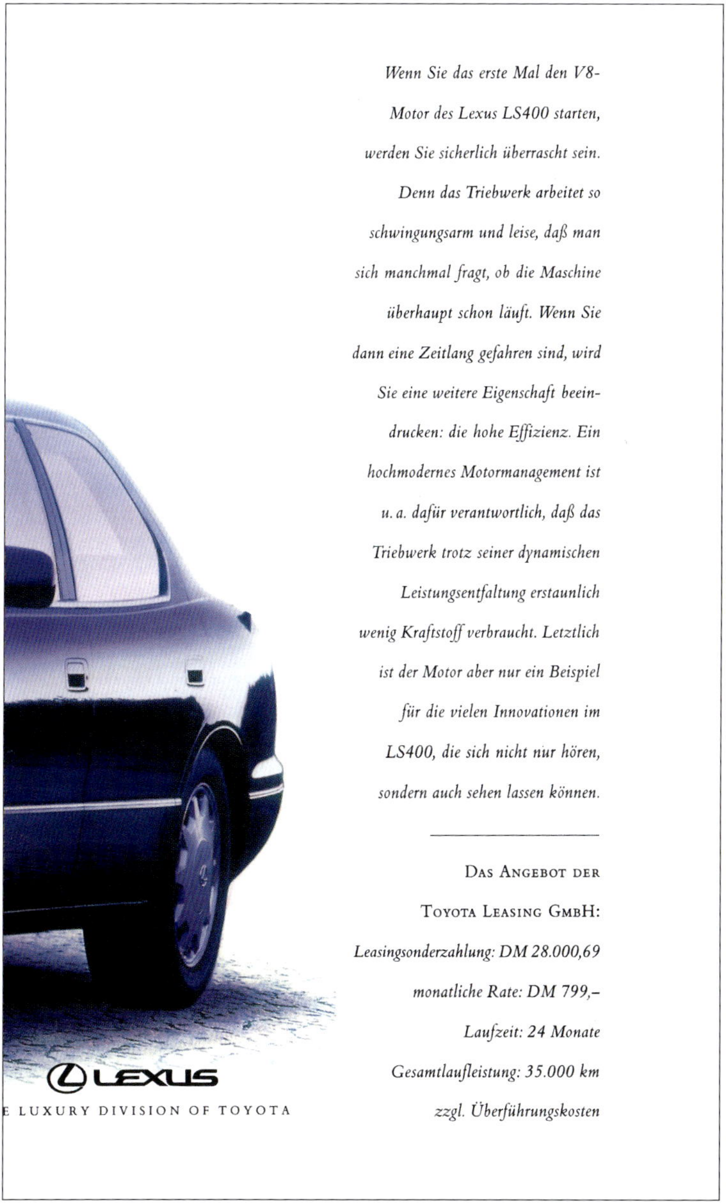

Wenn Sie das erste Mal den V8-Motor des Lexus LS400 starten, werden Sie sicherlich überrascht sein. Denn das Triebwerk arbeitet so schwingungsarm und leise, daß man sich manchmal fragt, ob die Maschine überhaupt schon läuft. Wenn Sie dann eine Zeitlang gefahren sind, wird Sie eine weitere Eigenschaft beeindrucken: die hohe Effizienz. Ein hochmodernes Motormanagement ist u. a. dafür verantwortlich, daß das Triebwerk trotz seiner dynamischen Leistungsentfaltung erstaunlich wenig Kraftstoff verbraucht. Letztlich ist der Motor aber nur ein Beispiel für die vielen Innovationen im LS400, die sich nicht nur hören, sondern auch sehen lassen können.

DAS ANGEBOT DER TOYOTA LEASING GMBH:
Leasingsonderzahlung: DM 28.000,69
monatliche Rate: DM 799,–
Laufzeit: 24 Monate
Gesamtlaufleistung: 35.000 km
zzgl. Überführungskosten

⊘ LEXUS
E LUXURY DIVISION OF TOYOTA

DER NEUE FIAT PUNTO. EINZIG-ARTIG.

Entdecken Sie ein elegantes, geräumiges Auto, das neue Maßstäbe in seiner Klasse setzt. Entdecken Sie den neuen Fiat Punto 5-Türer. Mit einer umfangreichen Modellpalette, die keine Wünsche offen lässt.

Mehr Platz, mehr Sicherheit. Ein immenses Raumangebot mit dem größten Gepäckraum seiner Klasse, nämlich 297 Litern, dazu mehr Sicherheit dank ABS, Fahrer- und Beifahrer-Airbag sowie Seiten-Airbags.

Komfort bis ins Detail. Zweistufig einstellbare elektronische Servolenkung Dualdrive, verbesserte Geräuschdämmung und elektronisch gesteuertes Getriebe Speedgear.

Dynamisch und wirtschaftlich. Wählen Sie zwischen 3 innovativen Benzinern und einem JTD-Dieselmotor mit revolutionärer Common Rail Technologie – einmalig in dieser Klasse.

Die Ausstattung. Sie besteht ab Version SX unter anderem aus: Trip Computer, Follow-me-home-Beleuchtung, elektrischen Fensterhebern, die auch nach abgeschaltetem Motor noch funktionieren.

Das Fiat Punto Servicepaket. Ob Versicherung, Finanzierung oder alles, was nach dem Kauf wichtig wird – Sie können beruhigt losfahren.

Übrigens, den neuen Fiat Punto 5-Türer gibt es schon ab **DM 19.690,–** oder **EUR 10.045,92** (unverbindliche Preisempfehlung zuzüglich Überführungskosten). Unglaublich, aber wahr.

Probefahrt-Infoline:
0 18 05/78 68 63 (DM 0,24/Min.)
Internet: www.Fiat.de.

EPTEMBER PREMIERE: BEI IHREM FIAT PARTNER.

LEIDENSCHAFT IST UNSER ANTRIEB FIAT

Abbildung 79: Hierarchisch aufgebaute Werbeanzeige

Zur besseren Lesbarkeit des Textes wird die zweiseitige Anzeige in zwei Hälften abgebildet. Oben: linke Hälfte; unten: rechte Hälfte

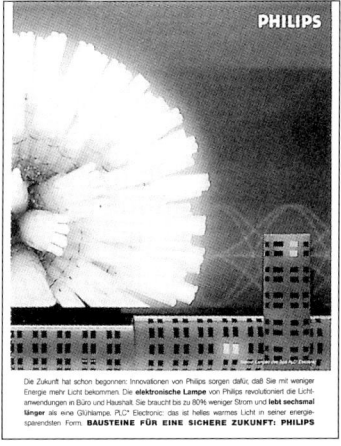

Anmerkung: Es war kaum möglich, in der gegenwärtigen Werbung Anzeigen mit hierarchisch gegliedertem Text zu finden. In der abgebildeten Anzeige vermitteln die nacheinander (und teilweise) aufgenommenen Bild- und Textelemente dem mehr oder weniger flüchtigen Leser ein abgestuftes Verständnis der Werbebotschaft. (1.) Bild (=Licht durch elektronische Lampen) und Markenname, (2.) Headline mit Schlüsselbotschaft, (3.) Text mit fett gedruckten Stichwörtern, die eine schnelle Orientierung über (4.) weitere Texte ermöglichen. Kritik: Formulierung und Anordnung der verschiedenen Elemente könnten noch verbessert werden.

Für Fernsehspots sind entsprechende Überlegungen anzustellen: Wie wir wissen, bricht ein großer Teil der Zuschauer den Kontakt vorzeitig ab (Seite 186). Es ist deswegen zweckmäßig, die Marke möglichst frühzeitig und oft ins Spiel zu bringen. Analysen von Walker und Gonten belegen, dass frühzeitige und häufige Darbietungen der Marke eine höhere Zuordnung der Marke zum Spot bewirken (Abbildung 80)[91].

Dass dadurch der Unterhaltungswert eines Spots nicht von vornherein beeinträchtigt wird, zeigen die aktivierenden und sehr unterhaltsamen Spots vieler Unternehmen wie Langnese, Kodak oder Coca-Cola, welche die Regel frühzeitiger und wiederkehrender Markeneinblendung konsequent verfolgen.

Dass längere Spots sich nicht positiver auf das Verständnis des Werbespots oder die Vermittlung der Schlüsselbotschaft auswirken als kürzere Spots, führt Andresen zu Recht auf das schwache Branding sowie auf die Bilderflut in längeren Spots zurück, die oft nur von der Botschaft ablenken[92]. Andresen (2001, S. 37) kommt zu dem Schluss:

»Erfolgreiche Werbung ist nicht aufgebläht, sondern reduziert.«

Lediglich bei sehr kurzen Spots bis zu 15 Sekunden kann man auf häufige Markeneinbelndungen verzichten, weil die Aufmerksamkeitsspanne der Zuschauer im Allgemeinen ausreicht, um diese Spots bis zum Ende zu verfolgen (vgl. dazu Krugman, 1986).

Besonders verfänglich sind Spots, in denen die Gedanken durch die dargebotenen Szenen weit weg von Produkt oder Marke gelenkt werden und die Marke erst am Ende auftaucht. Beispiel ist ein Timex Spot, in dem Taucher bei der Arbeit gezeigt werden: Es gibt keine Hinweise darauf, dass es um eine Uhrenwerbung gehen könnte. Nur solche Zuschauer, die bis zuletzt ausharren, erfahren dies sehr kurz und in einer an den Haaren herbeigezogenen Weise.

Wer bei Spots erst ganz am Ende mit der Marke herausrückt, muss sich der besonderen Risiken dieser Werbung bewusst sein. Besonders hoch sind diese Gefahren bei der Neueinführung von Produkten. Aus dem von McCollum und Spielman (1986 a) gesammelten Erfahrungsmaterial geht hervor, dass das Versagen der Einführungswerbung nicht zuletzt darauf zurückgeht, dass der Markenname »zu spät in den Fernsehspot eingeführt wird«.

Bei der Markendarbietung in Fernsehspots sollte wiederum dual vorgegangen werden, d. h.: Die Marke sollte akustisch und visuell vermittelt

---

[91] Stanton und Burke (1998) gehen von durchschnittlich zwei Einblendungen pro zehn Sekunden aus. Eine Einblendung sollte dabei circa 1,5 bis 2 Sekunden umfassen, wobei dies natürlich auch Markeninszenierungen einschließt (Lorson, 1992).

[92] Basis für diese Erkenntnis ist eine Analyse von mehr als 1.000 Fernsehspots unterschiedlicher Länge aus der icon AdPlus-Datenbank.

Abbildung 80: Markenzuordnung in Abhängigkeit vom Erscheinen der Marke

Erscheinen der Marke	Marken-Zuordnung	
	Die **besten** 20% der Spots	Die **schlechtesten** 20% der Spots
früh und oft	70%	24%
früh und selten	15%	29%
spät und oft	5%	15%
spät und selten	10%	32%

Die Ergebnisse beruhen auf Untersuchungen mit insgesamt 750 Werbespots.
Quelle: nach Walker, Gonten (1989).

werden. Besonders wirksam ist eine lebendige Integration der Marke in die Szenen und Handlungsabläufe eines Spots. Gerade für Konsumgüterhersteller ist dabei auch die Abbildung des Produkts für das spätere Wiedererkennen am Point of Sale wichtig (Rossiter, Percy, 1997). Allerdings besteht bei langen Packshots, bei denen ausschließlich das Produkt gezeigt wird, die Gefahr, dass sich Konsumenten frühzeitig aus dem Spot ausklinken[93].

Zur Werbebotschaft: Bereits im Briefing sollte angegeben werden, welche Informationen und Erlebniselemente am wichtigsten sind, also als »Schlüsselbotschaft« aufzufassen sind.

Die Werbemittelgestaltung hat nach der Hierarchieregel zunächst einmal sicherzustellen, dass diese Schlüsselbotschaft auch dem flüchtigen Betrachter ins Auge springt und bei kurzem Werbemittelkontakt verstanden wird. Empfänger, die bereit sind, mehr als diesen grundlegenden Teil der Werbebotschaft aufzunehmen, müssen dann durch die Gestaltung zu den nächstwichtigen Teilen der Botschaft geführt werden. Das Muster einer so aufgebauten Informationsvermittlung finden wir in vielen redaktionellen Beiträgen erfolgreicher Publikumszeitschriften (z. B. Geo).

---

[93] Auf Basis einer umfassenden Reanalyse von Studienergebnissen zur Wirksamkeit von Fernsehwerbung schlägt Lorson (1992) eine getrennte Beurteilung der Markendarbietung während der ersten zehn Sekunden eines Spots und des weiteren Verlaufs vor, da viele Konsumenten bereits frühzeitig aus einem Spot aussteigen.

Ein mögliches Schema sieht wie folgt aus:

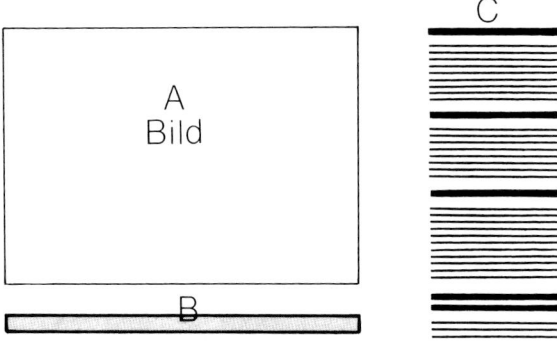

Teil A ist ein Bild, das zum Thema hinführt oder dieses wiedergibt, daneben oder darunter folgt eine dickgedruckte Schlüsselinformation (Headline B) zum Thema.

Mit diesen ersten Teilen werden sich bereits viele Leser der Zeitschrift zufrieden geben, die die Zeitschrift durchblättern und sich für das Thema nicht besonders erwärmen. Gleichwohl werden ihnen auf den ersten Blick Eindrücke (Informationen) geliefert, die ohne Zusatzkommentar verständlich sind. Oft können sogar Bild und Headline unabhängig voneinander verstanden werden.

Das Bild löst außerdem ein Reaktionsinvolvement aus, das im Zusammenhang mit der Headline zusätzliches Leseinteresse anregt (anregen kann). Nun folgen für solche Leser, die beim Thema bleiben möchten, weitere Teile C mit dick gedruckten Überschriften (Subheadlines) und normal gedrucktem Text.

Form und Inhalt des Textes liefern einen nach Wichtigkeit und Ausführlichkeit **abgestuften** Beitrag zum Verständnis der Botschaft. Leser mit mittlerem Involvement können sich darauf beschränken, nur die Teile A und B und zusätzlich die Überschriften von C aufzunehmen, andere werden den einen oder anderen Textblock lesen, besonders involvierte den ganzen Text. Auf diese Weise werden Leser mit ganz unterschiedlichem Involvement und Leseverhalten so bedient, dass sie mehr oder weniger von der Botschaft aufnehmen können – aber stets in selbstständig verständlichen Teilen.

Auch manche Comics sind so aufgebaut, wenngleich auf einer Ebene stark reduzierter Informationsvermittlung: Das Bild erzählt eine Geschichte, die nach wenigen Blickfixationen verstanden wird, manchmal erst nach dem Betrachten einer zusätzlichen kurzen Texteinblendung oder eines dick gedruckten Wortes in der Sprechblase. Der gesamte Text in der Sprechblase ist zum Verständnis kaum erforderlich, aber der involvierte Leser kann durch ihn zusätzliche Aufklärungen und Anregungen erhalten.

Nach diesem Muster der Informationsvermittlung sollte sich auch die Werbung richten, wenn sie Empfänger mit unterschiedlichem Involvement ansprechen will. Die meisten Anzeigen weichen davon ab, vor allem dadurch, dass zum Verständnis der Werbebotschaft die zuerst aufgenommenen Teile nicht ausreichen, so dass flüchtige Leser die Botschaft nicht mitbekommen. Erschwerend kommt hinzu, dass der normal gedruckte Text keine Struktur aufweist. Er bietet keine schnell erfassbaren Hinweise auf die angebotenen Informationen und lässt deswegen kein selektives Lesen zu. Auch längere Texte sollten der Hierarchieregel entsprechen und durch Zwischenüberschriften, fett gedruckte Stichworte usw. eine selektive und abgestufte Informationsaufnahme zulassen.

Man muss sich einmal die empfängerunfreundliche Haltung vor Augen führen, die ein umfangreicher Textblock ohne Zwischenüberschriften und Stichworte widerspiegelt: »Wende erst mal längere Zeit – dreißig, fünfzig, siebzig Sekunden – auf, um den ganzen Text zu lesen. Dann erfährst Du, um welchen Sachverhalt es geht. Wenn Dich dieser nicht interessiert, hast Du Pech gehabt!« Das ist ein Angebot zum Vabanque-Spiel bei der Informationsaufnahme!

Unter den Bedingungen wachsender Informationsüberlastung wird die Hierarchieregel für eine effiziente Informationsvermittlung unumgänglich, in allen Bereichen der externen und internen Kommunikation vom Geschäftsbericht bis zur Internet-Kommunikation (siehe dazu Kroeber-Riel, 1987 a, Esch, Langner, Jungen, 1998).

Verständnisprobleme bei vergleichender Werbung: Verständnisprobleme können auch bei vergleichender Werbung auftreten[94]. Die Wirkung vergleichender Werbung ist ohnehin strittig. Folgt man Erkenntnissen amerikanischer Forschung, ist erkennbar, dass

---

[94] Nach der EU-Richtlinie vom Oktober 1997, die mit Wirkung zum 14. September in § 2 des Gesetzes gegen den unlauteren Wettbewerb (UWG) in nationales Recht umgesetzt worden ist, gilt vergleichende Werbung als zulässig, wenn: diese nicht irreführend ist; Waren oder Dienstleistungen für den gleichen Bedarf bzw. die gleiche Zweckbestimmung verglichen werden; eine oder mehrere wesentliche und relevante, nachprüfbare und typische Eigenschaften der Angebote objektiv verglichen werden (dabei sind auch Preisvergleiche möglich.); keine Verwechslungen zwischen dem Werbenden und Mitbewerbern entstehen; Konkurrenten nicht herabgesetzt und verunglimpft werden; der Ruf einer Marke, eines Handelsnamens oder anderer Unterscheidungszeichen eines Mitbewerbers nicht in unlauterer Weise ausgenutzt werden.

- vergleichende Werbung Einstellungen der Konsumenten zu Marken nicht wirksamer verbessert als andere Werbeformen,
- sie häufig als weniger glaubwürdig empfunden wird,
- bei direkten Vergleichen die Konkurrenz von der Werbung in Bezug auf die Markenbekanntheit, Sympathie und andere Wirkungsgrößen profitieren kann sowie
- wenig bekannte Marken von vergleichender Werbung am stärksten profitieren, jedoch meist sehr ähnlich zu dem im Vergleich herangezogenen Wettbewerber beurteilt werden[95].

Diese Ergebnisse sind zwar mit Vorsicht zu genießen und nicht unmittelbar auf deutsche Verhältnisse übertragbar[96], sie zeigen jedoch, dass vergleichende Werbung, die ohnehin nur bei sachorientierter Werbung zweckmäßig ist, nicht besser wirken muss als herkömmliche Werbung[97]. Ursachen dafür sind vor allem Probleme bei der Vermittlung des Vergleichs und dessen Verständnisses.

Zwei Fälle vergleichender Werbung sollen hier unterschieden werden: Ein dominant in der Werbung vollzogener Vergleich sowie ein Vergleich, der ausschließlich für stark involvierte Konsumenten vorgesehen ist. Im erstgenannten Fall lassen sich – einer Analyse von icon Research und der Werbeagentur BBDO (icon, 1998) zufolge – folgende Anforderungen formulieren, um das Verständnis vergleichender Werbung sicherzustellen (Esch, 1998 g)[98]:

- Der Vergleich sollte aufmerksamkeitsstark und unterhaltsam durchgeführt werden.

---

[95] Vgl. hierzu Goodwin, Etgar, 1980, Pechman, Stewart, 1991, 1990, Donthu, 1992, Barry, 1993, Neese, Taylor, 1994, Hempelmann, 1997, Mayer, Siebeck, 1998.

[96] Vorsicht ist deshalb geboten, weil die Untersuchungen häufig unter wirklichkeitsfremden Bedingungen durchgeführt und wichtige Einflussgrößen wie die Art der Gestaltung des Vergleichs oder das Produktinvolvement nicht hinreichend berücksichtigt wurden.

[97] Für Aktualisierungswerbung sind Vergleiche wenig zweckmäßig, da es hier primär um das Inszenieren der eigenen Marken geht, was durch vergleichende Werbung beeinträchtigt würde. Das gleiche gilt für erlebnisbetonte Werbung: Vergleichende Werbung wäre hier der Schaffung einer positiven emotionalen Gefühlswelt zur Marke abträglich. Bei gemischter Positionierung würde hingegen die Komplexität, die ohnehin durch den Bedürfnisappell und die Darstellung der Eignung des Produkts schon hoch ist, noch zusätzlich vergrößert werden. Deshalb ist auch hier vergleichende Werbung problematisch.

[98] Im Rahmen dieser Untersuchung wurden 1.251 Personen zu vergleichender Werbung befragt.

- Der Vergleich sollte hierarchisch dargeboten und bildlich oder bildhaft vermittelt werden.
- Es sollte eine klare Fokussierung der Werbung auf den Vergleich erfolgen.
- Der Vergleich sollte möglichst einfach und wenig komplex gestaltet sein.
- Er sollte sich auf wichtige und für Konsumenten relevante Produkteigenschaften beziehen.
- Der Vergleich sollte glaubwürdig gestaltet sein und neutrale Quellen die Aussagen stützen.
- Die Absendermarke darf durch den Vergleich mit Wettbewerbern nicht kannibalisiert werden.

Diese Anforderungen zur Sicherung einer wirksamen Informationsvermittlung und des Verständnisses weichen kaum von allgemein gültigen Fragen ab. Allerdings ist deren wirksame Umsetzung weitaus schwieriger, da mehr Informationen zu vermitteln sind als bei herkömmlicher Werbung.

Im zweiten Fall ist vor allem auf einen glaubwürdigen Vergleich relevanter Eigenschaften – etwa durch Verweis auf neutrale Quellen – zu achten. Ein typisches Beispiel hierfür wäre ein Vergleich der Telefonkosten für Handys verschiedener Telekommunikationsanbieter durch E-Plus, der als Übersichtstabelle anstelle eines herkömmlichen Fließtextes dargeboten und mit einer Quellenangabe des Testhefts von Stiftung Warentest versehen ist. Idealerweise sind auch hier die Vergleiche anschaulich und bildhaft zu gestalten, um die Informationsverarbeitung zu erleichtern.

3.5 Im Gedächtnis verankern

Eine Folge der zunehmenden Informationsüberlastung ist das nachlassende Gedächtnis für die aufgenommene Werbung. Immer mehr Werbebotschaften ringen um einen Platz im Gedächtnis. Dadurch werden die Barrieren, die sich der Erinnerung einer Werbebotschaft entgegenstellen, immer höher.

Bogart und Lehmann (1983) haben über Jahrzehnte hinweg nach der stets gleichen Methode ermittelt, ob sich die Leute an den letzten Spot einer im Fernsehen gezeigten Sequenz von Fernsehspots erinnern. Sie kommen zu folgendem Ergebnis: 1965 konnten sich noch 18 % der Personen an den zuletzt gesehenen Spot erinnern. 1971 waren es 12 %. 1981 waren es 7 %.

Und heute sind es wahrscheinlich weniger als 3 %. Die Werbung ist deswegen mehr als früher auf Sozialtechniken angewiesen, welche die Erinnerung an die Werbebotschaft absichern. Diese Sozialtechniken richten sich vor allem auf

- die Gestaltung der Werbebotschaft und
- die Wiederholung der Werbebotschaft.

Wobei es – vorab gesagt – in erster Linie darauf ankommt, dominante Bilder und Sätze der Werbung in der Erinnerung zu verankern.

Einprägsam gestalten und wiederholen

Allgemein gesehen hängen die Lernleistungen von der persönlichen Aktivierung und Motivation sowie von den Bedingungen ab, unter denen gelernt wird. Stark kognitiv involvierte Empfänger lernen auch schwer einprägsame Informationen relativ schnell, oft sogar bei einmaliger Aufnahme. Bei schwachem Involvement wird dagegen nur gelernt, wenn das dargebotene Lernmaterial einprägsam ist und oft wiederholt wird.

Auf die persönliche Aktivierung und Motivation kann die Werbung nur in geringem Maße Einfluss nehmen. Es gibt allerdings die Möglichkeit, die Empfänger zusätzlich und vorübergehend durch die Werbung zu aktivieren und dadurch ein »Reaktionsinvolvement« auszulösen.

Das setzt zunächst einmal eine **aktivierende Gestaltung** der Werbebotschaft voraus. Auf die dazu verwendbaren Sozialtechniken wurde bereits eingegangen (vgl. Seite 167 ff.).

Aus den Gesetzmäßigkeiten der Aktivierung folgt, dass eine (physisch) intensive und unterhaltsame Werbung besser behalten wird als eine stereotyp gestaltete, schwache und langweilige Werbung. Je größer das Aktivierungspotential der Werbung ist, um so besser bleibt diese im Gedächtnis haften (Verstärkungswirkung der Aktivierung). Vor allem aktivierende Bilder prägen sich besonders gut ein. Auch die Größe von Bildern spielt eine wichtige Rolle für die Erinnerung. Aufgrund der bisherigen Erkenntnisse dazu fasst Percy (1989, S. 22) deren Einfluss plakativ wie folgt zusammen:

»Tatsächlich gilt: Je größer das Bild, desto günstiger ist die Erinnerung zum beworbenen Produkt.«

In einer Untersuchung des Instituts für Konsum- und Verhaltensforschung wurde drei inhaltlich gleichen Anzeigen, die gleiche Anforderungen an die Lernleistung der Umworbenen stellten, ein unterschiedlich starkes Aktivierungspotential (schwach, mittel, stark) gegeben. Dies wurde erreicht, indem man eine schwarz-weiße Anzeige farbig gestaltete und dem Bildmotiv eine stärkere erotische Durchschlagskraft gab.

Die Anzeige, die am stärksten aktivierte, erzielte bei forcierter Darbietung bereits nach einem Kontakt einen Erinnerungswert, der mehr als 600 % höher lag als der Erinnerungswert der schwach aktivierenden Anzeige. Der Erinnerungswert wurde durch gestützte Recallmessungen ermittelt (Barg, 1977).

Die Entwicklung der Erinnerung im Zeitablauf weist auf die ökonomische Bedeutung der Aktivierungstechnik hin: Nach einer anderen Untersuchung mit demselben Material benötigte die schwach aktivierende Anzeige mehr als fünf Darbietungen, um einen Erinnerungswert zu erzielen, den die stark aktivierende Anzeige bereits beim ersten Kontakt erreicht hatte (vgl. Abbildung 81).

Mit diesem Zusammenhang wird man in der Werbung oft konfrontiert: Schwache Werbung benötigt mehr Schaltungen und demzufolge

Abbildung 81: Erinnerungswirkung von zwei Anzeigen mit unterschiedlicher Aktivierungskraft bei Mehrfachkontakten

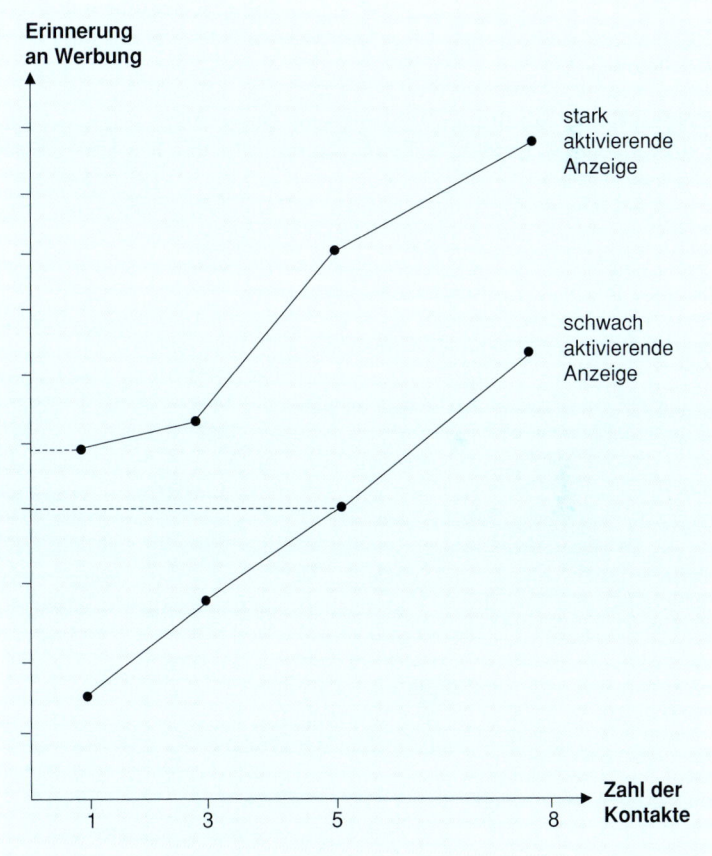

Quelle: Wimmer, 1980, S. 168.

mehr Streukosten als professionell gemachte (aktivierende) Werbung, um im Gedächtnis zu bleiben und wirksam zu werden (von Keitz, 1998). Wimmer (1980) fand dazu ein weiteres wichtiges Ergebnis: Er konnte nachweisen, dass sich die Aktivierungswirkung der drei experimentellen Anzeigen bei wiederholter Darbietung kaum abnutzte. Allgemein gesehen: Bei physisch intensiver und emotionaler Aktivierung haben wir kaum Abnutzungserscheinungen zu befürchten.

> Grundsätzlich gilt: Stark aktivierende Werbung wird wesentlich besser erinnert als schwach aktivierende Werbung.

Die aktivierende Gestaltung der Werbebotschaft ist allerdings mit Risiken wie Ablenkungs- und Irritationsgefahr verbunden (vgl. Seite 175).

Neben der aktivierenden Gestaltung von Anzeigen bestimmen vor allem noch die Einprägsamkeit von Sprache und Bild sowie das Umfeld die Erinnerung.

Einprägsame Gestaltung: Wie bereits ausgeführt wurde, prägen sich Bilder besser ein als sprachliche Formulierungen des gleichen Sachverhalts. Dazu ein Beispiel:

In der Calgon-Werbung berichtet ein Handwerker, der gerade eine Waschmaschine repariert hat, einer Hausfrau, dass der Zusatz von Calgon Kalkablagerungen an Metallteilen der Maschine verhindert und deswegen für eine längere Lebensdauer der Maschine sorgt.

Wir haben drei Versionen des Spots hergestellt: In der ersten Version wird nur eine sprachliche Hervorhebung des Produktvorteils gebracht. In der zweiten Version wird die Information über die Wirkung von Calgon durch ein Bild ergänzt, das nebeneinander zwei Metallteile der Maschine zeigt, einmal mit Kalkablagerung und das andere Mal nach Calgon-Benutzung ohne Kalkablagerung. Auf diese Weise wird der Produktnutzen sehr anschaulich mit Hilfe eines Bildes verdeutlicht (und wiederholt). Das ist die deutsche Fassung des Calgon-Spots.

In der englischen Fassung wird die bildliche Darstellung des Produktvorteils noch einprägsamer gestaltet: Der Handwerker nimmt einen Schraubenzieher, kratzt den Kalkbelag ab, schlägt mit diesem gegen das Metall, das keine Kalkablagerungen aufweist, und lässt dieses rein und klar erklingen. Durch die zunehmende bildliche Einprägsamkeit des dargestellten Produktvorteils wird die Erinnerung erheblich unterstützt, für Spot 3 noch stärker als für Spot 2 (dazu Abbildung 82).

Man kann ohne Einschränkung die Verwendung von Bildern als wichtigste Sozialtechnik bezeichnen, wenn es darum geht, die Werbebotschaft im Gedächtnis zu verankern (siehe u. a. Rossiter, Percy, 1983, 1997, Percy, Rossiter, 1983, Mac Innis, Price, 1987, Kroeber-Riel, 1986 a, 1993). Das nächste Kapitel greift dieses Thema noch einmal auf.

Abbildung 82: Je lebendiger Bilder die Eigenschaften einer Marke verdeutlichen, um so besser wird die Erinnerung

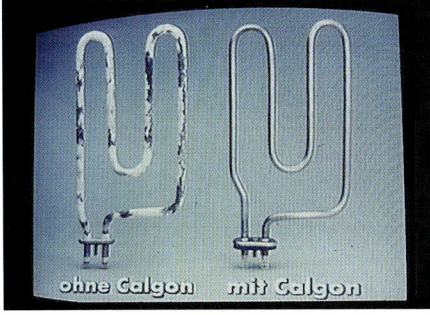

Oben: Eigenschaftsdarbietung im deutschen Calgon-Spot: Vergleich von Waschmaschinenteilen, wenn ohne und mit Calgon gewaschen wird.

Unten: Eigenschaftsdarstellung im englischen Calgon-Spot: Der Kalk, der sich beim Waschen ohne Calgon angesetzt hat, wird hörbar abgeschabt, später werden Teile der Waschmaschine, die beim Waschen mit Calgon blank geblieben sind, zum Klingen gebracht.

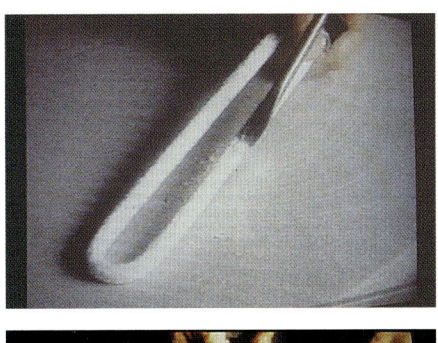

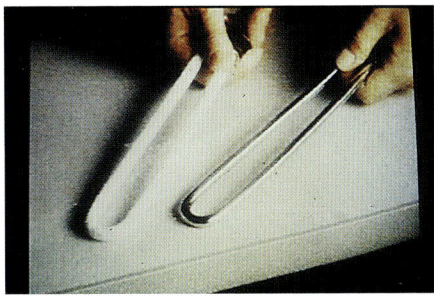

Die Einprägsamkeit von sprachlicher Information hängt vor allem davon ab, wie konkret, anschaulich und bildhaft die Sprache ist und wie schnell und gut die sprachlichen Formulierungen mit den vorhandenen Vorstellungen der Empfänger in Verbindung gebracht werden können.

Abstrakte Ausdrücke und inhaltsleere, abgegriffene Sprachformeln hinterlassen nur wenig Spuren im Gehirn. Beispiele sind Überschriften, die zu Tausenden durch die Werbung geistern, um auf Qualitäten und Trends hinzuweisen, wie:

- hoch über dem Durchschnitt,
- im Aufwind,
- grünes Licht für ...
  usw.

Allerdings ist dabei zu beachten, dass auch abgegriffene Redewendungen Aufmerksamkeit erregen und aktivieren können, wenn sie einen emotionalen Beiklang haben wie »Fortschritt« oder »modern«. Das ist bei den oben wiedergegebenen Floskeln nicht der Fall.

Dagegen prägen sich konkrete und sehr anschauliche Formulierungen wie »Schwäbisch-Hall: Auf diese Steine können Sie bauen« gut ein[99]. Um einen Platz im Gedächtnis der Empfänger zu finden, lohnt es sich, nach anschaulichen sprachlichen Ausdrücken zu suchen und abstrakte technokratische Formulierungen zu vermeiden, insbesondere in der Werbung für Produkte und Dienstleistungen, unter denen sich die Empfänger schwer etwas vorstellen können.

In seinem lesenswerten Buch »Deutsch für Kenner« meint Wolf Schneider (1989, S. 33) dazu auch treffend: »Fachchinesisch (...) macht aus jedem Furz einen Anhauch der Weltseele.« Er setzt sich für eine einfache und klare Sprache ein, nennt als Generalregeln »Fasse Dich kurz« sowie »Fass die Sache – triff das Ziel« und fordert »Ein Satz muss rote Backen haben.«

Umfeld: Für das Lernen von Werbebotschaften spielt das Umfeld eine Rolle, die oft vernachlässigt wird. Zunächst ist an das emotionale Umfeld (Wahrnehmungsklima) zu denken, das die Erinnerung verstärkt oder schwächt. Auch das Aktivierungspotential, das maßgebend für die Erinnerung einer Werbebotschaft sorgt, hängt vom Umfeld ab. Eine schwarzweiße Anzeige wirkt in einem Umfeld von farbigen Anzeigen stärker als unter schwarz-weißen Anzeigen. Ein keckes erotisches Motiv schlägt in einer biederen Fachzeitschrift mehr durch als im PLAYBOY.

---

[99] Bildhaft gestaltete sprachliche Aussagen können ähnlich gute Erinnerungsleistungen erzielen wie Bilder (Unnava, Burnkrant, 1991, S. 231, Stillman, Kemp, 1993, S. 182).

Aufschlussreiche Belege für diese Umfeldwirkungen sind Pharmaanzeigen. Um unter den vielen konkurrierenden Anzeigen aufzufallen und erinnert zu werden, sind diese Anzeigen auf ein relativ starkes Aktivierungspotential angewiesen. Da emotionale Aktivierungstechniken von den Pharma-Anbietern nicht gerne gewählt werden und die Phantasie für überraschende und witzige Anzeigen in dieser Branche sehr begrenzt ist, werden häufig physisch intensive Aktivierungsreize benutzt. So wird zum Beispiel eine Anzeige in starkem Rot gehalten. Man kann ihr unabhängig vom Umfeld ein hohes Aktivierungspotential zuordnen. Wenn eine solche Anzeige aber in einer Ärztezeitschrift zwischen zahlreichen anderen Anzeigen in intensiven Rot-, Orange- und Gelbtönen erscheint, dann büßt die intensive Farbe Aktivierungswirkung ein.

Ein weiterer Einfluss auf das Gedächtnis ist von der Originalität und Austauschbarkeit der Werbemittel zu erwarten. Werbemittel, die sich durch Originalität und nicht verwechselbare Details vom Umfeld abheben, prägen sich leichter ein und werden besser erinnert als solche, die anderen Werbemitteln gleichen und von diesen kaum unterschieden werden können. Bereits ein auffallendes Detail genügt, um ein Bild von anderen unterscheidbar zu machen und die spätere Erinnerung an das Bild abzusichern.

Beispiele: eine rote Himbeere in einer Schale von Brombeeren, ein farbiger Ring im Ohr eines Tieres, gestreifte Sicherheitshelme von Bauarbeitern, die sonst nur mit nicht gemusterten Helmen auftreten. Diese einfache Technik, unverwechselbare Details in Bilder einzufügen, um sie von anderen Bildern abzuheben, wird allerdings von den Kreativen kaum in Anspruch genommen.

Dem größten Umfeldproblem steht die Fernsehwerbung gegenüber. Hier wird das laufende Programm durch Werbung unterbrochen, wobei zum Teil längere Inserts wie die Mainzelmännchen im ZDF den Werbeblocks vorgeschaltet sind. Welchen Einfluss haben nun Programme und Inserts auf die Erinnerung an die Fernsehspots?

Nach amerikanischen Untersuchungen verringern interessante und aktivierende Programme die Wirkungen der in sie eingeschalteten Spots (siehe z. B. Soldow, Principe, 1981, Mattenklott, 1998). Andererseits sorgt ein aufregendes Programm für Zuschauer und erhöht dadurch die Kontaktchancen. Vor allem Programme mit positiver Stimmung scheinen zu einer besseren Bewertung von Werbespots zu führen (Aylesworth, MacKenzie,

---

[100] Vgl. z. B. die Untersuchungen von Goldberg, Gorn, 1987, Schumann, Thorson, 1990, Murry, Lastovicka, Singh, 1992, Broach u. a., 1995, Pelsmacker, Geuens, Anekaert, 2002, oder die Übersicht in Mattenklott, 1998. Sowohl aus den experimentellen Untersuchungen als auch aus den von kommerziellen Unternehmen initiierten Untersuchungen lassen sich keine allgemein gültigen Aussagen ableiten. Dies liegt sicherlich auch daran, dass oft eine Reihe intervenierender Variablen mit Einfluss auf die Bewertung verschiedener Werbespots in unterschiedlichen Programmen nicht berücksichtigt werden.

1998, Coulter, 1998). Alle weiteren Erkenntnisse zum Programmumfeld sind uneinheitlich. Bislang fehlt es noch an einer systematischen Variation unterschiedlicher Programmumfelder und der darin geschalteten Werbespots, um konkretere Aussagen machen zu können[100].

Zwar könnte man annehmen, dass aktivierende und unterhaltsame Programme auch die Aufmerksamkeit für die folgenden Werbespots erhöhen. Ein wesentlicher Grund dafür, dass ein unterhaltsames Programm die Erinnerung an die Werbespots beeinträchtigt, sind allerdings die auftauchenden »Interferenzen«. Darunter versteht man, vereinfacht gesagt, die Überlagerung eines inneren Bildes durch starke andere Bilder, die vorher oder nachher gezeigt werden. Solche Bildüberlagerungen erschweren die Erinnerung[101].

Wiederholung der Werbebotschaft: Mit den Wiederholungswirkungen der Werbung hat sich ein ganzes Kapitel beschäftigt (vgl. D 2.3). Wir können uns deswegen kurz fassen und auf die Wiederholung von Low-Involvement-Werbung beschränken.

Low-Involvement-Werbung vermittelt bei einmaliger Darbietung im Allgemeinen (von Fällen besonderer Reaktionsinvolvements abgesehen) nur flüchtige und schwache Eindrücke. Die Werbebotschaft kann erst durch zahlreiche Wiederholungen so im Gedächtnis verankert werden, dass sie verhaltenswirksam wird.

Bei systematischer Betrachtung kann man folgende Formen der Wiederholung von ganzen oder teilweisen Werbebotschaften unterscheiden:

- Wiederholung innerhalb eines Werbemittels,
- Wiederholung zur gleichen Zeit oder zu verschiedenen Zeiten im gleichen Medium und
- Wiederholung zur gleichen Zeit oder zu verschiedenen Zeiten in verschiedenen Medien.

Bereits **innerhalb** eines Werbemittels bestehen zahlreiche Möglichkeiten: Text und Bild einer Anzeige können die gleiche Botschaft vermitteln. Es ist auch möglich, im gleichen Werbemittel ein Thema in mehreren Variationen darzubieten.

Im Fernsehspot kann man dazu verschiedene Szenen mit der gleichen Quintessenz zeigen. Beispiel: Ein internationaler Michelin-Spot umfasst vier Szenen. Jede dieser Szenen verdeutlicht eine gefährliche Situation, die

---

[101] Sie sind auch für den schon früh von Krauß (1982) nachgewiesenen Mainzelmänncheneffekt verantwortlich: Die Bilder der in den Inserts die ZDF agierenden Mainzelmännchen überlagern die von den Spots vermittelten Bilder, die oft erheblich langweiliger und schwächer sind. Nach der Untersuchung von Krauß steigt die Erinnerung an die Werbespots um mehr als ein Drittel, wenn statt der Mainzelmännchen neutrale Inserts benutzt werden!

man nur durch Fahrzeuge mit zuverlässigen Reifen meistern kann. Die visuell und akustisch dazu wiedergegebene Werbebotschaft lautet jedes Mal: »Make sure, it's a Michelin«. Es handelt sich also um eine viermalige Wiederholung der Werbebotschaft im gleichen Spot. Bei dieser Technik ist Vorsicht geboten, denn es kann leicht zu Irritation und Überdrußreaktionen kommen.

Wiederholungen zur gleichen Zeit[102] im gleichen Medium werden als Auffrischungswerbung (Reminderwerbung) bezeichnet. Sie sind in den letzten Jahren stärker zum Zuge gekommen (im Einzelnen Seite 181). Bisher vorliegende Ergebnisse (AG Werbefernsehen, 1981, Brosius, Fahr, 1996, Brosius, Fahr et al., 1998) sprechen dafür, dass von der Auffrischung die aktive Markenerinnerung und demzufolge die Aktualität der Marke profitiert. Neben dem Aufbau von Markenbekanntheit sieht Fabian (1986, RC-5) Reminder-Spots auch dann als wichtig an, wenn einzigartige Produktvorteile kommuniziert werden sollen.

Wiederholungen der Werbung zu **verschiedenen** Zeiten im gleichen Medium betreffen ebenso wie Wiederholungen in verschiedenen Medien Probleme der Medienselektion und der Wirkungen, die durch wiederholte Schaltungen in den Medien entstehen. Das ist ein klassisches und sehr komplexes Forschungsgebiet, auf das wir hier nicht näher eingehen können[103].

Im Hinblick auf die Informationsüberlastung ist noch einmal darauf hinzuweisen, dass es wichtiger als früher wird, die Kontakte eines Unternehmens mit seinen Kunden so weit wie möglich auf eine einheitliche Linie zu bringen und für einen visuell durchgängigen Auftritt von der Werbung in den verschiedenen Medien bis zur Verpackung zu sorgen (vgl. Seite 100 ff.). Erst dann können die vielseitigen Kontakte, welche die Abnehmer mit dem Unternehmen haben, zu erinnerungsstarken Wiederholungen einer Botschaft werden.

Gedächtnisbilder aufbauen

Das menschliche Gedächtnis benutzt zur Verarbeitung und Speicherung von emotionalen Reizen und von konkreten, bildhaften Sachinformationen einen Bilderkode. Dieser ruft im Gedächtnis innere Bilder hervor, die wir mit unseren »inneren Augen« betrachten können. Bei systematischer Beschäftigung mit der Bildverarbeitung im Gehirn sind auseinander zu halten:

---

[102] Es handelt sich selbstverständlich nicht um den gleichen Zeitpunkt, sondern um eine kurze Zeitspanne, in der die Werbebotschaft mehr als einmal dargeboten wird.

[103] Vgl. dazu und zu den Modellen die zur »Lösung« dieser Probleme entwickelt wurden: Ray, 1982, S. 355 ff., Böcker, Gierl, 1986, Schmalen, 1992, Belch, Belch, 1997, S. 316 ff., Rossiter, Percy, 1997, S. 419 ff., Shimp, 1999, S. 430 ff. sowie den Überblick in Schweiger, Schrattenecker, 2001.

- das **äußere Bild**, das ist der Reiz, der auf den Empfänger einwirkt. Beispiel: das Bildmotiv einer Anzeige;
- das **Wahrnehmungsbild**, das ist das innere Bild, das während der Reizaufnahme im Gehirn entsteht. Beispiel: das innere Bild beim Betrachten einer Anzeige;
- das **Gedächtnisbild**, das ist das innere Bild, das die Erinnerung erzeugt, wenn der Reiz nicht mehr vorhanden ist und nicht mehr wahrgenommen wird. Beispiel: das erinnerte Bildmotiv der Anzeige.

Wir setzen uns nachfolgend mit Gedächtnisbildern (memory images) auseinander, also mit inneren Bildern, die vor unserem inneren Auge auftauchen, wenn wir an einen Gegenstand (etwa an den Eiffel-Turm) denken (vgl. dazu Kroeber-Riel, 1986 a, 1993, Ruge, 1988, Paivio, 1991).

Die im Gedächtnis gespeicherten Bilder können sich auf sachliche Informationen beziehen und der rationalen Orientierung dienen. Beispiele: Das Gedächtnisbild der räumlichen Einteilung eines Supermarkts, das wir benutzen, um uns beim Einkauf zu orientieren und bestimmte Waren zu finden. Oder: das innere Bild der verkalkten Waschmaschinenteile, das die Calgon-Werbung vermittelt (vgl. Seite 262).

Mit inneren Bildern werden auch **emotionale** Eindrücke gespeichert. Wir haben deswegen Bilder als »gespeicherte Gefühle« bezeichnet. Die inneren Erlebnisbilder sind für die Steuerung unseres emotionalen Verhaltens verantwortlich.

Im Kapitel D 2.2 über die Wirkung von Bildern wurde angegeben, dass die Werbung darauf abzielen sollte, Gedächtnisbilder von Produkten und Dienstleistungen, von Marken und Firmen aufzubauen,

- um die Erinnerungswirkung der Bilder zu nutzen: Das Bildgedächtnis ist dem Sprachgedächtnis überlegen (Paivio, 1991);
- um die Verhaltenswirkung der Bilder zu nutzen: Innere Bilder schlagen stärker auf das Verhalten durch als sprachlich gespeicherte Informationen (Kroeber-Riel, 1993).

Der stärkere Einfluss von bildlich gespeicherten Informationen auf das Verhalten hängt unter anderem damit zusammen, dass Einstellungen und Kaufabsichten das Verhalten stärker lenken, wenn sie in einer Handlungssituation schnell im Gedächtnis verfügbar sind. Das ist dann der Fall, wenn die Einstellungen und Kaufabsichten mit lebendigen inneren Bildern – mit inneren Marken- und Firmenbildern – verknüpft sind.

Wir fragen jetzt nach den sozialtechnischen Regeln, nach denen sich die Verwendung von Bildern in der Werbung zu richten hat, um erinnerungsstarke und verhaltenswirksame Gedächtnisbilder zu erzeugen. Diese Regeln lassen sich auch auf innere Bilder übertragen, die auf andere Weise als durch die Werbung erzeugt werden: durch visuelle Eindrücke von Design und Verpackung, von Fassaden oder Raumgestaltung eines Geschäftes usw. Ein Beispiel sind die inneren Bilder, die mit Coca-Cola verbunden sind: Sie beziehen sich in erster Linie auf die Cola-Flasche und den Schriftzug.

Es gibt außerdem innere Bilder, die nicht visuell geprägt sind, sondern andere Modalitäten umfassen (Gilbert u. a., 1998). Dies können haptische Eindrücke sein, die bei der Orangina-Flasche beispielsweise durch die gepunktete Oberfläche hervorgerufen werden (Meyer, 1999), Geruchsbilder wie der typische Geruch der Maggi-Würze, Geschmacksbilder wie der Pfefferminz-Geschmack bei After-Eight, aber auch akustische innere Bilder sind möglich (Esch, 2004, Esch, Langner, 2001, Kroeber-Riel, 1993). Unternehmen wie Nestlé oder Bahlsen unterhalten eigene Forschungsabteilungen zur Analyse von Keks-Quetsch-Geräuschen oder von sensorischen Wirkungen (Müller, 1998, S. 261 ff.). Selbst der gute Ton bei Bier, sei es ein dunkles Ploppen oder ein helles Glucksen, wird nicht mehr dem Zufall überlassen, damit wirksame innere Bilder aufgebaut werden können.

Die sozialtechnischen Regeln für die Werbung betreffen einerseits die Auswahl der Bildmotive und andererseits ihre visuelle Gestaltung.

Zur Auswahl von Bildmotiven: Die grundlegende Regel lautet:

Appelliere an starke Schemavorstellungen!

Schemavorstellungen sind vorgeprägte, standardisierte Vorstellungen des Menschen über sich selbst und seine Umwelt. Sie umfassen auch innere Schemabilder wie das Mittelmeer oder das Tropenschema (Esch, 2001 a, S. 85 ff.).

Die im Konsumenten vorhandenen Schemabilder bestimmen das Vor-Verständnis, auf das die von der Werbung dargebotenen Bilder beim Empfänger stoßen. Bilder, die auf starke und verhaltenswirksame Schemavorstellungen abgestimmt sind, finden bei den Empfängern besondere Resonanz, sie bleiben eher im Gedächtnis haften (vorausgesetzt, sie entsprechen den nachfolgend angegebenen Regeln einprägsamer Gestaltung). Starke Schemavorstellungen manifestieren sich u. a. in den Traumbildern der Konsumenten, im Bild der »schlafenden Schönen«, des rassigen Pferdes (Mustang) oder des schützenden Hauses (Seite 219).

Entfernt sich das für die Werbung ausgewählte Bildmotiv zu weit von dem Schemabild, das im Konsumenten angesprochen werden soll, so werden Wahrnehmung und Erinnerung erschwert. Zum Beispiel gehören lebendige Farben zur Schemavorstellung von frischem Gemüse. Schwarzweiß-Zeichnungen, noch dazu solche, die das Gemüse nur skizzenhaft wiedergeben, treffen dieses Schema kaum, sie hinterlassen deswegen nur wenig wirksame Eindrücke im Gehirn.

Wählt man Bilder nach den Schemavorstellungen der Zielgruppen aus, so läuft man leicht Gefahr, bei sehr stereotyp gestalteten, austauschbaren Bildern zu landen. Austauschbare Bildmotive bieten aber schlechte Ansatzpunkte, um Werbung im Gedächtnis zu speichern und einer bestimmten Marke zuzuordnen.

Der vorrangige Leitsatz für die visuelle Gestaltung von Bildmotiven lautet deswegen:

Verwende keine austauschbaren Bilder!

Die kreative Kunst liegt darin, an starke Schemavorstellungen anzuknüpfen und dazu eine eigenständige, nicht-austauschbare Umsetzung zu finden.

Die Erinnerung an Bilder ist auf Besonderheiten und Details angewiesen, an denen man das Bild von anderen Bildern unterscheiden und als eigenständiges Bild wieder erkennen kann (Abbildung 83).

Für erinnerungsstarke Bilder ist deswegen zu empfehlen (Maas, 1995, Kroeber-Riel, 1993):

Füge unterscheidbare Details ein!

Sehr karg gehaltene Skizzen, Zeichnungen und Symbole weisen häufig solche Details nicht auf und erschweren die Erinnerung (wenn sie nicht ganz besonders gestaltfest und originell sind).

Aus diesem Grund haben in mehreren Untersuchungen Fotografien ihre Überlegenheit über Zeichnungen für das Gedächtnis bewiesen (Spoehr, Lehmkuhle, 1982, S. 180 mit weiteren Literaturangaben):

In einer Untersuchung hatten die Testpersonen das Bild eines Mannes wiederzuerkennen, der ein Kind auf den Armen hält. Eine Zeichnung, die nur Mann mit Kind wiedergab, wurde schlechter erinnert als eine Zeichnung, die zusätzlich einen Hintergrund (Zimmer mit Sofa und Lampe) aufzeigte. Diese Zeichnung wurde wiederum schlechter behalten als ein Foto, das den Mann mit dem gleichen Hintergrund abbildete, aber detailgenauer als die Zeichnung war. Mit zunehmender Konkretheit des Bildes verbessert sich demnach die Gedächtnisleistung (Marschark, Cornoldi, 1991, S. 163).

Eine weitere in diesem Zusammenhang aufzuführende Gestaltungsregel geht von der Gesetzmäßigkeit aus, dass Reize (Bilder oder Wörter) besser in das Langzeitgedächtnis übernommen werden, wenn sie assoziationsreich sind und vom Empfänger leicht in vorhandene Vorstellungen eingeordnet werden können.

Das bedeutet für die Komposition eines Bildes:

Stelle Ereignisse möglichst konkret und assoziationsreich dar!

Wenig einprägsam sind Bilder, in denen Gegenstände unverbunden nebeneinander stehen wie ein Hund neben einem Mann – oder ein Produkt neben einem Konsumenten.

Stellt man Beziehungen zwischen den Gegenständen her und lässt die Gegenstände in **Interaktion** treten, so erhält das Bild eine zusätzliche Be-

Abbildung 83: Unterscheidbare Details in der Werbung

Anmerkung: Unterscheidbare Details durch
a) farbige Hand in der Bosch-Werbung, die die Vorzüge der Maschine zeigt.
b) Aufgeblähte Backe des Mannes mit der typischen Toblerone-Ausbuchtung.
c) Rotes Tuch, das die Wünsche der Kunden umhüllt.

deutung, es wird assoziationsreicher und deswegen besser erinnert. Beispiel: Der Hund wird vom Mann an der Leine geführt, der Konsument weist auf das Produkt hin (Abbildung 84).

Das Bild wird weiter mit Bedeutung angereichert, wenn Aktion und Dynamik hineinkommen: der Hund beißt den Mann, der Konsument benutzt das Produkt (vgl. dazu u. a. Wollen, Weber, Lowry, 1972, Segalowitz, 1982, Neibecker, 1987 a).

Generell kann man sagen: Statische Abbildungen schneiden in der Erinnerung schlechter ab. Aktivität und Dynamik verschaffen einem Bild höhere Beachtung und Erinnerung. Man braucht nicht lange in der Werbung zu suchen, um Bildkompositionen zu finden, die diesen sozialtechnischen Erkenntnissen entsprechen oder widersprechen. Für die Gestaltung von Werbebildern gilt deshalb:

Stelle Ereignisse interaktiv dar!

Abbildung 84: Interaktive Abbildung von zwei Gegenständen (Mann und Hund)

Anmerkung: Diese Bilder hat Schretter und Company, Werbeagentur, Wien, angefertigt.

Nun kommt es aber nicht nur auf die Komposition der Bilder an, sondern auch auf die formale Umsetzung. Dabei sind die bereits erörterten Wahrnehmungsbarrieren zu vermeiden, insbesondere mangelhafter Kontrast (vgl. Seite 210). Besonders wichtig ist die Forderung:

Setze Bilder gestaltfest und lebendig um!

In einer Untersuchung von Kroeber-Riel (1986 a) stand die Frage im Mittelpunkt, welche formalen Eigenschaften innere Marken- und Firmenbilder haben müssen, die auf die Präferenzen und das Kaufverhalten der Konsumenten durchschlagen. (Es ging also nicht um den Inhalt der Bilder, nicht um die Auswahl der Bildmotive.) Die formale Eigenschaft, die Gedächtnisbilder besonders verhaltenswirksam macht, ist ihre **»Lebendigkeit« (Vividness)**. Darunter versteht man die Klarheit und Deutlichkeit, mit der das Bild vor den inneren Augen der Konsumenten steht. Die Lebendigkeit geht beispielsweise beim inneren Bild des Marlboro-Cowboys so weit, dass die Konsumenten die Krempe des Hutes beschreiben können.

Von allen Bildeigenschaften übt die Lebendigkeit des Bildes den größten Einfluss auf das Verhalten aus. Durch sie wird die Erinnerung an die Werbung, aber auch Einstellungen und Verhalten maßgeblich beeinflusst[104]. Kurzum:

---

[104] Siehe dazu auch die aufschlussreiche Studie zur Wirkung der Lebendigkeit unterschiedlicher Präsenter auf das Verhalten von Heath, McCarthy, Mothersbaugh, 1995.

»Die Seele denkt nie ohne ein inneres Bild« (Aristoteles).

Dies bestätigen Forschungsergebnisse der GfK eindrucksvoll. In einem Forschungsprojekt wurden in Posttests Einflussfaktoren auf das klassische Werbewirkungsmaß, die Erinnerung an die Werbebotschaft, ermittelt. Grundsätzlich hängt die Werbeerinnerung von dem Werbedruck (dem Werbebudget) und der Qualität, d. h. der Gestaltung der Werbung ab. Die Klarheit und Lebendigkeit der inneren Bilder erwies sich als stärkster Qualitätsindikator (Abbildung 85). Die gestützte Erinnerung an die Werbebotschaft wurde zu 38 % vom Werbedruck und im gleichen Maße von der Lebendigkeit der inneren Werbebilder bestimmt. Die restlichen (qualitativen) Einflussfaktoren erklärten die restlichen 24 % der Werbeerinnerung (Andresen, Klinck, 1991, S. 63).

Deshalb fasst Högl (1988, S. 88) die Klarheit der Gedächtnisbilder zu Recht als Indikator für die »Prägnanz und Güte eines Werbeauftritts« auf.

Durch Verwendung von Bildern, die selbstbezogene Imagery-Vorgänge auslösen, kann eine besonders nachhaltige Beeinflussung zugunsten der Marken erreicht werden (Goosens, 1994, S. 143, Bone, Ellen, 1992, S. 100)[105]. Solche Bilder evozieren starke gedankliche Vorstellungen.

Beispiel: Es ist ein großer Unterschied, ob in einer Automobilwerbung ein Auto vor einer schönen Landschaft steht, oder ob man durch die Abbildung eines fahrenden Autos aus der Fahrerperspektive das Gefühl hat, man würde selbst über einen gebirgigen, schmalen Serpentinenweg am Meer vorbei dem Sonnenuntergang entgegenfahren. Im letztgenannten Fall werden selbstbezogene Imageryvorgänge ausgelöst, so wie dies wahrscheinlich auch bei der Marlboro-Werbung der Fall ist.

Weitere verhaltenswirksame Eigenschaften eines inneren Bildes sind seine Anziehungskraft und Aktivierungsstärke, seine Reichhaltigkeit und psychische Nähe. Diese Bildeigenschaften können durch Befragungen und vor allem mit Hilfe von Bilderskalen ermittelt werden.

Verwendung von Bildern in der Werbung

Um Missverständnisse zu vermeiden, ist auf den Unterschied zwischen Gedächtnisbild und Image aufmerksam zu machen. Das Image im herkömmlichen Sinn umfasst die sprachlich verfügbaren Eindrücke und Vorstellungen von einer Marke oder Firma. Diese gehen zum Teil auf innere Bilder zurück, so weit diese sprachlich bewusst und formulierbar sind. Dagegen besteht das innere Bild (Gedächtnisbild) aus den konkreten visuellen Vorstellungen über die Marke oder Firma, und nur aus diesen. Bei der Messung

---

[105] Bei selbstbezogenen Imagery-Vorgängen beziehen Konsumenten die gedanklichen Vorgänge auf ihre eigene Person und integrieren diese in die Ereignisse.

Abbildung 85: Beziehung zwischen Werbeerinnerung und Klarheit des inneren Bildes

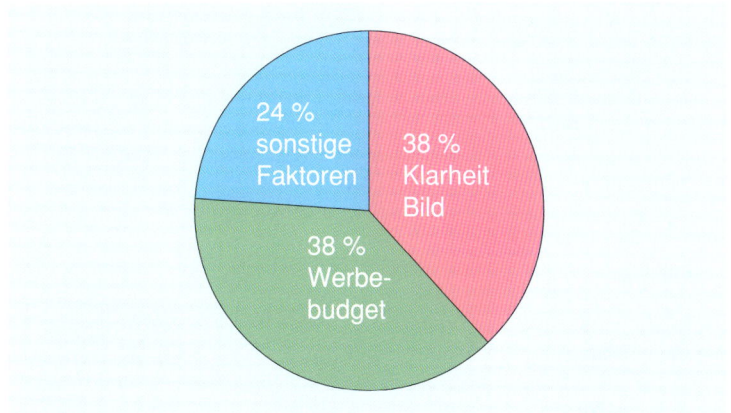

Quelle: Andresen, Klinck, 1991, S. 63.

innerer Bilder sind Bildeigenschaften wie die »Lebendigkeit des inneren Bildes« zu berücksichtigen, die bei Imagemessungen gar keine Rolle spielen.

Die zentrale Bedeutung, welche die inneren Firmen- und Markenbilder für das Verhalten der Abnehmer haben, müssen sich in den Marketingmaßnahmen, vor allem in Design und Verpackung, Laden- und Schaufenstergestaltung, Werbung sowie Promotion niederschlagen. In der Werbung hat der langfristig geplante Einsatz von Bildern meistens zwei Ziele:

1. Aufbau von inneren Marken- oder Firmensignalen, welche die gedankliche Präsenz der Firma oder Marke absichern.
2. Aufbau von inneren Marken- und Firmenbildern, welche die Positionierung vermitteln. Es handelt sich um **Schlüsselbilder**.

Zu 1.: Aufbau von inneren Marken- und Firmensignalen zur Absicherung der Präsenz von Marken und Firmen:

Wir nennen sie »**visuelle Präsenzsignale**«. Sie können vor allem zur Aktualisierung von Angeboten eingesetzt werden (siehe dazu Seite 99). Beispiel: Ein Arzt ist in einer Verschreibungssituation. Er sucht aufgrund der Diagnose nach einem Präparat, für das mehrere konkurrierende Marken zur Verfügung stehen. Er wird sich leichter an eine Marke erinnern, die in seinem Gedächtnis mit einem klaren inneren Bild präsent ist. Das schnell im Gedächtnis auftauchende Markenbild stützt seine Erinnerung an die damit verbundenen Markeneigenschaften.

Die Bilder übernehmen also im Gedächtnis die Funktion von Hinweissignalen, die für die gedankliche Präsenz des Angebots sorgen. Ein solches Präsenzsignal aus dem Pharmabereich ist das Bild des Trental-Blutkörperchens. Beispiele für visuelle Präsenzsignale aus anderen Produktbereichen sind die Bilder von Onkel Ben (Reis), das Michelin-Männchen oder das Lacoste-Krokodil.

Besonders wichtig sind Präsenzsignale, wenn die angebotenen Produkte und Dienstleistungen selbst wenig konkret und anschaulich sind und deswegen nur schwache bildliche Eindrücke vermitteln wie Reifen (Michelin-Männchen) oder Benzin (Esso-Tiger).

Marken- und Firmensignale, die zur Absicherung der gedanklichen Präsenz der Firma oder Marke dienen, funktionieren dann, wenn folgende Bedingungen erfüllt sind (Bellezza, 1987, Kroeber-Riel, 1993, S. 198, Esch, Langner, 2001, S. 487 ff.):

1. Zugriffsfähigkeit: Das benutzte Bild muss schnell erkennbar oder sehr gut gelernt sein und sich (bei Bedarf) schnell im Gedächtnis einstellen.
2. Assoziierbarkeit: Das Bild sollte möglichst in einer formalen oder inhaltlichen Beziehung zum Firmen- oder Markennamen stehen. Dazu können auch Merkformeln benutzt werden.
3. Unterscheidbarkeit: Das Bild muss sich durch visuelle Merkmale von anderen häufig verwendeten Bildern abheben.
4. Umkehrbarkeit: Die assoziative Verknüpfung muss so sein, dass den Benutzern zum Bild der sprachliche Ausdruck (Name) einfällt und umgekehrt.

Politik und psychologische Kriegsführung bedienen sich ebenfalls visueller Präsenzsignale, um Handlungsappelle an die Bevölkerung im Gedächtnis lebendig zu erhalten. Man denke nur an das Bild des Kohlenklaus im letzten Weltkrieg.

Wenig geeignet als Präsenzsignale sind stilisierte, abstrakte sowie austauschbare Bilder und Symbole, weil sie im Allgemeinen keine lebendigen inneren Gedächtnisbilder hinterlassen (Esch, Langner, 2001, S. 417 ff.). Beispiele sind die in der Pharmawerbung häufig anzutreffenden abstrakten Zeichen wie gezackte Kurven, hoch stilisierte Organe, Krankheitssymbole usw.

Zu 2.: Aufbau von inneren Marken- und Firmenbildern zur Positionierung:

Schlüsselbilder stellen das visuelle Extrakt der Positionierungsbotschaft für eine Marke oder Firma dar. Schlüsselbilder unterscheiden sich von Präsenzsignalen vor allem durch ihren komplexen Inhalt und ihre variable Umsetzung: Während Schlüsselbilder konkrete sachliche und emotionale Eindrücke vermitteln und variabel sind, haben Präsenzsignale hingegen eine unveränderte Gestalt. Zudem stehen diese meist nicht für Inhalte, die mit der Marke zu verknüpfen wären.

Wenn die Schlüsselbilder spezielle emotionale Eindrücke zur Positionierung einer Marke oder Firma vermitteln, werden spezifische **Erlebniswelten** aufgebaut. Ein Beispiel ist das emotionale Schlüsselbild des Duschgels Cliff mit dem Klippenspringer, der von den Felsen Acapulcos in das erfrischende Meerwasser springt. Dieses emotionale Schlüsselbild prägt das innere Bild zur Marke und löste Gefühle der Frische und Männlichkeit aus.

Weitere visuelle (emotionale) Schlüsselbilder: die maritime Welt mit dem grünen Schiff von Beck's-Bier oder die tropische Exotik der Singapore Airlines. Schließlich können Gedächtnisbilder auch im Dienste einer **informativen Positionierung** aufgebaut werden: Sie beziehen sich dann auf funktionelle und sachliche Eigenschaften, mit denen sich eine Marke oder Firma langfristig von ihren Konkurrenten abhebt.

Ruge (2001, S. 175) bezeichnet diese Schlüsselbilder als nutzenbezogene Bildwelt im Gegensatz zu den Erlebniswelten. Beispiele für nutzenbezogene Schlüsselbilder sind Mr. Proper, der für perfekten Glanz und Sauberkeit steht, die alte Opel Omega-Kampagne, bei der das Automobil immer auf Schienen gezeigt wurde (»fährt sicher wie auf Schienen«) oder die Dr. Best-Werbung, bei der die Flexibilität des Bürstenkopfs durch das Aufdrücken der Zahnbürste auf eine Tomate verdeutlicht wird.

Wenn man nach klaren Erlebnisprofilen sucht, dann merkt man schnell, dass es nur wenigen Marken oder Firmen gelingt, solche Erlebnisprofile aufzubauen. Die wichtigste Ursache dafür ist wohl darin zu sehen, dass die Werbung nicht langfristig genug angelegt wird.

Der Aufbau von Gedächtnisbildern für eine Marke oder Firma muss **langfristig** geplant und umgesetzt werden. Zu diesem Zweck sind »strategische Bilder« zu entwickeln, das sind visuelle Leitmotive, nach denen sich die Auswahl und Gestaltung der einzelnen im Marketing eingesetzten Bilder richten kann.

Bei der Entwicklung einprägsamer **Schlüsselbilder** sind folgende Anforderungen zu beachten (Kroeber-Riel, 1993, S. 205, Esch, 2001 sa):

1. Die visuellen Schlüsselmerkmale müssen klar erkennbar sein.
2. Das Schlüsselbild sollte lebendig gestaltet sein.
3. Die Variationsfähigkeit des Bildes zur Umsetzung in verschiedenen Medien und Modalitäten ist rechtzeitig zu berücksichtigen.
4. Das Schlüsselbild soll kontinuierlich einsetzbar sein, gleichzeitig jedoch Anpassungen an Veränderungen im Zeitablauf ermöglichen.

Durch unzureichende langfristige (strategische) Planung entstehen erhebliche Risiken.

Sie betreffen zunächst einmal den Wildwuchs der Werbung: Man schafft für mittelfristige Werbekampagnen ein Bild, das sich in den Köpfen festsetzt und von dem man dann kaum noch loskommt. Da das Bild aber von vornherein nicht langfristig angelegt und auf die Firmen- und Markenidentität abgestimmt wurde, steht man vor schwer lösbaren Fragen der langfristigen »Bildbewältigung«.

So scheint es IBM mit dem Bild ihres Charly Chaplin gegangen zu sein. Das Bild wurde zunächst mittelfristig für die PC-Werbung benutzt und hat sich unbeabsichtigt zu einem »Firmenbild« entwickelt, dessen Benutzung für andere Produktbereiche und als allgemeines Firmenbild nicht unerhebliche Probleme brachte.

Wenn kein langfristig angelegtes visuelles Leitmotiv vorhanden ist, kommt es nicht selten zu einem uneinheitlichen und widersprüchlichen und dadurch wenig wirksamen Auftritt: Für eine Marke wird eine kurze Zeit lang mit einem bestimmten Erlebnisbild geworben, dann wird dieses Bild über Bord geworfen und ein anderes Erlebnisbild eingeführt. Es kommt zur Überlagerung von inneren Bildern bei den Konsumenten und zu entsprechenden Wirkungseinbußen.

Dazu ein Beispiel: Mateus Rosé ist ein verbreiteter portugiesischer Roséwein, der durch seine milde Art ein breites Publikum anspricht. Seine Marktchancen hängen vor allem von der Aktualität und Akzeptanz dieses Weins ab. Eine klare erlebnisbetonte Positionierung könnte jedoch den Markterfolg der Marke steigern. Die Werbekampagnen sind dafür kaum geeignet gewesen:

Das visuelle Leitmotiv der ersten Kampagne stellt die Marke im bäuerlichen Umfeld mit einem Weinbauern dar, es vermittelt den Eindruck eines rustikalen, zuverlässigen und natürlichen Weins. Nachdem diese Kampagne zwei oder drei Jahre gelaufen war, wurde eine neue Werbekampagne durchgeführt (Abbildung 86).

Das ästhetisch ausgezeichnete Bildmotiv dieser Kampagne – weiße, von greller Sonne beschienene Häuser – führt den Konsumenten zu ganz anderen Weinerlebnissen. Jetzt drängt sich der Eindruck auf: Dieser Wein kommt aus dem sonnendurchglühten Süden; Schemavorstellungen von Herrenhäusern in exotischer Mittelmeerwelt werden angesprochen.

Die Folge: Das zunächst mit erheblichem Kostenaufwand installierte innere Bild des Konsumenten vom rustikalen Landwein wird durch ein neues Bild überlagert. Das vorher erzeugte innere Bild wird dadurch teils gelöscht, teils ergänzt und verändert.

Offensichtlich unzufrieden mit dem bisherigen Werk brach das Management nach einiger Zeit wieder in neue Erlebniswelten für Mateus Rosé auf: Eine dritte Kampagne wurde gestartet, mit neuen Bildmotiven, die alle bisherigen Bilder in den Schatten stellen: Der vorher strahlend blaue Himmel nimmt jetzt eine rosa Farbe an, die der Farbe des edlen Getränks entspricht. Statt des erwarteten Raumschiffs schwebt die Flasche am Himmel, von einigen äußerst lustigen jungen Menschen beklatscht. Die Überlagerung der inneren Bilder von Mateus Rosé wurde fortgesetzt. Sie schwächte das visuelle Erlebnisprofil und damit die Positionierung der Marke. Ergebnis: Fehlinvestitionen mangels strategischer Linie für die Werbung (Abbildung 86).

Abbildung 86: Überlagerung von Erlebnisbildern: Drei Folgekampagnen von Mateus Rosé

Mateus Rosé, ein Traum Rosé.
Mateus Rosé ist ein großer Wein aus Portugal, fein moussierend, eiskalt, frisch. Alles andere ist nicht zu beschreiben.

4 Testprobleme

Rehorn (1985), Marktforscher in einer Werbeagentur, schreibt unter der Überschrift »Gefahr für die Psychos« in der Zeitschrift w & v: »in Zukunft werden glasklare Facts entscheiden: All die schönen Dinge, die sie derzeit noch als die einzigen Entscheidungskriterien präsentieren – die Likes und Dislikes, die Recall-Levels, Kommunikationswerte, Anmutungsgehalte (...) – sie werden alle nicht mehr länger die Entscheidungskriterien sein. Über Wohl und Wehe einer Kampagne entscheiden bei den Testmarktersatzverfahren vielmehr glasklare Facts und Figures: die aufgrund der Werbung getätigten Käufe.«

Rehorn bezieht sich dabei auf die zu diesem Zeitpunkt neuen Testmarktverfahren, die durch Verwendung von Scannerdaten und Kabelfernsehen möglich werden.

Eines dieser Verfahren ist »BehaviorScan« von der GfK, Nürnberg, das etwa wie folgt arbeitet: Verschiedene Versionen eines Fernsehspots werden über das Kabelnetz eines Testmarktgebiets unterschiedlichen Bevölkerungsgruppen dargeboten, diese gehören einem Haushaltpanel an: Sie kaufen in Einzelhandelsgeschäften des Testmarktgebietes, die mit einem Scanner-System ausgerüstet sind. Dort werden die Einkäufe der Panel-Mitglieder mittels Identifikationskarte registriert. Auf diese Weise kann man die Verkaufswirkung der Spots auf die unterschiedlichen Gruppen erfassen.

Ist das ein hinreichender Anlass für die von Rehorn geäußerte Freude, die »Psychoheinis« hätten ausgedient? Man brauche eigentlich keine psychologischen Methoden und vor allem keine apparativen Verfahren der Werbeforschung mehr, weil diese zu wenig leisten (vgl. u. a. auch Rehorn, 1986).

Eindeutig nein, denn die Äußerungen von Rehorn beruhen auf seiner dauernden Verwechslung von **evaluativen** und **diagnostischen** Testverfahren. Einige Studenten versuchten denn auch in einem Leserbrief, Herrn Rehorn über diese Verwechslung endlich aufzuklären (Biber, Leistenschneider u. a., 1986).

Erfolgsmessung contra Wirkungsanalyse: Die Beurteilung eines Spots anhand der vom Spot bewirkten Verkäufe ist ein evaluativer (den Erfolg bewertender) Vorgang. Mit seiner Hilfe will man feststellen, ob und wie viel der Spot »verkauft«.

Evaluative Maße der Werbewirkung beziehen sich also auf den angestrebten Erfolg der Werbung. Sie können als Entscheidungshilfe dienen, ob dieser oder jener Spot ausgewählt und geschaltet werden soll.

Das BehaviorScan-Verfahren liefert zweifellos hervorragende evaluative Maße, mit denen man die Erfolgsaussichten der Werbung beurteilen und Entscheidungen absichern kann.

Offen bleibt dabei, warum ein Spot das Einkaufsverhalten stärker beeinflusst als ein anderer, das heißt: offen bleiben die **Ursachen** der Spotwirkung:

Hat ein Spot mehr Erfolg, weil die Umworbenen stärker aktiviert wurden? Oder wurde die Werbebotschaft besser verstanden? Wurde ein wirksameres Erlebnisbild benutzt? War die sprachliche Darstellung der Produktvorteile besonders einprägsam? usw.

Solche Fragen können durch evaluative Testverfahren nicht beantwortet werden. Dazu benötigt man **diagnostische** oder analytische Verfahren: Sie liefern Größen, die Aufschluss über das Zustandekommen des Werbeerfolgs bieten.

Hinter dem (angestrebten) Erfolg der Werbung, hinter der Beeinflussung des Kaufverhaltens stehen ja zahlreiche Teilwirkungen der Werbung. Erst das Zusammenspiel dieser Teilwirkungen erklärt den mehr oder weniger großen Werbeerfolg. Wer Auskunft über die Entstehung dieses Erfolgs, über die Stärken und Schwächen seiner Werbung bekommen möchte, ist darauf angewiesen, die verschiedenen Teilwirkungen zu messen und zu analysieren.

Kurzum: Wer nur den angestrebten Erfolg der Werbung einschätzen will, benötigt evaluative Wirkungsgrößen. Dafür sind die »glasklaren Facts« über die bewirkten Veränderungen des Kaufverhaltens, von denen Rehorn spricht, geeignet. Wer darüber hinaus etwas über das Zustandekommen eines mehr oder weniger großen Werbeerfolgs wissen möchte, der muss sich auf diagnostische Wirkungsgrößen stützen.

Es ist unsinnig, Testverfahren, die der Diagnostik dienen, deswegen für überflüssig zu erklären, weil es neuere evaluative Verfahren gibt.

Man kann evaluative und diagnostische Verfahren nicht in einen Topf werfen, die einen können die anderen nicht ersetzen und umgekehrt.

Da die zum Werbeerfolg führenden Teilwirkungen der Werbung stets psychologischer Natur sind, ist man bei der Analyse der Werbewirkungen auf psychologische Testverfahren angewiesen. Nur durch diese Testverfahren − und nicht durch Messungen des (Verkaufs-)Erfolgs der Werbung − kommen wir den Gesetzmäßigkeiten der Werbewirkungen auf die Spur, erhalten wir Einsichten in die Stärken und Schwächen der Werbung, so dass wir Schwächen beseitigen können.

Typische Testprobleme:

Die meisten Entscheidungen über den Einsatz von Werbemitteln stützen sich nicht auf einen Test, sondern auf »Expertenurteile«. Das ist aus ökonomischen Gründen notwendig und sozialtechnisch zweckmäßig.

Expertenurteile: Teilwirkungen der Werbung können häufig mit hinreichender Treffsicherheit durch Expertenurteile eingeschätzt werden. Ein Beispiel ist die Beurteilung der Aktivierungswirkungen, die meistens einigermaßen zuverlässig mittels folgender Fragen ermittelt werden kann: Inwieweit werden die drei Aktivierungstechniken genutzt (= Verwendung von physisch intensiven, emotionalen und überraschenden Reizen)? Ist die erreichte Aktivierung im Hinblick auf die konkurrierende Werbung und das Umfeld der Werbung stark genug? Sind nachteilige Nebenwirkungen der Aktivierung zu erwarten?

Die entscheidende Voraussetzung für eine brauchbare Expertenschätzung ist sozialtechnische Kompetenz, d. h. es sind professionelle Kenntnisse über die eingesetzten Werbetechniken und ihre Wirkungen notwendig. Hier sind erhebliche Mängel in der Praxis festzustellen, die auf Ausbildungsdefizite zurückgehen (zur sozialtechnischen Kompetenz vgl. Kapitel D. 1).

So kann von sozialtechnischer Kompetenz keine Rede sein, wenn Mehrheitsbeschlüsse über die Werbewirkungen gefällt werden, an denen Personen beteiligt sind, die noch nicht einmal aus dem Marketing stammen, und die sich hauptsächlich auf ihre Intuition stützen müssen. Das ist häufig beim Werbequiz von Geschäftsführung oder Vorstand der Fall.

Tests sollten im Regelfall erst dann ins Spiel kommen, (1.) wenn es um aufwendige Kampagnen und langfristige Festlegungen mit erheblichem Risiko geht und (2.) wenn sich die Werbewirkungen einer hinreichend fundierten Beurteilung entziehen und sozialtechnische Expertenurteile zu unsicher werden. Beispiele: Unsicherheiten bei der Einschätzung von Reaktionen bestimmter Zielgruppen. (Nicht selten dienen Tests allerdings nicht der sachlichen Entscheidungsfindung, sondern der Legitimation und Absicherung von bereits vorab gefällten Entscheidungen.)

Tests können das Risiko einer Fehlentscheidung vermindern, aber nie beseitigen. Nicht selten vergrößern sie sogar das Risiko.

Die Gefahr, dass Tests zu Fehlentscheidungen führen können, geht in erster Linie auf folgende Ursachen zurück:

– Die Werbung wird nach einem 08/15-Schema getestet, das den jeweiligen Werbezielen nicht entspricht.
– Die verwendeten Methoden sind ungeeignet.
– Aus den Testergebnissen werden irreführende oder nachteilige Folgerungen gezogen.

Schematisches Testen: Bei der Analyse der Werbewirkungen folgt man häufig noch einem gleich bleibenden Testmuster. Das führt zu unzuverlässigen Ergebnissen, denn welche Testverfahren anzuwenden sind, richtet sich stets nach dem Einzelfall, d. h. nach den von der Werbung verfolgten Zielen, den eingesetzten Sozialtechniken und den Bedingungen, unter denen geworben wird. Wie bereits ausgeführt wurde, ist es nicht möglich, stets nach dem gleichen Testschema vorzugehen, da es kein einheitliches Wirkungsmodell für »die« Werbung gibt. Emotionale Werbung muss anders analysiert werden als informative, bildbetonte Werbung anders als sprachbetonte, Werbung für wenig involvierte Empfänger anders als Werbung für stark involvierte Empfänger (siehe dazu im Einzelnen Seite 135 ff. und die Übersicht über die Messverfahren in Abbildung 36, Seite 136).

Besondere Vorsicht erfordert der Pretest von Werbung, die sich an wenig involvierte Empfänger wendet. Er muss so angelegt werden, dass in der Testsituation mehrmalige flüchtige Kontakte mit dem Werbemittel simuliert werden. Durch forcierte Darbietung des Werbemittels werden nämlich bewusste und aufmerksame gedankliche Reaktionen ausgelöst, die unter realen Bedingungen gar nicht zustandekommen und die Beurteilung des Werbemittels in die Irre leiten.

Die dazu von manchen Testinstituten vertretene Meinung, **ein** forcierter und längerer Kontakt beim Testen habe die gleiche Wirkung wie **mehrere** flüchtige Kontakte, ist nicht zutreffend, sie verdeckt die grundlegenden Unterschiede zwischen High-Involvement-Werbung und Low-Involvement-Werbung.

Ungeeignete Methoden: Überspitzt gesagt werden in vielen Instituten der kommerziellen Marktforschung Werbemittel von heute mit Methoden von gestern getestet, um etwas über die Wirkung von morgen zu erfahren. Die kommerziell benutzten Methoden sind nicht annähernd auf dem Stand, den die internationale, insbesondere wissenschaftliche Marketingforschung ermöglicht. Die derzeitige Kritik an den Methoden richtet sich vor allem auf

– die **einseitige Bevorzugung der Befragung**:
  Befragungsmethoden werden überstrapaziert, sie werden auch dann angewendet, wenn andere Methoden wesentlich gültiger sind;
– den **simplen Testaufbau**:
  Die Testsituation ist zu artifiziell, es werden zu wenig unterschiedliche Methoden kombiniert;
– die **unzureichende Nutzung computergestützter Verfahren**:
  Das gilt sowohl hinsichtlich der Datenerhebung als auch hinsichtlich der Datenauswertung.

Für eine leistungsfähige Marktforschung, die sich beim Test auf die unterschiedlichen Wirkungen der Werbung einzustellen hat, ist fast immer eine Kombination von mehreren Methoden und die Einbeziehung computergestützter Verfahren erforderlich[106]. Nicht zuletzt aus folgendem Grund: Das Forschungsinteresse richtet sich in zunehmendem Maße auf den dynamischen Ablauf der Werbewirkungen (bei Wiederholungskontakten) und auf solche Wirkungen, die den Umworbenen weniger bewusst sind. Es sind Wirkungen wie Wahrnehmungsatmosphäre, bildliche und emotionale Eindrücke, Akzeptanz und Irritation.
Diese »weichen« Wirkungen der Werbung lassen sich selten durch einen Test in den Griff bekommen, der mit herkömmlichen Befragungen arbeitet. Man benötigt vielmehr Verfahren, die in das wenig bewusste, spontane und gefühlsmäßige Verhalten hineinreichen und die für die Testpersonen schwer zu durchschauen sind wie Irritationsprofile, sequentielle Bildwiedererkennungsverfahren, Zuordnungsverfahren wie Bilder-, Muster- und Farbzuordnungen, Prozessverfolgungsverfahren wie Programmanalysator, Hautreaktionsmessung und Blickaufzeichnung sowie Verfahren zum Registrieren der Körpersprache.

---

[106] Vgl. hierzu auch die Beiträge von von Keitz, 1997 sowie von Esch, 1998 h.

Da die »weichen« Signale der Werbewirkung unter den heutigen Kommunikationsbedingungen für die Beurteilung und Analyse des Werbeerfolges immer wichtiger werden, müssen sich die Testmethoden darauf einstellen!

Irreführende oder nachteilige Folgerungen: Selbst wenn die Marktforschung zuverlässige Ergebnisse zuwege bringt, können noch Gefahren für die Beurteilung der Werbung entstehen, wenn aus den Ergebnissen irreführende Schlussfolgerungen gezogen werden. Besonders schwer wiegend sind solche Folgerungen in zwei Fällen:

1. Fehler: Aus der Marktforschung werden Schlüsse für die zukünftige Positionierungswerbung gezogen.

Durch die Marktforschung erhält man stets nur Auskünfte über das **gegenwärtige** Verhalten der Abnehmer. So fördern Befragungen, wie sich die Konsumenten das ideale Produkt vorstellen, welche Produkteigenschaften wichtig sind usw. nur Klischeevorstellungen zutage, die vor allem durch die derzeitige Darstellung der Produkte in den Massenmedien und in der Werbung zustande kommen.

Richtet man sich bei einer Positionierungswerbung – die ja in die Zukunft weisen soll – nach solchen durch die Marktforschung ermittelten Klischees und Ansichten, so fehlt ihr die erforderliche Neuorientierung. Sie gerät auch allzu leicht in die Austauschbarkeit (siehe im Einzelnen Seite 53 ff.). Vergleichbare Probleme entstehen beim Test von neuartigen und ungewöhnlichen Anzeigen, die gegen aktuelle Wahrnehmungsgewohnheiten verstoßen.

2. Fehler: Aus der Marktforschung werden kreative Vorschläge abgeleitet, nach denen sich die Gestaltung richten soll.

Die Marktforscher können aufgrund der von ihnen durchgeführten Untersuchungen auf Schwächen und Stärken der werblichen Gestaltung hinweisen, sie können auch (und sollen, falls kompetent) sozialtechnische Empfehlungen geben, aber sie sollten sich hüten, sich in das Handwerk der Kreativen einzumischen und ihnen direkte und konkrete Gestaltungsvorschläge zu machen. Das würde die kreativen Lösungen beeinträchtigen, flache, stereotype und austauschbare, ja geschmacklose Gestaltungen wären die Folge.

Beispiel: Ein Testergebnis weist darauf hin, dass der Markenname in einer Anzeige nicht wahrgenommen wird. Der Marktforscher kann dem Kreativen die sozialtechnische Empfehlung geben, den Markennamen besser als vorher in den voraussichtlichen Blickablauf der Empfänger einzubeziehen. Das kann u. a. darauf hinauslaufen, den Markennamen in der Headline unterzubringen oder mehr in das Bild zu integrieren oder wesentlich auffälliger zu machen.

Die optimale Umsetzung dieser sozialtechnischen Empfehlung ist eine kreative Leistung, sie wird von der kreativen Gesamtkonzeption der Anzeige bestimmt. Ein direkter Vorschlag des Marktforschers, den Markennamen so (rot) oder so (dick) zu drucken, wird im Allgemeinen zu Lasten des Gesamteindrucks und der Durchschlagskraft des Werbemittels gehen.

Literaturverzeichnis

Aaker, D. A. (1992), Management des Markenwerts, Frankfurt/Main.

Aaker, D. A., D. E. Bruzzone (1985), »Causes of Irritation in Advertising«, Journal of Marketing, Vol. 49, Spring, S. 47-57.

Abernethy, A. M. (1991), »Television Exposure: Program vs. Advertising«, in: Leigh, J. H., C. R. Martin, Jr. (Hrsg.), S. 61-77.

AG für das Werbefernsehen (1981), »Werbespots mit und ohne im gleichen Block geschaltetem Reminder: Post-Test über Erinnerungswerte«, TV III Contact, September.

Agostini, J. M. (1985), »Reichweite und Kontakte durch Plakate«, Viertel-Jahresheft für Mediaplanung, Heft 1, S. 20-24.

Ahsen, A. (1984), »The Triple Code Model for Imagery and Psychophysiology«, Journal of Mental Imagery, Vol. 8, S. 15-41.

Alba, J. W., H. Marmorstein, A. Chattopadhyay (1992), »Transitions in Preference Over Time: The Effects of Memory on Message Persuasiveness«, Journal of Marketing Research, Vol. 29, November, S. 406-416.

Alesandrini, K. L. (1983), »Strategies that Influence Memory for Advertising Communication«, in: Harris, R. J. (Hrsg.), S. 65-82.

Alesandrini, K. L., A. A. Sheikh (1983), »Research on Imagery: Implications for Advertising«, in: Sheikh, A. A. (Hrsg.), S. 535-556.

Alwitt, L. F., A. A. Mitchell (Hrsg.) (1985), Psychological Processes and Advertising Effects – Theory, Research and Application, Hillsdale, N. J., London.

Amann, M., D. Rippstein (1999), »Am POS zählt das stumme Zwiegespräch zwischen Käufer und Verpackung«, Marketing Journal, 32. Jg., Heft 4, S. 202-205.

Ambler, T., A. Ioannides, S. Rose (2000), »Brands on the Brain: Neuro-Images of Advertising«, Business Strategy Review, Vol. 11, No. 3, S. 17–30.

Andresen, T. (1988), Anzeigenkontakt und Informationsüberschuss – eine empirische Untersuchung über die Determinanten des Anzeigenkontaktes in Publikumszeitschriften mit Hilfe der Blickaufzeichnung, Dissertation an der Universität des Saarlandes, Saarbrücken.

Andresen, T. (2001), »Braucht man zum Markenaufbau lange Werbespots?«, in: Markenartikel, 63. Jg., Heft 6, S. 37.

Andresen, T., D. Klinck (1991), Innere Bilder, eine Grundlagenstudie der GfK Marktforschung, Abschlussbericht, Nürnberg.

Andresen, T., O. Nickel (2001), »Führung von Dachmarken«, in: Esch, F.-R. (Hrsg.), S. 575-604.

Andresen, T., H.-D. Ruge (1985), »Wie die Manager die Werbung der 90er Jahre sehen«, Absatzwirtschaft, 28. Jg., Nr. 9, S. 72-83.

Arbeitsgemeinschaft Rundfunkwerbung (Hrsg.) (1981 a), Funkwerbung, Funkwirkung, Frankfurt/Main.

Arbeitsgemeinschaft Rundfunkwerbung (1981 b), Wirkungschancen der Werbung in Massenmedien, Band 3: Funkwerbung, Funkwirkung, Frankfurt/Main.

Assael, H. (1997), Consumer Behavior and Marketing Action, 6. Aufl., Cincinnati/Ohio.

Atwood, A. (1989), »Extending Imagery Research to Sounds: Is a Sound Also Worth a Thousand Words?«, in: Srull, T. K. (Hrsg.), S. 587-594.

Aylesworth, A. B., S. B. MacKenzie (1998), »Context Is Key: The Effect of Program-Induced Mood on Thoughts about the Ad«, Journal of Advertising, Vol. 27, No. 2, S. 17-31.

Babin, L. A., A. C. Burns (1997), »Effects of Print Ad Pictures and Copy Containing Instructions to Imagine on Mental Imagery That Mediates Attitudes«, Journal of Advertising, Vol. 26, No. 3, S. 33-44.

Babin, L. A., A. C. Burns, A. Biswas (1992), »A Framework Providing Direction for Research on Communications Effects of Mental Imagery-Evoking Advertising Strategies«, in: Sherry, J. F., B. Sternthal (Hrsg.), S. 621-628.

B.A.C. (Burda Advertising Center) (Hrsg.) (1993), Werbewirkungsfaktoren in Zeitschriften: Eine Zusammenfassung, Offenburg.

Baddeley, A. D. (1979), Die Psychologie des Gedächtnisses, Stuttgart.

Baker, W., J. W. Hutchinson, D. Moore, P. Nedungadi (1986), »Brand Familiarity and Advertising: Effects on the Evoked Set and Brand-Preference«, in: Lutz, R. J. (Hrsg.), S. 637-642.

Banning, T. E. (1987), Lebensstilorientierte Marketing-Theorie, Heidelberg.

Barg, C.-D. (1977), Messung und Wirkung der psychischen Aktivierung durch die Werbung, Dissertation an der Universität des Saarlandes, Saarbrücken.

Barry, T. E. (1993), »Comparative Advertising: What have we learned in Two Decades?«, Journal of Advertising Research, Vol. 33, March/April, S. 19-29.

Bartos, R. (1981), »Ads that Irritate May Evoke Trust in Advertised Brands«, Harvard Business Review, Vol. 59, No. 4, S. 138-140.

Batra, R., J. G. Myers, D. A. Aaker (1996), Advertising Management, 5. Aufl., Upper Saddler River, New Jersey.

Batra, R., M. L. Ray (1985), »How Advertising Works at Contact«, in: Alwitt, L. F., A. A. Mitchell (Hrsg.), S. 13-44.

Batra, R., D. M. Staymann (1990), »The Role of Mood in Advertising Effectiveness«, Journal of Consumer Research, Vol. 17, No. 2, S. 203-214.

Bauer, H. (1988), »Marktstagnation als Herausforderung für das Marketing«, Zeitschrift für Betriebswirtschaft, 58. Jg., Heft 10, S. 1052-1071.

Bauer, H. H., M. Fischer, Y. McInturff (1999), »Der Bildkommunikationseffekt – eine Metaanalyse«, Zeitschrift für betriebswirtschaftliche Forschung, 51. Jg., Heft 9, S. 805-831.

Bauer Media Akademie (Hrsg.) (2003), Einflussgrößen der Anzeigenwirkung. Erkenntnisse aus 10 Jahren Anzeigen-Copytests, Bauer Verlag, Hamburg.

Bauer Verlagsgruppe (1996), Einflussgrößen der Anzeigenwirkung: Erkenntnisse aus vierzehn Jahren Anzeigen-Copytests, 3. Aufl., Hamburg.

BBDO (1993), Auswege aus der kommunikativen Katastrophe, Düsseldorf.

Beattie, A. E., A. A. Mitchell (1985), »The Relationship Between Advertising Recall and Persuasion: An Experimental Investigation«, in: Alwitt, L. F., A. A. Mitchell (Hrsg.), S. 129-154.

Bednarczuk, P. (1990), Strategische Kommunikationspolitik für Markenartikel in der Konsumgüterindustrie – Gestaltung und organisatorische Umsetzung, Offenbach/Main.

Behrens, G. (1991), Konsumentenverhalten, Reihe Konsum und Verhalten, Band 18, 2. Aufl., Heidelberg.

Behrens, G. (1996), Werbung: Entscheidung – Erklärung – Gestaltung, München.

Behrens, G., A. Hinrichs (1986), »Werben mit Bildern – Zum Stand der Bildwahrnehmungsforschung«, Werbeforschung & Praxis, 30. Jg., Nr. 3, S. 85-88.

Bekmeier, S. (1989), Nonverbale Kommunikation in der Fernsehwerbung, Reihe Konsum und Verhalten, Band 22, Heidelberg.

Bekmeier, S. (1994), »Emotionale Bildkommunikation mittels nonverbaler Kommunikation. Eine interdisziplinäre Betrachtung der Wirkung nonverbaler Bildreize«, in: Forschungsgruppe Konsum und Verhalten (Hrsg.), S. 89-106.

Belch, G. E., M. A. Belch (1987), »Effects of Advertising Communications – Review of Research«, in: Sheth, J. N. (Hrsg.), S. 59-118.

Belch, G. E., M. A. Belch (1997), Introduction to Advertising & Promotion: An Integrated Marketing Communications Perspective, 4. Aufl., Chicago u. a.

Belk, R. W., R. W. Pollay (1985), »Images of Ourselves: The Good Life in Twentieth Century Advertising«, Journal of Consumer Research, Vol. 11, No. 4, March, S. 887-897.

Bellezza, F. S. (1987), »Mnemonic Devices and Memory Schemas«, in: McDaniel, M. A., M. Pressley (Hrsg.), S. 34-55.

Belz, C. (Hrsg.) (1986), Realisierung des Marketing, Band 2, Savosa und St. Gallen.

Belz, C., T. Tomczak (Hrsg.) (1994), Marktforschung, St. Gallen.

Berger, J. (1984), Sehen – das Bild der Welt in der Bilderwelt, Reinbeck.

Berndt, R., A. Hermanns (Hrsg.) (1992 a), Handbuch Marketing-Kommunikation, Wiesbaden.

Berndt, R., A. Hermanns (1992 b), »Perspektiven der Marketing-Kommunikation«, in: Berndt, R., A. Hermanns (Hrsg.) (1992 a), S. 1031-1040.

Bernhard, U. (1978), Blickverhalten und Gedächtnisleistung beim visuellen Werbekontakt unter besonderer Berücksichtigung von Plazierungseinflüssen, Frankfurt/Main.

Bettinghaus, E. P. (1997), Persuasive Communication, 5th edition, New York, Chicago u. a.

Biber, D., T. Leistenschneider, T. Nieraad, W. Scheider (1986), »Bessere Marktforschung durch Maschinen?«, Absatzwirtschaft 6/86 und 7/86. Eine Erwiderung auf Jörg Rehorn, Absatzwirtschaft, 29. Jg, Nr. 9, S. 128.

Biel, A. L. (1992), »How Brand Image Drives Brand Equity«, Journal of Advertising Research, Vol. 32, November/December, S. RC-6-RC-12.

Biel, A. L., C. A. Bridgewater (1990), »Attributes of Likeable Television Commercials«, Journal of Advertising Research, Vol. 30, No. 3, S. 38-44.

Bild Zeitungsgruppe (1997), »Quo Vadis Werbung? Szenario des künftigen Media-Mix«, Marketing Journal, 30. Jg., Heft 6, S. 372-373.

Bloch, P. H., F. F. Brunel, T. J. Arnold (2003), »Individual Differences in the Centrality of Visual Product Aesthetics: Concept and Measurement«, Journal of Consumer Research, Vol. 29, S. 551-565.

Böcker, F., H. Gierl (1986), Die Beurteilung einer Zeitschrift als Werbeträger, Berlin.

Bogart, L. (1986), »What Forces Shape the Future of Advertising Research?«, Journal of Advertising Research, Vol. 26, No. 1, S. 99-104.

Bogart, L., C. Lehmann (1983), »The Case of the 30 Second Commercial«, Journal of Advertising Research, Vol. 23, No. 1, S. 11-20.

Bone, P. F., P. S. Ellen (1990), »The Effect of Imagery Processing and Imagery Context on Behavioral Intentions«, in: Goldberg, M. E., G. J. Gorn , R. W. Pollay (Hrsg.), S. 449-454.

Bone, P. F., P. S. Ellen (1992), »The Generation and Consequences of Communication-evoked Imagery«, Journal of Consumer Research, Vol. 19, June, S. 93-104.

Bonfadelli, H., M. Darkow, J. Eckhardt, B. Franzmann, R. Kabel u. a. (1986), «Jugend und Medien«, eine Studie der ARD/ZDF-Medienkommission und der Bertelsmann Stiftung, Schriftenreihe Media-Perspektiven, Nr. 6, Frankfurt/Main.

Bost, E. (1987), Ladenatmosphäre und Konsumentenverhalten, Reihe Konsum und Verhalten, Band 12, Heidelberg.

Brennan, M., M. Syn (2001), »Television Viewing Behaviour during Commercial Breaks«, Anzmac conference proceedings, Albany, S. 1–6.

Broach, V. C., T. J. Page, R. D. Wilson (1995), »Television Programming and its Influence on Viewer's Perception of Commercials: The Role of Program Arousal and Pleasantness«, Journal of Advertising, Vol. 24, No. 4, S. 45-57.

Brock, T. C., S. Sharitt (1983), »Cognitive-Response Analysis in Advertising«, in: Percy, L., A. G. Woodside (Hrsg.), S. 91-116.

Brockhoff, K. (1992), »Positionierungsmodelle«, in: Diller, H. (Hrsg.), S. 880-881.

Brockhoff, K., N. Dobbertsein (1989), »Zapping. Zur Umgehung von TV-Werbewahrnehmung«, Marketing ZFP, 11. Jg., Nr. 1, S. 27-39.

Brosius, H. B., A. Fahr (1996), Werbewirkung im Fernsehen: Aktuelle Befunde der Medienforschung, Ludwigshafen.

Brosius, H. B., A. Fahr, M. E. Bühl, J. Habermeier, J. Spanier (1998), Werbewirkung im Fernsehen: Aktuelle Befunde der Medienforschung, München.

Brosius, H.-B., S. Kayser (1991), »Der Einfluss von emotionalen Darstellungen im Fernsehen auf Informationsaufnahme und Urteilsbildung«, Medienpsychologie, 3. Jg., Nr. 3, S. 237-253.

Brown, G. (1988), »Was wirkt und was nicht wirkt: praktische Lebenshilfe aus 10 Jahren Wirkungsforschung«, Viertel-Jahresheft für Media und Werbewirkung, Nr. 2, S. 3-5.

Bruhn, M. (1993), »Integrierte Kommunikation als Unternehmensaufgabe und Gestaltungsprozess«, in: Bruhn, M., H. D. Dahlhoff (Hrsg.), S. 1-33.

Bruhn, M. (1994), Integrierte Unternehmenskommunikation – Ansatzpunkte für eine strategische und operative Umsetzung integrierter Kommunikationsarbeit, 2. Aufl., Stuttgart.

Bruhn, M. (2003), Kommunikationspolitik: Bedeutung – Strategien – Instrumente, 2. Aufl., München.

Bruhn, M. (2003), Integrierte Unternehmens- und Markenkommunikation, 3. Aufl., Schäffer-Poeschel Verlag, Stuttgart.

Bruhn, M., H. D. Dahlhoff (Hrsg.) (1993), Effizientes Kommunikationsmanagement. Konzepte, Beispiele und Erfahrungen aus der integrierten Unternehmenskommunikation, Stuttgart.

Bruhn, M., A. Zimmermann (1993), Integrierte Kommunikationsarbeit in deutschen Unternehmen – Ergebnisse einer Unternehmensbefragung, Arbeitspapier Nr. 12, Gemeinschaftsuntersuchung vom Institut für Marketing an der European

Business School e. V. und BDW Deutscher Kommunikationsverband e. V. Bonn, Schloss Reichartshausen, Rheingau.

Brungs, S. (1984), »Kann Werbung, die auf die Nerven geht, erfolgreich sein?«, WWG-Informationen, o. Jg., Folge 97, S. 57-63.

Brünne, M., F.-R. Esch, H.-D. Ruge (1987), Berechnung der Informationsüberlastung in der Bundesrepublik Deutschland, Arbeitspapier des Instituts für Konsum- und Verhaltensforschung an der Universität des Saarlandes, Saarbrücken.

Buchbender, O., H. Schuh (1974), Heil Beil! Flugblattpropaganda im 2. Weltkrieg, Stuttgart.

Buck, S., A. Yates (1986), »Television Viewing, Consumer Purchasing and Single Source Research«, Journal of the Market Research Society, Vol. 28, No. 3, S. 225-233.

Burda GmbH (1992), Ihre Anzeige im Blickpunkt, Offenburg.

Burda-Marktforschung (Hrsg.) (1987), Blickaufzeichnung – Anzeigen-Kontakte in BUNTE, Offenburg.

Burdich, I., G. Kaplitza (1987), »Spielregeln der Werbung (I)«, Viertel-Jahresheft für Media und Werbewirkung, Nr. 1, S. 4-8.

Cacioppo, J. T., R. E. Petty (1979), »Effects of Message Repetition and Position on Cognitive Responses, Recall, and Persuasion«, Journal of Personality and Social Psychology, Vol. 37, No. 1, S. 97-109.

Cacioppo, J. T., R. E. Petty (1980), »Persuasiveness of Communications is Affected by Exposure Frequency and Message Quality: A Theoretical and Empirical Analysis of Persisting Attitude Change«, in: Leigh, J. H., C. R. Martin, Jr. (Hrsg.), S. 97-122.

Capocasa, A., L. Denon, R. Lucchi (1985), »Understanding Audiences of TV Commercial Breaks: What People Do, How They React, How Much They Recall?«, in: ESOMAR (Hrsg.), S. 81-107.

Carpenter, P. A., M. A. Just (1983), »What Your Eyes Do While Your Mind Is Reading«, in: Rayner, K. (Hrsg.), S. 275-308.

Chaiken, S. (1987), »The Heuristic Model of Persuasion«, in: Zanna, M. P., J. M. Olson, C. P. Herman (Hrsg.), S. 3-40.

Chandy, R. K., G. J. Tellis, D. J. MacInnis (2001), »What to Say When: Advertising Appeals in Evolving Markets«, Journal of Marketing Research, Vol. 38, November, S. 399–414.

Childers, T. L., S. E. Heckler (1987), »Picture-Word Consistency and the Elaborative Processing of Advertisements«, Journal of Marketing Research, Vol. 24, No. 4, S. 359-369.

Childers, T. L., M. J. Houston (1984), »Conditions for a Picture-Superiority Effect on Consumer Memory«, Journal of Consumer Research, Vol. 11, No. 2, S. 643-654.

Clancey, M. (1994), »The Television Audience Examined«, Journal of Advertising Research, Vol. 34, No. 4, S. 2-12.

Cleveland, C. E. (1986), »Semiotics: Determining What the Advertising Message Means to the Audience«, in: Olson, J., K. Sentis (Hrsg.), S. 227-241.

Consterdine, G., A. Smith (1990), »Der Media Multiplier«, Viertel-Jahresheft für Media und Werbewirkung, Nr. 4, S. 23-25.

Cornoldi, C., M. A. McDaniel (Hrsg.) (1991), Imagery and Cognition, New York, Berlin.

Coulter, K. S. (1998), »The Effects of Affective Responses to Media Context on Advertising Evaluations«, Journal of Advertising, Vol. 27, No. 4, S. 41-51.

Damm, C. (1981), »7 Sünden wider die Kontinuität in der Werbung«, Marketing Journal, 14. Jg., Nr. 3, S. 278-282.

De Pelsmacker, P., M. Geuens, P. Anckaert (2002), »Media Context and Advertising Effectiveness: The Role of Context Appreciation and Context/Ad Similiarity«, Journal of Advertising, Vol. 31, No. 2, S. 49–61.

De Sola Pool, I., H. Inose, N. Takasaki, R. Hurwitz (1984), Communication Flows. A Census in the United States and Japan, Amsterdam, New York.

Denis, M. (1991), Image and Cognition, New York, London u. a.

Dieterle, G. (1992), Verhaltenswirksame Bildmotive in der Werbung, Reihe Konsum und Verhalten, Band 34, Heidelberg.

Dieterle, G., F.-R. Esch (1994), »Das Modul zur Suche nach verhaltenswirksamen Bildmotiven«, in: Esch, F.-R., W. Kroeber-Riel (Hrsg.), S. 300-318.

Diller, H. (1998), Marketingplanung, 2. Aufl., München.

Diller, H. (2003), Vahlens Großes Marketing Lexikon, 2. Aufl., München.

Dittmann, R. (1994), Entwicklung eines Expertensystems zur Beurteilung von Radiowerbung. Dissertation an der Universität des Saarlandes, Rechts- und Wirtschaftswissenschaftliche Fakultät, Saarbrücken.

Doebeli, H. P. (1992), Konsum 2000, Die Orientierung, Nr. 101, Schweizerische Volksbank, Bern.

Donaghey, B., S. Wattridge (1999), »Braucht man Slogans?«, Viertel-Jahrsheft für Media und Werbewirkung, Heft 1, S. 26-30.

Donaghey, B., S. Wateridge (2000), »Slogans in der Werbung. Nicht immer, aber immer öfter«, Marketing Journal, Heft 2, S. 108–110.

Donthu, N. (1992), »Comparative Advertising Intensity«, Journal of Advertising Research, Vol. 32, November/December, S. 53-58.

Dörner, O., E. van der Meer (1995), Das Gedächtnis, Göttingen.

Drieseberg, T. J. (1995), Lebensstil-Forschung, Reihe Konsum und Verhalten, Band 41, Heidelberg.

Duke, C. R., L. Carlson (1993 a), »A Conceptual Approach to Alternative Memory Measures for Advertising Effectiveness«, Journal of Current Issues and Research in Advertising , Vol. 15, No. 2, Fall, S. 1-14.

Duke, C. R., L. Carlson (1993 b), »Applying Implicit Memory Measures: Word Fragment Completion in Advertising Tests«, Journal of Current Issues and Research in Advertising, Vol. 16, No. 2, Fall, S. 29-39.

Duncan, T. R., C. Caywood (1996), »The Concept, Process, and Evolution of Integrated Marketing Communication«, in: Thorson, E., J. Moore (Hrsg.), S. 13-34.

Duncan, T. R., S. E. Everett (1993), »Client Perceptions of Integrated Marketing Communications«, Journal of Advertising Research, Vol. 33, May/June, S. 30-39.

Dunn, S. W., A. M. Barban (1978, 1982, 1990), Advertising: Its Role in Modern Marketing, 4. Aufl. (1978), Hinsdale, III., 5. Aufl. (1982), 7. Aufl.: Dunn, W. S., A. M. Barban, D. M. Krugmann, M. D., L. N. Reid (1990), Orlando.

Edel, R. (1986), »New Technologies Add Dimensions to Copy Testing«, Advertising Age, November 24.

Edell, J. A. C. (1982), The Information Processing of Pictures in Print Advertisements, Dissertation an der Carnegie-Mellon University, Pittsburgh, Penn.

Edell, J. A. C. (1988), »Nonverbal Effects in Ads: A Review and Synthesis«, in: Hecker, S., D. W. Stewart (Hrsg.), S. 11-27.

Edell, J. A. C., K. L. Keller (1989), »The Information Processing of Coordinated Media Campaigns«, Journal of Marketing Research, Vol. 26, No. 2, S. 149-163.

Edell, J. A. C., R. Staelin (1983), »The Information Processing of Pictures in Print Advertisements«, Journal of Consumer Research, Vol. 10, No. 1, S. 45-61.

Endmark (2003), Englische Slogans werden kaum verstanden. Untersuchung von englischsprachiger Werbung in Deutschland kommt zu bemerkenswerten Ergebnissen.

Engelkamp, J. (1991), Das menschliche Gedächtnis, 2. Aufl., Göttingen, Toronto u. a.

Englis, B. G., A. Olofsson (1998), European Advances in Consumer Research, Vol. 3, Provo, UT.

Esch, F.-R. (1990), Expertensystem zur Beurteilung von Anzeigenwerbung, Heidelberg.

Esch, F.- R. (1992 a), »Positionierungsstrategien – konstituierender Erfolgsfaktor für Handelsunternehmen«, Thexis, 9. Jg., Heft 4, S. 9-15.

Esch, F.-R. (1992 b), »Integrierte Kommunikation – ein verhaltenswissenschaftlicher Ansatz«, Thexis, 9. Jg., Heft 6, S. 32-40.

Esch, F.-R. (1993 a), »Markenwert und Markensteuerung – eine verhaltenswissenschaftliche Perspektive«, Thexis, 10. Jg., Heft 5, S. 56-64.

Esch, F.-R. (1993 b), »Verhaltenswissenschaftliche Aspekte der Integrierten Marketing-Kommunikation«, Werbeforschung & Praxis, 38. Jg., Heft 1, S. 20-28.

Esch, F.-R. (1998 a), »Sozialtechnische Forschung und Entwicklung in Unternehmen«, in: Kroeber-Riel, W., G. Behrens, I. Dombrowski (Hrsg.), S. 363-398.

Esch, F.-R. (1998 b), »Entwicklung von Werbekonzeptionen«, in: Diller, H. (Hrsg.), S. 359-398.

Esch, F.-R. (1998 c), »Wirkungen integrierter Kommunikation, Teil 1: theoretische Grundlagen«, Marketing ZFP, 20. Jg., Heft 2, S. 73-89.

Esch, F.-R. (1998 d), »Wirkungen integrierter Kommunikation, Teil 2: empirische Ergebnisse, Konsequenzen für das Marketing«, Marketing ZFP, 20. Jg., Heft 3, S. 149-165.

Esch, F.-R. (1998 e), »Market Reactions to Integrated Communication«, in: Englis, B. G., A. Olofsson (Hrsg.), S. 227-238.

Esch, F.-R. (1998 f), »Kommunikation 2005«, Thexis, Sonderheft »Management-Szenarien 2005«, 15. Jg., Heft 2, S. 46-48.

Esch, F.-R. (1998 g), »Fallstricke vergleichender Werbung«, Blick durch die Wirtschaft, Nr. 137, S. 5.

Esch, F.-R. (1998 h), »Werbewirkungsforschung« Herrmann, A., C. Homburg (Hrsg.), S. 861-910.

Esch, F.-R. (2000 a), »Markenwertmessung«, Herrmann A., C. Homburg, (Hrsg.), S. 979-1023.

Esch, F.-R. (2000 b), »Werbewirkungsmessung«, Herrmann A., C. Homburg, (Hrsg.), S. 861-910.

Esch, F.-R. (2001 a), Wirkung integrierter Kommunikation, Forschungsgruppe Konsum und Verhalten, 3. Aufl., Wiesbaden.

Esch, F.-R. (Hrsg.)(2001 b), Moderne Markenführung, 3. Aufl., Wiesbaden.

Esch, F.-R. (2001 c), »Aufbau starker Marken durch integrierte Kommunikation«, in: Esch, F.-R. (Hrsg.), S. 535-571.

Esch, F.-R. (2001 d), »Kontrolle der Eigenständigkeit von Markenauftritten«, in: Esch, F.-R. (Hrsg.), S. 1031-1046.

Esch, F.-R. (2001 e), »Markenpositionierung als Grundlage der Markenführung«, in: Esch, F.-R. (Hrsg.), S. 233-268.

Esch, F.-R. (2004), Strategie und Technik der Markenführung, 2. Aufl., München.

Esch, F.-R., T. Andresen (1994), »Messung des Markenwertes«, in: Belz, C., T. Tomczak (Hrsg.), S. 212-230.

Esch, F.-R., T. Andresen (1996 a), »10 Barrieren für eine erfolgreiche Markenpositionierung und Ansätze zu deren Überwindung«, in: Tomczak, T., T. Rudolph, A. Roosdorp (Hrsg.), S. 78-94.

Esch, F.-R., T. Andresen (1996 b), »Barrieren behindern Markenbeziehungen«, Absatzwirtschaft, 39. Jg., Nr. 10, S. 94-100.

Esch, F.-R., T. Andresen (1997), »Messung des Markenwertes«, in: MTP e. V. Alumni, U. Hauser (Hrsg.), S. 11-37.

Esch, F.-R., M. Fuchs, S. Bräutigam (2000), »Konzeption und Umsetzung von Markenerweiterungen«, in: Esch, F.-R. (Hrsg.), S. 669-704.

Esch, F.-R. (Hrsg.), W. Kroeber-Riel (1994), Expertensysteme für die Werbung, München.

Esch, F.-R., T. Langner (2001), »Branding als Grundlage zum Markenaufbau«, in: Esch, F.-R. (Hrsg.), S. 407-420.

Esch, F.-R., T. Langner, P. Jungen (1998), »Kundenorientierte Gestaltung von Verkaufsauftritten im Internet«, Der Markt, 37. Jg., Nr. 3 & 4, S. 129-145.

Esch, F.-R., T. Levermann (1995), »Positionierung als Grundlage des strategischen Kundenmanagements auf Konsumgütermärkten«, Thexis, 12. Jg., Heft 4, S. 8-16.

Esch, F.-R., S. Meyer (1995), »Umsetzung erlebnisbetonter Positionierungskonzepte in der Ladengestaltung von Handelsunternehmen«, in: Trommsdorff, V. (Hrsg.), S. 287-312.

Esch, F.-R., F. Mildenberger (1996), »Kreativitätstuning«, Absatzwirtschaft, 39. Jg., Heft 8, S. 90-95.

Esch, F.-R., T. Möll (2004), »Mensch und Marke. Neuromarketing als Zugang zur Erfassung der Wirkung von Marken«, in: Gröppel-Klein, A. (Hrsg.), S. 67–98.

Esch, F.-R., A. Wicke (2000), »Herausforderungen und Aufgaben des Markenmanagements«, in: Esch, F.-R. (Hrsg.), S. 3-60.

ESOMAR (Hrsg.) (1972), The Application of Market and Social Research for More Efficient Planning, Amsterdam.

ESOMAR (Hrsg.) (1985), Seminar on Broadcasting and Research, Englefield, Green, UK.

Espe, H. (1990), »The Communicative Potential of Pictures: Eleven Theses«, in: Landwehr, K. (Hrsg.), S. 23-27.

Fabian, G. S. (1986), »15-Second Commercials: The Inevitable Evolution«, Journal of Advertising Research, Vol. 26, S. RC-3-RC-5.

Fazio, R. H., M. C. Powell, C. J. Williams (1989), »The Role of Attitude Accessibility in the Attitude-to-Behavior Process«, Journal of Consumer Research, Vol. 16, No. 3, S. 280-288.

Fink, S. (1987), »Seriosität setzt sich durch«, Copy, Nr. 9, S. 44-47.

Finn, A. (1988), »Print Ad Recognition Readership Scores: An Information Processing Perspective«, Journal of Marketing Research, Vol. 25, May, S. 168-177.

Forschungsgruppe Konsum und Verhalten (Hrsg.) (1983), Innovative Marktforschung, Würzburg, Wien.

Forschungsgruppe Konsum und Verhalten (Hrsg.) (1994), Konsumentenforschung, gewidmet Werner Kroeber-Riel zum 60. Geburtstag, München.

Frank, R. E., W. F. Massy, Y. Wind (1972), Market Segmentation, Englewood Cliffs, N. J.

Franz, G., K.-H. Hofsümmer (2003), »Zur Wirkungsoptimierung in der TV-Planung: Recency Planning und Selektivseher«, Media Perspektiven, Heft 6, S. 250–257.

Freter, H. (1983), Marktsegmentierung, Stuttgart u. a.

Freter, H. (1995) »Marktsegmentierung«, in: Tietz, B., R. Köhler, J. Zentes (Hrsg.), S. 1802-1814.

Gaede, W. (1992), Vom Wort zum Bild, 2. Aufl., München.

Gail, T., A. Eves (1999), »The use of rhetorical devices in advertising«, Journal of Advertising Research, Vol. 39, No. 4, S. 39–44.

Gangloff, T. W. (1995), »Das Fernsehen: Nur noch Begleitmedium«, Psychologie Heute, 22. Jg., Heft 2, S. 9.

Gardner, M. P. (1986), »Responses to Emotional and Informational Appeals: The Moderating Role of Context-induced Mood States«, Arbeitspapier, Stern School of Business, New York University.

Gaßner, H.-P. (2003), »Werbeerfolgskontrolle mit der Spot-Analyse Radio«, Media Perspektiven, Heft 2, S. 86–92.

Gerloff, O. (1988), Blickaufzeichnung: Thesen und Erkenntnisse zum Werbemittelkontakt in Zeitschriften, eine Dokumentation aus dem Hause Burda, 2. Aufl., Offenburg.

Gesamtverband Werbeagenturen (GWA) (Hrsg.) (1999), TV-Werbung. Der Einfluss von Gestaltungsmerkmalen, GWA, Frankfurt/Main.

GfK (Hrsg.) (1990), Durch's Dickicht der Attraktionen – Marketing im Übergang vom Produkt- zum Kommunikationswettbewerb, Bericht der GfK-Tagung vom 22.05.1990 in Nürnberg.

GfK Kommunikationsforschung (1994), Wie effizient ist der Einsatz von Remindern? Internes Kommunikationspapier, Nürnberg.

Ghazizadeh, U. R. (1987), Werbewirkungen durch emotionale Konditionierung, Theorie, Anwendung und Messmethode, Frankfurt/Main, Bern, New York, Paris.

Gierl, H., S. Praxmarer (2000), »Attraktive Kommunikatoren in der Anzeigenwerbung und Einstellungen der Rezipienten«, Marketing. Zeitschrift für Forschung und Praxis, 22. Jg., Heft 1, S. 26–42.

Gilbert, A. N., M. Crouch, S. E. Kemp (1998), »Olfactory and Visual Mental Imagery«, Journal of Mental Imagery, Vol. 22, No. 3 & 4, S. 137-146.

Goldberg, M. E., G. J. Gorn (1987), »Happy and Sad TV Programs: How They Affect Reactions to Commercials«, Journal of Consumer Research, Vol. 14, December, S. 387-403.

Goldberg, M. E., G. J. Gorn, R. W. Pollay (Hrsg.) (1990), Advances in Consumer Research, Vol. 17, Provo, UT.

Gombrich, E. H. (1986), Kunst und Illusion – zur Psychologie der bildlichen Darstellung, 2. Aufl., Stuttgart, Zürich.

Gombrich, E. H. (1989), »Bildliche Anleitungen«, in: Schuster, M., B. P. Woschek (Hrsg.) (1989 a), S. 123-142.

Goodwin, S., M. Etgar (1980), »An Experimental Investigation of Comparative Advertising: Impact of Message Appeal, Information Load, and Utility of Product Class«, Journal of Marketing Research, Vol. 27, May, S. 187-202.

Goosens, C. (1994), »Enactive Imagery: Information Processing. Emotional Responses and Behavioral Informations«, Journal of Mental Imagery, Vol. 18, No. 3 & 4, S. 119-150.

Gottlieb Dudweiler Institut (Hrsg.) (1987), GDI Internationale Handelstagung: Mut zu neuen Wegen, Tagungsband, Rüschlikon.

Grapentin, R. (1994), »Elf Regeln für den Werbe-Erfolg«, werben & verkaufen, Heft 42, S. 202, 203.

Gregory, J. R., J. G. Wiechmann (1997), Leveraging the Corporate Brand, Lincolnwood, Ill.

Groebel, J., P. Winterhoff-Spurk (Hrsg.) (1999), Empirische Medienpsychologie, München.

Gröppel, A. (1991), Erlebnisstrategien im Einzelhandel, Heidelberg.

Gröppel-Klein, A. (Hrsg.) (2004), Konsumentenforschung im 21. Jahrhundert, Festschrift für Peter Weinberg, Gabler Verlag, Wiesbaden.

Grunert, K. G. (1990), Kognitive Strukturen in der Konsumforschung, Heidelberg.

Hagemann, H. W. (1988), Wahrgenommene Informationsbelastung des Verbrauchers, München.

Hampson, P. J., D. F. Marks, J. T. E. Richardson (Hrsg.) (1990), Imagery. Current Developments, London, New York.

Handwerk, M., S. Ruzas (1999), »Studie ›Die Macht der Bilder‹ – Haben die Medien Gerhard Schröder zum Kanzler gemacht? Eine neue, umfassende Analyse der Bundestagswahl sagt ja«, Focus, Heft 41, S. 304-306.

Hanssens, D. M., B. A. Weitz (1980), »The Effectiveness of Industrial Print Advertisements«, Journal of Marketing Research, Vol. 17, No. 111, S. 294-306.

Harrigan, K. R. (1989), Unternehmensstrategien für reife und rückläufige Märkte, Frankfurt/Main, New York.

Harris, R. J. (Hrsg.) (1983), Information Processing Research in Advertising, Hillsdale, N. J., London.

Hätty, H. (1989), Der Markentransfer, Reihe Konsum und Verhalten, Band 20, Heidelberg.

Hauser, J. R., B. Wernerfelt (1990), »An Evaluation Cost Model of Consideration Sets«, Journal of Consumer Research, Vol. 16, March, S. 393-408.

Heath, T. B., M. S. McCarthy, D. L. Mothersbough (1995), »Spokesperson Frame and Vividness Effects in the Context of Issue-Relevant Thinking: The Moderating Role of Competitive Setting«, Journal of Consumer Research, Vol. 20, No. 4, S. 520-534.

Heckel, H. (1999), »Die Entscheidung fällt am Point of Purchase«, Horizont, Heft 17 vom 29. April 1999, S. 86.

Hecker, S., D. W. Stewart (Hrsg.) (1988), Nonverbal Communication in Advertising, Lexington, Toronto.

Hempelmann, B. (1997), »Vergleichende Werbung«, Wirtschaftswissenschaftliches Studium, Heft 2, S. 85-89.

Hermanns, A., M. Püttmann (1992), »Integrierte Marketing-Kommunikation«, in: Berndt, R., A. Hermanns (Hrsg.), S. 19-42.

Herrmann, A., C. Homburg (Hrsg.) (2000), Marktforschung, 2. Aufl., Wiesbaden.

Heyder, H. (1990), »Wege durch's Dickicht – Orientierungshilfen für eine erfolgreiche Marketing-Kommunikation«, in: GfK (Hrsg.), S. 25-36.

Heyder, H. (1991), »Wege durch's Dickicht«, Viertel-Jahresheft für Media und Werbewirkung, Nr. 1, S. 2-9.

Heyder, H., K. G. Musiol (1986), »Horror-Visionen vom 15 Sekünder«, werben & verkaufen, Nr. 10, S. 57-59.

Hildmann, A. (1991), »Die Flut steigt«, Absatzwirtschaft, 34. Jg., Sondernummer Oktober, S. 225-227.

Hirschmann, E. C., M. B. Holbrook (1992), Postmodern Consumer Research, Newbury Park u. a.

Högl, S. (1988), »Wann Werbung erinnert wird«, Absatzwirtschaft, 31. Jg., Nr. 9, S. 80-88.

Hofsümmer, K.-H., D. K. Müller (1999), »Zapping bei Werbung – ein überschätztes Phänomen«, Media Perspektiven, Heft 6, S. 296-300.

Holden, S. J. S. (1993), »Understanding Brand Awareness: Let me Give you a C(l)ue! «, in: Mc Alister, L., M. L. Rothschild (Hrsg.), S. 383-388.

Holden, S. J. S., R. J. Lutz (1992), »Ask Not What the Brand Can Evoke; Ask What Can Evoke the Brand«, in: Sherry, J. F., B. Sternthal (Hrsg.), S. 101-107.

Holme, B. (1982), Advertising – Reflections of a Century, New York.

Homer, P. M., S. G. Gauntt (1992), »The Role of Imagery Processing of Visual and Verbal Package Information«, Journal of Mental Imagery, Vol. 16, No. 2, S. 123-144.

Hornblower, M. (1986), »The U.S. Video Generation: Images, Impressions Are What Count; Not Words«, International Herald Tribune, June 5, S. 3.

Hörzu (Hrsg.) (1982), Leseklima – Analyse der Beziehung zwischen Erlebnisangebot und Erlebnisbedürfnis zur emotionalen Positionierung von Zeitschriften, Hamburg.

Houston, M. J., T. L. Childers, S. E. Heckler (1987), »Picture Word Consistency and the Elaborative Processing of Advertisements«, Journal of Marketing Research, Vol. 24, No. 4, November, S. 359.

Hoyer, W. D., S. P. Brown (1991), »Die magische Anziehungskraft der Bekanntheit«, ViertelJahresheft für Mediaplanung, Heft 3, S. 10-12.

Hunt, R. R., M. Marschak (1987), »Yet Another Picture of Imagery: The Roles of Shared and Distinctive Information in Memory«, in: McDaniel, M. A., M. Pressley (Hrsg.), S. 129-150.

icon Research and Consulting (1998), Vergleichende Werbung. Eine Pilotstudie zur Wirkung vergleichender Werbung in Deutschland, Nürnberg.

IP Deutschland (1997), Der Einfluss der Spotlänge auf die Kommunikationsleistung, Ergebnisse einer Studie der IP Deutschland.

Jahreszeiten-Verlag, Hamburg (Hrsg.) (1983), Zuständigkeiten – Thematische Informationswerte von Zeitschriften aus der Sicht der Leserinnen, Hamburg.

Janiszewski, C. (1988), »Preconscious Processing Effects: The Independence of Attitude Formation and Conscions Thought«, Journal of Consumer Research, Vol. 15, September, S. 199-209.

Janiszewski, C. (1990 a), »The Influence of Print Advertisement Organization on Affect Toward a Brand Name«, Journal of Consumer Research, Vol. 17, No. 1, S. 53-65.

Janiszewski, C. (1990 b), »The Influence of Nonattended Material on the Processing of Advertising Claims«, Journal of Marketing Research, Vol. 27, No. 3, S. 263-278.

Janiszewski, C. (1993), »Preattention Men Exposure Effects«, Journal of Consumer Research, Vol. 20, December, S. 376-392.

Jeck-Schlottmann, G. (1987), Visuelle Informationsverarbeitung bei wenig involvierten Konsumenten. Eine empirische Untersuchung zur Anzeigenbetrachtung mittels Blickaufzeichnung, Dissertation an der Universität des Saarlandes, Saarbrücken.

Jeck-Schlottmann, G. (1988), »Anzeigenbetrachtung bei geringem Involvement«, Marketing ZFP, 10. Jg., Nr. 2, S. 33-37.

Jung, C. G. (1986), Der Mensch und seine Symbole, 9. Aufl., Olten, Freiburg.

Jung, C. G. (1987), Archetyp und Unbewusstes, 2. Aufl., Olten, Freiburg.

Jung, H., J.-R. von Matt (2002), Momentum. Die Kraft, die Werbung heute braucht, Berlin.

Kaas, K. P. (1987), »Marktforschung 2000: Zur Entwicklung von Angebot und Nachfrage auf dem Markt für Marketinginformationen«, in: Schwarz, C., F. Sturm, W. Klose (Hrsg.), S. 123-138.

Kalscheuer, H.-D. (1990), »Herausforderung Markenführung – Die Arbeit mit inneren Markenbildern im Spannungsfeld zwischen Wertewandel und Sortimentsstrategien«, in: GfK Nürnberg (Hrsg.), S. 45-50.

Kamins, M. A., L. J. Marks (1987), »The Effect of Framing and Advertising Sequencing on Attitude Consistency and Behavioral Intentions«, in: Wallendorf, M., P. Anderson (Hrsg.), S. 168-172.

Kanter, D. L. (1981), »It Could Be: Ad Trends Flowing From Europe to U. S.«, Advertising Age, February 9, S. 49-52.

Kaplan, B. M. (1985), »Zapping – The Real Issue is Communication«, Journal of Advertising Research, Vol. 25, No. 2, S. 9-12.

Kassarjian, H. H., T. S. Robertson (Hrsg.) (1981, 1991), Perspectives in Consumer Behavior , 3. Aufl. (1981), 4. Aufl. (1991), London, Sydney u. a.

Keitz, B. von (1983 a), Wirksame Fernsehwerbung. Die Anwendung der Aktivierungstheorie auf die Gestaltung von Werbespots, Würzburg, Wien.

Keitz, B. von (1983 b), »Der Test von TV-Werbung«, Planung & Analyse, 10. Jg., Nr. 8, S. 340-344.

Keitz, B. von (Hrsg.) (1985), Referate des 1. Symposiums zur Kommunikationsforschung, Institut für Kommunikationsforschung, Saarbrücken.

Keitz, B. von (1986 a), »Psychobiologische Werbewirkungsforschung«, Werbeforschung & Praxis, 31. Jg., Heft 2, S. 41-47.

Keitz, B. von (1986 b), »Wahrnehmung von Informationen«, in: Unger, F. (Hrsg.), S. 97-121.

Keitz, B. von (1987), Blickaufzeichnung: Anzeigenkontakte in BUNTE, Berichtsband des Burda-Verlages, Offenburg.

Keitz, B. von (Hrsg.) (1989), Symposium zur Kommunikationsforschung, Saarbrücken: 3. Symposium 1989, Institut für Kommunikationsforschung von Keitz GmbH.

Keitz, B. von (1997), »Kommunikations-Tests mit apparativer Unterstützung – the State of the Art«, Planung & Analyse, 24. Jg., Heft 2, S. 2-7.

Keitz, B. von (1998), »Aktivierende TV-Spots setzen sich besser durch«, Planung & Analyse, 25. Jg., Heft 6, S. 2-4.

Keitz, B. von, A. Koziel (2002), »Beilagenwerbung – Mit Kommunikationsforschung die Effizienz erhöhen«, Planung & Analyse, Heft 2, S. 64–67.

Keller, K. L. (1987), »Memory Factors in Advertising: The Effect of Advertising Retrieval Cues on Brand Evaluations«, Journal of Consumer Research, Vol. 14, December, S. 316-333.

Keller, K. L. (1991), »Cue Compatibility and Framing in Advertising«, Journal of Marketing Research, Vol. 28, February, S. 42-57.

Keller, K. L. (1996), »Brand Equity and Integrated Communication«, in : Thorson, E., J. Moore (Hrsg.), S. 103-132.

Kellner, J., W. Lippert (Hrsg.) (1992), Werbefiguren. Geschöpfe der Warenwelt, Frankfurt/Main.

Kempf, U. (1987), Vergleich von Anzeigenwerbung aus den 60er Jahren und von heute unter besonderer Berücksichtigung inhaltlicher Kriterien. Diplomarbeit Fachbereich Wirtschaftswissenschaften, Universität des Saarlandes (Prof. Dr. W. Kroeber-Riel), Saarbrücken.

King, D. L. (1978), »Image Theory of Conditioning, Memory, Forgetting, Functional Similarity, Fusion, and Dominance«, Journal of Mental Imagery, Vol. 2, S. 47-62.

Kinnear, T. C. (Hrsg.) (1984), Advances in Consumer Research, Vol. 11, Provo, UT.

Kiss, T., H. Wettig (1972), »Die Anzeigenwirkung in Abhängigkeit von Wirkungsfaktoren der Zeitschriften«, in: ESOMAR (Hrsg.), S. 101-139.

Koenig, O. (1975), Urmotiv Auge, neuentdeckte Grundzüge menschlichen Verhaltens, München.

Köhler, B. (1987), »Anzeigenplazierung in Printmedien: Rechts oder links – das ist die Frage«, Copy, Nr. 19, S. 44-45.

König, T. (1926), Reklame-Psychologie – ihr gegenwärtiger Stand – ihre praktische Bedeutung, 3. Aufl., München, Berlin.

Kosaris, G. (1985), »Anzeigenerfolg nicht dem Zufall überlassen – Konsequenzen aus Copytests mit Blickaufzeichnung«, in: Keitz, B. von (Hrsg.), S. 35-52.

Kosslyn, S. M. (1990), »Mental Imagery«, in: Osherson, D. N., S. M. Kosslyn, J. M. Hollerbach (Hrsg.), S. 73-98.

Kramer, D. (1998), Fine-Tuning von Werbebildern: ein verhaltesnwissenschaftlicher Ansatz für die Werbung, Forschungsgruppe Konsum und Verhalten, Wiesbaden.

Krauß, W. (1982), Insertwirkungen im Werbefernsehen. Eine empirische Untersuchung zum »Mainzelmänncheneffekt«. Bochumer Studien zur Publizistik und Kommunikationswissenschaft, Band 32, Bochum.

Kroeber-Riel, W. (1981), »Die Verhaltensbiologie (Der Einfluss der Verhaltensbiologie auf die Werbung)«, in: Tietz, B. (Hrsg.), Band 1, S. 41-51.

Kroeber-Riel, W. (1983), »Neuere Methoden der Marktforschung«, DBW – Die Betriebswirtschaft, 43. Jg., Nr. 2, S. 277-285.

Kroeber-Riel, W. (1984 a), »Zentrale Probleme auf gesättigten Märkten«, Marketing ZFP, 6. Jg., Nr. 3, S. 210-214.

Kroeber-Riel, W. (1984 b), »Emotional Product Differentiation by Classical Conditioning«, in: Kinnear, T. C. (Hrsg.), S. 538-543.

Kroeber-Riel, W. (1984 c), Konsumentenverhalten, 3. Aufl., München.

Kroeber-Riel, W. (1984 d), »Werbung, die nicht wirken kann«, Marketing Journal, 17. Jg., Nr. 3, S. 258-265.

Kroeber-Riel, W. (1984 e), »Elend der Einheit«, Manager Magazin, 14. Jg., Nr. 5, S.150-156.

Kroeber-Riel, W. (1984 f), »Effects of Emotional Pictorial Elements in Ads Analyzed by Means of Eye Movement Monitoring«, in: Kinnear, T. C. (Hrsg.), S. 591-596.

Kroeber-Riel, W. (1985 a), »Neue Erkenntnisse der Konsumentenforschung zur Beeinflussung des Käuferverhaltens«, Verkauf und Marketing, 13. Jg., Nr. 9, S. 49-51 (Teil 1), Nr. 10, S. 39-42 (Teil 2).

Kroeber-Riel, W. (1985 b), »Weniger Information, mehr Erlebnis, mehr Bild«, Absatzwirtschaft, 28. Jg., Nr. 3, S. 84-97.

Kroeber-Riel, W. (1985 c), »Vorteile der bildbetonten Werbung«, Werbeforschung & Praxis, 30. Jg., Nr. 4, S. 122-126.

Kroeber-Riel, W. (1986 a), »Die inneren Bilder der Konsumenten. Messung -Verhaltenswirkung – Konsequenzen für das Marketing«, Marketing ZFP, 8. Jg., Nr. 2, S. 81-94.

Kroeber-Riel, W. (1986 b), »Erlebnisbetontes Marketing«, in: Belz, C. (Hrsg.), S. 1137-1151.

Kroeber-Riel, W. (1986 c), »Innere Bilder: Signale für das Kaufverhalten«, Absatzwirtschaft, 29. Jg., Nr. 1, S. 50-57.

Kroeber-Riel, W. (1986 d), »Nonverbal Measurement of Emotional Advertising Effects«, in: Olson, J. C., K. Sentis (Hrsg.), S. 35-52.

Kroeber-Riel, W. (1986 e), »Vorteile der Business Graphik: Zu den Wirkungen von Bild und Graphik auf das Entscheidungsverhalten«, Information Management, Nr. 3, S. 17-23.

Kroeber-Riel, W. (1987 a), »Weniger Informationsüberlastung durch Bildkommunikation«, WiSt, 16. Jg., Nr. 10, S. 485-489.

Kroeber-Riel, W. (1987 b), »Informationsüberlastung durch Massenmedien und Werbung in Deutschland«, DBW – Die Betriebswirtschaft, 47. Jg., Nr. 3, S. 257-264.

Kroeber-Riel, W. (1987 c), »Hört der Konsument noch zu? Strategien der Werbung unter heutigen Kommunikationsbedingungen«, in: Gottlieb Dudweiler Institut (Hrsg.), o. S.

Kroeber-Riel, W. (1988), »Kommunikation im Zeitalter der Informationsüberlastung«, Marketing ZFP, 10. Jg., Nr. 3, S. 182-189.

Kroeber-Riel, W. (1989), »Das Suchen nach Erlebniskonzepten für das Marketing. Grundlagen für den sozialtechnischen Forschungs- und Entwicklungsprozess«, in: Specht, G., G. Silberer, W. H. Engelhardt (Hrsg.), S. 247-263.

Kroeber-Riel, W. (1991 a), »Kommunikationspolitik. Forschungsgegenstand und Forschungsperspektive«, Marketing ZFP, 13. Jg., Nr. 3, S. 164-171.

Kroeber-Riel, W. (1991 b), »Werbefiguren aus der Sicht der wissenschaftlichen Werbeforschung«, in: Kellner, J., W. Lippert (Hrsg.), S. 33-35.

Kroeber-Riel, W. (1993), Bildkommunikation, München.

Kroeber-Riel, W. (1994): »Imagerystrategien für die Unternehmenskommunikation. Visuelle Kompetenz«, Absatzwirtschaft, 37. Jg., Heft 3, S. 95-99.

Kroeber-Riel, W. (1998), »Feindbilder – zur Pathologie zwischenmenschlicher Beziehungen«, in: Kroeber-Riel, W., G. Behrens, I. Dombrowski (Hrsg.), S. 163-200.

Kroeber-Riel, W., G. Behrens, I. Dombrowski (Hrsg.) (1998), Kommunikative Beeinflussung in der Gesellschaft – kontrollierte und unbewusste Anwendung von Sozialtechniken, Wiesbaden.

Kroeber-Riel, W., F.-R. Esch (1988), Irritationswirkungen der Werbung, untersucht an Lenor Fernsehspots, Bericht des Instituts für Konsum- und Verhaltensforschung für die Firma Procter & Gamble, Band 1, Saarbrücken.

Kroeber-Riel, W., G. Meyer-Hentschel (1982), Werbung – Steuerung des Konsumentenverhaltens, Würzburg.

Kroeber-Riel, W., B. Neibecker (1983), »Elektronische Datenerhebung: Computergestützte Interviewsysteme«, in: Forschungsgruppe Konsum und Verhalten (Hrsg.), S. 193-208.

Kroeber-Riel, W., P. Weinberg (2003), Konsumentenverhalten, 8. Aufl., München.

Kroehl, H. (1987), Communication Design 2000, Zürich.

Krugman, D. E., G. T. Cameron, C. White (1995), »Visual Attention to Programming and Commercials: The Use of In-Home-Observations«, Journal of Advertising, Vol. 24, No. 1, S. 1-12.

Krugman, H. E. (1975), »What Makes Advertising Effective?«, Harvard Business Review, Vol. 53, March/April, S. 96-103.

Krugman, H. E. (1986), »Low Recall and High Recognition of Advertising«, Journal of Advertising Research, Vol. 26, No. 1, S. 79-86.

Krugman, H. (1977), »Memory Without Recall, Exposure Without Perception«, Journal of Advertising Research, Vol. 17, No. 1, S. 7-12.

Krugmann, H. (1981), »The Impact of Television Advertising: Learning Without Involvement«, in: Kassarjian, H. H., T. S. Robertson (Hrsg.), S. 104-109.

Lachmann, U. (1985), »Apparative Testanordnung – von der Bekehrung eines Zweiflers«, in: Keitz, B. von (Hrsg.), S. 11-34.

Lachmann, U. (1989), »Raten Sie mal ... ob Rätselanzeigen funktionieren«, in: Keitz, B. von (Hrsg.), S. 40-88.

Lachmann, U. (1992), »Kommunikationspolitik bei langlebigen Gebrauchsgütern«, in: Berndt, R., A. Hermanns (Hrsg.), S. 831-856.

Lachmann, U. (2002), Wahrnehmung und Gestaltung von Werbung, Hamburg.

Landwehr, K. (Hrsg.) (1990), Ecological Perception Research, Visual Communication and Aesthetics, Berlin.

Langner, T., F.-R. Esch (2004), »Sozialtechnische Gestaltung der Ästhetik von Produktverpackungen«, in: Gröppel-Klein, A. (Hrsg.), S. 413–440.

Lasogga, F. (1998), »Business-to-Business-Marketing: Mit Emotionen profitieren«, Absatzwirtschaft, 41. Jg., Nr. 6, S. 84-89.

Lasogga, F. (1999), »Emotionale Werbung im Business to Business-Bereich«, Jahrbuch für Absatz- und Verbrauchsforschung, 45. Jg., Heft 1, S. 56–70.

Lastovicka, J. (1983), »A Pilot Test of Krugman's Three Exposure Theory«, in: Percy, L., A. G. Woodside (Hrsg.), S. 333-343.

Laurent, G., J.-N. Kapferer (1985), »Measuring Consumer Involvement Profiles«, Journal of Marketing Research, Vol. 22, February, S. 41-53.

Leigh, J. H., C. R. Martin, Jr. (Hrsg.) (1980), Current Issues and Research in Advertising, University of Michigan.

Leigh, J. H., C. R. Martin, Jr. (Hrsg.) (1985), Current Issues and Research in Advertising, Band 2, University of Michigan, Ann Arbor.

Leigh, J. H., C. R. Martin, Jr. (Hrsg.) (1986), Current Issues and Research in Advertising, Band 9, University of Michigan, Ann Arbor.

Leigh, J. H., C. R. Martin, Jr. (Hrsg.) (1990), Current Issues & Research in Advertising, Band 13, University of Michigan, Ann Arbor.

Leigh, J. H., C. R. Martin, Jr. (Hrsg.) (1991), Current Issues & Research in Advertising, Band 14, University of Michigan, Ann Arbor.

Leiss, W., S. Kline, S. Jhally (1997), Social Communication in Advertising, 2. Aufl., Toronto, New York.

Lenoir, J. (1981), Le Nez du Vin – Les Vins Rouges, Carnoux en Provence.

Leven, W. (1983), »Die Blickfangwirkung der Aufmerksamkeit beim Betrachten von Werbeanzeigen«, Jahrbuch der Absatz- und Verbrauchsforschung, 29. Jg., Nr. 3, S. 247-274.

Leven, W. (1987), »Werbestory-Recall ohne Werbeaussagen-Recall«, Werbeforschung & Praxis, Folge 3, S. 93-98.

Leven, W. (1991), Blickverhalten von Konsumenten. Grundlagen, Messung und Anwendung in der Werbeforschung, Reihe Konsum und Verhalten, Band 30, Heidelberg.

Liu, S. S. (1986), »Picture-Image Memory of TV Advertising in Low-Involvement Situations – A Psychophysiological Analysis«, in: Leigh, J. H., C. R. Martin, Jr. (Hrsg.), S. 27-60.

Lorson, T. (1992), Entwicklung eines Expertensystems zur Beurteilung von Fernsehwerbung, Heidelberg.

Loverock, D. S., V. Modigliani (1995), »Visual Imagery and the Brain: A Review«, Journal of Mental Imagery, Vol. 19, No. 1 & 2, S. 91-132.

Lutz, K. A., R. J. Lutz (1977), »Effects of Interactive Imagery on Learning: Application to Advertising«, Journal of Applied Psychology, Vol. 62, No. 4, S. 493-498.

Lutz, R. J. (Hrsg.) (1986), Advances in Consumer Research, Vol. 13, College of Business Administration, University of Florida, Gainesville.

Lysinski, E. (1919), »Zur Psychologie der Schaufensterreklame«, Zeitschrift für Handelswissenschaft und Handelspraxis, 12. Jg., S. 6 ff.

Maas, J. (1995), Visuelle Schemata in der Werbung – Grundlagen und Anwendung in einem computergestützten Suchsystem zur Bildideenfindung, Dissertation an der Universität des Saarlandes, Saarbrücken.

MacInnis, D., A. Rao, A. Weiss (2002), Assessing when increased Media Weight Helps Sales of Real-World Brands, MSI-Report No. 02-104.

MacInnis, D. J., L. L. Price (1987), »The Role of Imagery in Information Processing: Review and Extensions«, Journal of Consumer Research, Vol. 13, No. 4, S. 473-491.

MacKenzie, S. B., R. J. Lutz, G. E. Belch (1986), »The Role of Attitude Toward the Ad as a Mediator of Advertising Effectiveness: A Test of Competing Explanations«, Journal of Marketing Research, Vol. 23, No. 11, S. 130-143.

MacKenzie, S. B., R. A. Spreng (1992), »How does Motivation Moderate the Impact of Central and Peripheral Processing on Band Attitudes and Intentions?«, Journal of Consumer Research, Vol. 18, March, S. 519-529.

Madigan, S. (1983), »Picture Memory«, in: Yuille, J. C.(Hrsg.), S. 65-89.

Magyar, K. M., P. K. Magyar (1987), Marketingpioniere, Landsberg am Lech.

Marks, D. F. (1990), »On the Relationship Between Imagery, Body and Mind«, in: Hampson, P. J., D. F. Marks, J. T. E. Richardson (Hrsg.), S. 1-38.

Marschark, M., C. Cornoldi (1991), »Imagery and Verbal Memory«, Cornoldi, C., M. A. McDaniel (Hrsg.), S. 153-177.

Martin, M. (1992), Mikrogeographische Marketingsegmentierung, Wiesbaden.

Martini, B.-J. (Hrsg.) (1999), Media Digest 1999: Zeitschriften/Basics, 2/99, Hamburg.

Mattenklott, A. (1998), »Werbewirkung im Umfeld von Fernsehprogrammen: Programmvermittelte Aktivierung und Stimmung«, Zeitschrift für Sozialpsychologie, 29. Jg., Heft 2, S. 175-193.

Mayer, A., R. U. Mayer (1987), Imagetransfer, Hamburg.

Mayer, H., T. Illmann (2000), Markt- und Werbepsychologie, 3. Aufl., Stuttgart.

Mayer, H., J. Siebeck (1997), »Vergleichende Werbung: Aktuelle Ergebnisse zu ihrer Effektivität«, Jahrbuch der Absatz- und Verbrauchsforschung, Heft 4, S. 419-439.

McAlister, L., M. L. Rothschild (1993) (Hrsg.), Advances in Consumer Research, Vol. 20, Provo, UT.

McArthur, D. N., T. Griffin (1997), »A Marketing Management View of Integrated Marketing Communication«, Journal of Advertising Research, Vol. 37, September/October, S. 19-26.

McCollum and Spielman Research (1986 a), Guideposts for More Effective Commercials, hrsg. von der GfK-Marktforschung, Nürnberg.

McCollum and Spielman Research (1986 b), Guide Posts for More Effective Commercials, Great Neck, N.Y.

McCollum and Spielman Research (1986 c), Prolog – A Portrait of how the Consumer Experiences Advertising, Prospekt, Great Neck, N.Y.

McDaniel, M. A., M. Pressley (Hrsg.) (1987), Imagery and Related Mnemonic Processes, New York, Berlin u.a.

McDonald, M., I. Dunbar (1995), Market Segmentation. A Stepp by Stepp Approach to Create Profitable Market Segments, Basingstoke, Hampshire.

McQuarrie, E. F., D. G. Mick (1999), »Visual Rhetoric in Advertising: Text-Interpretive, Experimental, and Reader-Response Analyses«, Journal of Consumer Research, Vol. 26, June, S. 37-54.

Mednick, S. A., H. A. Pollio, E. F. Loftus (1977), Psychologie des Lernens, 2. Aufl., München.

Meffert, H. (1983), »Strategische Planungskonzepte in stagnierenden und gesättigten Märkten«, DBW – Die Betriebswirtschaft, 43. Jg., Nr. 2, S. 193-209.

Meffert, H. (1988), »Strategisches Marketing und Corporate Future – Thesen zum Thema«, Marketing ZFP, 10. Jg., Nr. 1, S. 77-78.

Meffert, H. (2000), Marketing: Grundlagen marktorientierter Unternehmensführung, 9. Aufl., Wiesbaden.

Mehrabian, A. (1987), Räume des Alltags oder wie die Umwelt unser Verhalten bestimmt, Frankfurt/Main, New York.

Mercer, C. (1996), »The Bizarre Imagery-Effect on Memory«, Journal of Mental Imagery, Vol. 20, No. 3 & 4, S. 141-152.

Merten, K. (1994), Die Wirklichkeit der Medien, Opladen.

Merten, K., S. J. Schmidt, S. Weischenberg (1998), Die Wirklichkeit der Medien. Eine Einführung in die Kommunikationswissenschaft, Opladen.

Messaris, P. (1997), Visual Persuasion: The Role of Images in Advertising, London.

Meurs, L. van (1998), »Zapp! A study on switching behavior during commercial breaks«, Journal of Advertising Research, Vol. 38, No. 1, S. 43-53.

Meyer, S. (1999), »Die fühlbare Marke«, Absatzwirtschaft, 42. Jg., Heft 2, S. 88-93.

Meyer, S. (2001), Produkthaptik: Messung, Gestaltung und Wirkung aus verhaltenswissenschaftlicher Sicht, Wiesbaden.

Meyer-Hentschel Management Consulting (1993), Erfolgreiche Anzeigen: Kriterien und Beispiele zur Beurteilung und Gestaltung, 2. Aufl., Wiesbaden.

Meyer-Hentschel, G. (1983), Aktivierungswirkung von Anzeigen – Messverfahren für die Praxis, Würzburg, Wien.

Meyer-Hentschel, G. (1984), »Consumer Evaluation of Informative and Non-informative Ads«, in: Kinnear, T. C. (Hrsg.), S. 597-600.

Meyer-Hentschel, G. (1988), Erfolgreiche Anzeigen, Wiesbaden.

Meyers-Levy, J., A. M. Tybout (1989), »Schema Congruity as a Basis for Product Evaluation«, Journal of Consumer Research, Vol. 16, June, S. 39-54.

MGM Media Gruppe München (1999), Tandemspots: Killer oder Knüller?, Media Gruppe München, Werbeforschung und -vermarktung GmbH & Co. KG.

Michael, B. M. (1994), Herstellermarken und Handelsmarken ... wer setzt sich durch?, Düsseldorf.

Michaelis, K. (2001), »Gefährliche Star-Allüren«, Werben & Verkaufen, Heft 18, S. 23–28.

Mick, D. G. (1986), »Consumer Research and Semiotics: Exploring the Morphology of Signs, Symbols and Significance«, Journal of Consumer Research, Vol. 13, No. 2, S. 196-213.

Miller, G. A. (1956), »The Magic Number Seven, Plus or Minus Two: Some Limits on our Capacity for Processing Information«, Psychological Review, Vol. 63, S. 81-97.

Miller, S., L. Berry (1998), »Brand Salience versus Brand Image: Two Theories of Advertising Effectiveness«, Journal of Advertising Research, Vol. 38, No. 5, S. 77-82.

Miniard, P. W., S. Bhatla, K. R. Lord, P. R. Dickson, H. R. Unnava (1991), »Picture-based Persuasion Processes and the Moderating Role of Involvement«, Journal of Consumer Research, Vol. 18, No. 1, S. 92-107.

Miniard, P. W., D. Sirdeshmukh, D. E. Innis (1992), »Peripheral Persuasion and Brand Choice«, Journal of Consumer Research, Vol. 17, September, S. 226-239.

Mitchell, A. A., J. C. Olson (1981) »Are Product Attribute Reliefs the only Motivator of Advertising Effects on Band Attitudes?«, Journal of Marketing Research, Vol. 18, August, S. 318-332.

Mittelstaedt, J. D., P. C. Riesz, W. J. Burns (2000), »Why are Endorsements Effective? Sorting Among Theories of Product and Endorser Effects«, Journal of Current Issues and Research in Advertising, Vol. 22, No. 1, S. 55–65.

Moore, T. E. (1982, 1991), »Subliminal Advertising – What You See Is What You Get«, Journal of Marketing, Vol. 46, Spring 1982, S. 38-47, wiederabgedruckt in Kasserjian, H. H., T. S. Robertson (1991), S. 75-88.

Mord, M. S., E. Gilson (1985), »Shorter Units: Risk – Responsibility – Reward«, Journal of Advertising Research, Vol. 25, S. 9-19.

Morgan, J., P. Welton (1992), See What I Mean. An Introduction to Visual Communication, 2. Aufl., London, New York u. a.

MTP e. V. Alumni, U. Hauser (1997), Erfolgreiches Markenmanagement, Wiesbaden.

Muehling, D. D., R. N. Laczniak, J. C. Andrews (1993), »Defining, Operationalizing, and Using Involvement in Advertising Research: A Review«, Journal of Current Issues and Research in Advertising, Vol. 15, No. 1, Spring, S. 21-57.

Müller, R. (1998), »Wo Sound-Designer Produkte vertonen«, Marketing Journal, 31. Jg., Nr. 4, S. 261-263.

Murry, J. P., J. L. Lartovicka, S. N. Singh (1992), »Feeling and Liking Responses to Television Programs: An Examination of two Explamations for Media-Context Effects«, Journal of Consumer Research, Vol. 18, No. 5, S. 441-452.

Naisbitt, J. (1985), Megatrends – 10 Perspektiven, die unser Leben verändern werden, 2. Aufl., Bayreuth.

Naisbitt, J., P. Aburdene (1991), Megatrends 2000 – Zehn Perspektiven für den Weg ins nächste Jahrtausend, Düsseldorf.

Neese, W. T., R. D. Taylor (1994), »Verbal Strategie for Indirect Comparative Advertising«, Journal of Advertising Research, Vol. 34, No. 2, S. 56-69.

Neibecker, B. (1985), Konsumentenemotionen. Messung durch computergestützte Verfahren, Würzburg, Wien.

Neibecker, B. (1987 a), »Werben mit Bildern«, Marketing Journal, 20. Jg., Nr. 4, S. 356-361.

Neibecker, B. (1987 b), »The Dynamic Component in Attitudes Towards the Stimulus«, in: Wallendorf, M., P. Anderson (Hrsg.), S. 482-486.

Neibecker, B. (1990), Werbewirkungsanalyse mit Expertensystemen, Reihe Konsum und Verhalten, Band 26, Heidelberg.

Nickel, O. (1997), Werbemonitoring: computergestütztes Verfahren zur Konkurrenzanalyse, Wiesbaden.

Nickel, O. (1998) (Hrsg.), Eventmarketing: Grundlagen und Erfolgsbeispiele, München.

Nisbett, R. E., L. Ross (1980), Human Inference: Strategies and Shortcomings of Social Judgement, Englewood Cliffs, N. J.

Nommensen, J. N. (1990), Die Prägnanz von Markenbildern, Reihe Konsum und Verhalten, Band 25, Heidelberg.

o. V. (1986), »Das Prestige des Lesens ist gesunken – Bilanz der Jugend-Medien-Studie: Dramatischer Niedergang der Buchkultur«, Der Spiegel, 40. Jg., Nr. 10, S. 108-112.

o. V. (2003), »Zielgruppen & Medien: Unwucht der Fernsehwerbung«, Stern Media Business, Nr. 2, S. 4.

Ogilvy Center for Research and Development (Hrsg.) (1986), Attitude Accessibility: On the Trail of a New Tool for Predicting Brand Choice, Arbeitspapier, San Francisco.

Ogilvy Center for Research and Development (Hrsg.) (1987), Putting the Advertising on the Package – A Research Review, San Francisco.

O'Guinn, T. C., L. J. Shrum (1997), »The Role of Television in the Construction of Consumer Reality«, Journal of Consumer Research, Vol. 23, No. 4, S. 278-294.

O'Keefe, D. J. (2002), Persuasion – Theory and Research, 2. Aufl., Newbury Park, London u. a.

Olson, J. C., K. Sentis (Hrsg.) (1986), Advertising and Consumer Psychology, Vol. 3, New York, Westport, Conn., London.

Opaschowski, H. W. (1993), Freizeitökonomie: Marketing von Erlebniswelten, Opladen.

Opaschowski, H. W. (1998), »Vom Versorgungs- zum Erlebniskonsum: Die Folgen des Wertewandels«, in: Nickel, O. (Hrsg.), S. 25-38.

Opaschowski, H. W. (2001), Deutschland 2010: Wie wir morgen leben, Hamburg.

Osherson, D. N., S. M. Kosslyn, J. M. Hollerbach (Hrsg.) (1990), Visual Cognition and Action, Vol. 2, Cambridge/Mass., London.

Ottler, S. (1998), Zapping: Zum selektiven Umgang mit Fernsehwerbung und deren Bedeutung für die Vermarktung der Fernsehwerbezeit, München.

Paivio, A. (1991), Images in Mind: The Evolution of a Theory, New York, London.

Pasquier, M. (1997), Plakatwirkungsforschung: Theoretische Grundlagen und praktische Ansätze, Freiburg (Schweiz).

Pasquier, M., M. Weiss, P. Felser (1994), Die Kommunikation im Jahr 2001. Eine Delphi-Studie zu den Entwicklungstendenzen der Marketingkommunikation unter besonderer Berücksichtigung der Werbung, Verband der Schweizerischen Werbewirtschaft und Institut für Marketing und Unternehmensführung der Universität Bern.

Pasquier, M., C. Dreosso, A. Rauch (2004), Kommunikation 2010. Eine Delphi-Studie zur Entwicklung der Marketing-Kommunikation, Bern, Stuttgart, Wien.

Pechman, C., D. W. Stewart (1990), »The Effects of Comparative Advertising on Attention, Memory, and Purchase Intentions«, Journal of Consumer Research, Vol. 17, September, S. 180-191.

Pechman, C., D. W. Stewart (1991), »How Direct Comparative Ads and Market Share Affect Brand Choice«, Journal of Advertising Research, Vol. 31, December, S. 47-55.

Percy, L. (1989), »The Influence of Pictures on Advertising Effectiveness«, in: Keitz, B. von (Hrsg.), S. 18-26.

Percy, L. (1997), Strategies for Implementing Integrated Marketing Communications, NTC Books, Lincolnwood, III.

Percy, L., J. R. Rossiter (1983), »Mediating Effects of Visual and Verbal Elements in Print Advertising Upon Belief, Attitude, and Intention Responses«, in: Percy, L., A. G. Woodside (Hrsg.), S. 171-196.

Percy, L., A. G. Woodside (Hrsg.) (1983), Advertising and Consumer Psychology, Lexington, Mass., Toronto.

Petri, C. (1987), Kommunikationstechnische Gestaltung von Bildzeitung und USA Today, Diplomarbeit, Fachbereich Wirtschaftswissenschaften, Universität des Saarlandes (Prof. Dr. W. Kroeber-Riel), Saarbrücken.

Petri, C. (1992), Entstehung und Entwicklung kreativer Werbeideen, Heidelberg.

Petty, R. E., J. T. Cacioppo (1983), »Central and Peripheral Routes to Persuasion: Application to Advertising«, in: Percy, L., A. G. Woodside (Hrsg.), S. 3-24.

Pieters, R., E. Rosenbergen, M. Wedel (1999), »Visual Attention to Repeated Print Advertising: A Test of Scanpath Theory«, Journal of Marketing Research, Vol. 36, November, S. 424-438.

Pitts, R. E., A. G. Woodside (1984), Personal Values and Consumer Psychology, Lexington.

Popcorn, F. (1999), »Clicking« – Der neue Popcorn Report, München.

Postman, N. (1985), Wir amüsieren uns zu Tode, Frankfurt.

Puto, C. P., W. D. Wells (1984), »Informational and Transformational Advertising – The Differential Effects of Time«, in: Kinnear, T. C. (Hrsg.), S. 638-643.

Quintilianus, M. F. (1972), Ausbildung des Redners. Zwölf Bücher, hrsg. und übersetzt von Rahn, H., Erster Teil: Buch I – VI, Darmstadt.

Raffée, H., K.-P. Wiedmann (1988), »Der Wertewandel als Herausforderung für Marketingforschung und Marketingpraxis«, Marketing ZFP, 10. Jg., Nr. 3, S. 198-210.

Ray, M. L. (1982), Advertising and Communication Management, Englewood Cliffs, N. J.

Rayner, K. (Hrsg.) (1983), Eye Movements in Reading – Perceptual and Language Processes, New York, London u. a.

Rehorn, J. (1985), »Gefahr für die Psychos«, werben & verkaufen, Nr. 33, S. 6.

Rehorn, J. (1986), »Bessere Marktforschung durch Maschinen«, Absatzwirtschaft, 29. Jg., Nr. 6, S. 82-93.

Reiter, W. M., R. Karpenfeld (Hrsg.) (1983), Mediapraxis-Handbuch für die Mediaplanung, Frankfurt/Main.

Ries, A., J. Trout (1981), Positioning: The Battle For Your Mind, New York, St. Louis. Übersetzung: Positionierung – die neue Werbestrategie, Hamburg 1986.

RMS/IPA (Radio Marketing Service/ Information et Publicité Allemagne) (Hrsg.) (1990), Visual Transfer '90 – Beitrag zur Werbewirksamkeit der Hörfunkwerbung im Media-Mix, Hamburg, Frankfurt/Main.

Rosenshine, A. G. (1985), »Das Image von Imagery«, Werbeforschung & Praxis, 29. Jg., Nr. 4, S. 135-137.

Rosenstiel, L. von (1990), »Die Macht des ersten Eindrucks«, Absatzwirtschaft, 33. Jg. , Nr. 4, S. 64-72.

Rosenstiel, L. von, A. Kirsch (1996), Psychologie der Werbung, Rosenheim.

Rossiter, J. R., L. Percy (1983), »Visual Communication in Advertising«, in: Harris, R. J. (Hrsg.), S. 83-126.

Rossiter, J. R., L. Percy (1997), Advertising Communications & Promotion Management, 2. Aufl., New York, St. Louis u. a.

Rossmann, R. (2000), Werbeflucht per Knopfdruck. Ausmaß und Ursachen der Vermeidung von Fernsehwerbung, Angewandte Medienforschung – Schriftenreihe des Medien Instituts Ludwigshafen, Bd. 15, Reinhard Fischer, München.

Roth, P. (Hrsg.) (1986), Sportwerbung. Grundlagen – Strategien – Fallbeispiele, Landsberg am Lech.

Rothschild, M. L. (1987), Marketing Communications, Lexington, Mass.

Ruge, H.-D. (1988), Die Messung bildhafter Konsumerlebnisse – Entwicklung und Test einer neuen Messmethode, Heidelberg.

Ruge, H.-D. (2001), »Aufbau von Markenbildern«, in: Esch, F.-R. (Hrsg.), S. 165-184.

Ruge, H.-D., T. Andresen (1994), »Acht Barrieren für die strategische Bildkommunikation«, in: Forschungsgruppe Konsum und Verhalten (Hrsg.), S. 139-156.

Russel, T. R., W. R. Lane (1996), Klepper's Advertising Procedure, 13. Aufl., Englewood Cliffs, N. J.

Rust, H. (1988), »Fünf Jahre USA Today – das Wunderkind aus einer Top-Familie«, Medien, 1. Jg., Nr. 1, S. 45-54.

Sauer, P. L., P. R. Dickson, K. R. Lord (1992), »A Multiphase Thought Elicitation Coding Scheme for Cognitive Response Analysis«, in: Sherry, J. F., B. Sternthal (Hrsg.), S. 826-834.

Schacter, D. L. (1987), »Implicit Memory: History and Current Status«, Journal of Experimental Psychology: Learning, Memory, and Cognition, Vol. 13, July, S. 501-518.

Scheer, A.-W. (Hrsg.) (1988), Einsatz von Expertensystemen in der Betriebswirtschaftslehre, Wiesbaden.

Schenk, M. (2002), Medienwirkungsforschung, 2. Aufl., Tübingen.

Schenk, M., J. H. Donnerstag, J. Höflich (1990), Wirkungen der Werbekommunikation, Köln, Wien.

Schierl, T. (2000), »Veränderungen der Werbung im Zeitalter der Informationsüberlastung«, Transfer – Werbeforschung & Praxis, Heft 1, S. 28–32.

Schirner, M. (1991), Werbung ist Kunst, 2. Aufl., München.

Schirner, M. (1991), »Wie Werbung fasziniert«, werben & verkaufen, Nr. 35, S. 10.

Schmalen, W. (1992), Kommunikationspolitik. Werbeplanung, 2. Aufl., Stuttgart u. a.

Schmitt, B., A. Simonson (1998), Marketing-Ästhetik: Strategisches Management von Marken, Identity und Image, München, Düsseldorf.

Schmitt, B., A. Simonson (2000), »Marketing-Ästhetik für Marken«, in: Esch, F.-R. (Hrsg.), S. 209-232.

Schneider, W. (1996), »Deutsch für Kenner«, 7. Aufl., Hamburg.

Schneller, J. (1997), »Kommunikationstechnologie: Was war – was kommt?«, Marketing Journal, 30, Jg., Heft 6, S. 366-370.

Schub, G. (1983), »Ändern sich die Frauen schneller als das Marketing«, Absatzwirtschaft, 26. Jg., Sonderausgabe Nr. 19, S. 24-34.

Schultz, D. E., P. J. Kitchen (1997), »Integrated Marketing Communications in U.S. Advertising Agencies: An Exploratory Study«, Journal of Advertising Research, Vol. 37, September/October, S. 7-18.

Schultz, D. E., S. I. Tannenbaum, R. F. Lauterborn (1994), Integrated Marketing Communications, Chicago, IL.

Schulze, G. (1992), Die Erlebnisgesellschaft, 2. Aufl., Frankfurt/Main.

Schulze, G. (1998), »Die Zukunft der Erlebnisgesellschaft«, in: Nickel, O. (Hrsg.), München, S. 303-316.

Schumann, D. W., E. Thorson (1990), »The Influence of Viewing Context on Commercial Effectiveness: A Selection Process Modell«, Current Issues and Research in Advertising, Vol. 12, S. 1-24.

Schunke, M. (1986), Schlüsselworte erfolgreicher Anzeigen. 2000 Anzeigen und was sie gebracht haben, Bonn.

Schürmann, P. (1988), Werte und Konsumverhalten, München.

Schuster, M. (1978), »Biologisch bedeutsame Abläufe und ihre Bilder – Beiträge der vergleichenden Verhaltensforschung«, in: Schuster, M., H. Beisl (Hrsg.).

Schuster, M. (2002), Wodurch Bilder wirken – Psychologie der Kunst, 4. Aufl., Köln.

Schuster, M., H. Beisl (Hrsg.) (2000), Kunst-Psychologie, 2. Aufl., Köln.

Schuster, M., J. Wickert (1989), »Die Metapher als Figur der Bildkommunikation«, in: Schuster, M., B. P. Woschek (Hrsg.) (1989 a), S. 53-72.

Schuster, M., B. P. Woschek (Hrsg.) (1989 a), Nonverbale Kommunikation durch Bilder, Stuttgart.

Schuster, M., B. P. Woschek (Hrsg.) (1989 b), »Bildhafte und verbale Kommunikation«, in: Schuster, Woschek (Hrsg.) (1989 a), S. 3-22.

Schwarz, C., F. Sturm, W. Klose (Hrsg.) (1987), Marketing 2000, Wiesbaden.

Schweiger, G., H. Hruschka (1977), »Erklärung und Prognose der Anzeigenwirkung – ein ökonometrischer Ansatz: dargestellt am Beispiel der Kennziffern-Fachzeitschrift »Elektro Anzeiger« des Girardet-Verlages«, Essen, Arbeitspapiere der absatzwirtschaftlichen Institute der Wirtschaftsuniversität Wien, Wien.

Schweiger, G., G. Schrattenecker (2001), Werbung – eine Einführung, 5. Aufl., Stuttgart u. a.

Scott, L. M., (1994), »Images in Advertising: The Need for a Theory of Visual Rhetoric«, Journal of Consumer Research, Vol. 21, September, S. 252-273.

Sebastian, K.-H., H. Simon (1989), »Wie Unternehmen ihre Produkte genauer positionieren«, Harvard Manager, 11. Jg., Heft 1, S. 89-97.

Segalowitz, N. S. (1982), »The Perception of Semantic Relations in Pictures«, Memory & Cognition, Vol. 10, No. 4, S. 381-388.

Séguéla, J. (1983), Hollywood wäscht weißer, Landsberg am Lech.

Shapiro, S., D. J. MacInnis, S. E. Heckler (1997), »The Effects of Incidental Ad Exposure on the Formation of Consideration Sets«, Journal of Consumer Research, Vol. 24, No. 3, S. 94-104.

Sheikh, A. A. (Hrsg.) (1983), Imagery: Current Theory, Research and Application, New York, Chichester u. a.

Sherman, S. J. (1987), »Cognitive Processes in the Formation, Change and Expression of Attitudes«, in: Zanna, M. P., J. M. Olson, C. P. Herman (Hrsg.), S. 75-106.

Sherry, J. F., B. Sternthal (Hrsg.) (1992), Advances in Consumer Research, Vol. 19: Diversity in Consumer Behavior, Provo, UT.

Sheth, J. N. (Hrsg.) (1987), Research in Marketing – A Research Annual, Vol. 9, Greenwich, London.

Shimp, T. A. (1999), Advertising, Promotion and Supplemental Aspects of Integrated Marketing Communications, 5. Aufl., Fort Worth, Philadelphia u. a.

Sieh, H. C., U. Bernhard (1984), »Chemiegemeinschaftswerbung«, Marketing ZFP, 6. Jg., Nr. 2, S. 99-106.

Singh, S. N., C. A. Cole (1993), »The Effects of Length, Content, and Repetition on Television Commercial Effectiveness«, Journal of Marketing Research, Vol. 30, February, S. 91-104.

Singh, S. N., V. P. Lessig, D. Kim, R. Gupta, M. A. Hocutt (2000), »Does Your Ad Have Too Many Pictures?«, Journal of Advertising Research, Vol. 40, January, S. 11–27.

Soldow, G. F., V. Principe (1981), »Response to Commercials as a Function of Programm Context«, Journal of Advertising Research, Vol. 21, No. 2, S. 59-65.

Specht, G., G. Silberer, W. H. Engelhardt (Hrsg.) (1989), Marketing-Schnittstellen, Herausforderungen für das Management, Stuttgart.

Spoehr, K. T., S. W. Lehmkuhle (1982), Visual Information Processing, San Francisco.

Srull, T. K. (Hrsg.) (1989), Advances in Consumer Research, Vol. 16, Provo, UT.

Staats, A. W., C. K. Staats (1978), »Erzeugung von Einstellungen durch klassische Konditionierung«, in: Stroebe, W. (Hrsg.), S. 393-403.

Standing, L., J. Conezio, R. N. Haber (1970), »Perception and Memory for Pictures: Single-Trial Learning of 2500 Visual Stimuli«, Psychonomic Science, Vol. 19, No. 2, S. 73-74.

Stankowsky, A., K. Duschek (1994), Visuelle Kommunikation, Berlin.

Stanton, J. L., J. Burke (1998), »Comparative Effectiveness of Executional Elements in TV Advertising: 15- versus 13-second Commercials«, Journal of Advertising Research, Vol. 38, No. 6, November/December, S. 7-14.

Stark, S. (1992), Stilwandel von Zeitschriften und Zeitschriftenwerbung, Reihe Konsum und Verhalten, Band 32, Heidelberg.

Steffenhagen, H. (2000), Wirkungen der Werbung: Konzepte – Erklärungen – Befunde, 2. Aufl., Aachen.

Stern Bibliothek (1994), 6000 Anzeigen-Copytests im Stern, Stern Anzeigenabteilung, Hamburg.

Stern, W. (Hrsg.) (1981), Handbook of Package Design Research, New York, Chichester.

Sternthal, B., C. S. Craig (1982), Consumer Behavior – An Information Processing Perspective, Englewood Cliffs, N. J.

Stewart, D. W., C. Pechmann, S. Ratneshwar, J. Stroud, B. Bryant (1985), »Methodological and Theoretical Foundations of Advertising Copytesting: A Review«, in: Leigh, J. H., C. R. Martin, Jr. (Hrsg.), S. 1-74.

Stewart, D. W., G. N Punj (1998), »Effects of Using a Nonverbal (Musical) Cue on Recall and Playback of Television Advertising: Implications for Advertising Tracking«, Journal of Business Research, Vol. 42, No. 1, S. 39-51.

Stillman, J., T. Kemp (1993), »Visual versus Auditory Imagination: Image Qualities, Perceptual Qualities and Memory«, Journal of Mental Imagery, Vol. 17, No. 3 & 4, S. 181-194.

Stockmann, B. (1995), Werbung im Fernsehen, Ulm.

Stone, G., D. Besser, L. E. Lewis (2000), »Recall, Liking, and Creativity in TV Commercials: A New Approach«, Journal of Advertising Research, May/June, S. 7–18.

Stroebe, W. (Hrsg.) (1978), Sozialpsychologie, Band 1: Interpersonale Wahrnehmung und soziale Einstellungen, Darmstadt.

Stuart, E. W., T. A. Shimp, R. W. Engle (1987), »Classical Conditioning of Consumer Attitudes: Four Experiments in an Advertising Context«, Journal of Consumer Research, Vol. 14, No. 3, S. 334-349.

Sturm, H. (1989), »Wissensvermittlung und Rezipient: Die Defizite des Fernsehens«, Wissensvermittlung, Medien und Gesellschaft, Gütersloh, S. 47-76.

Süskind, P. (1985), Das Parfum, die Geschichte eines Mörders, Zürich.

Sutherland, M., J. Galloway (1981), »Role of Advertising: Persuasion or Agenda Setting?«, Journal of Advertising Research, Vol. 21, No. 5, S. 25-30.

Szallies, R., G. Wiswede (Hrsg.) (1991), Wertewandel und Konsum, Fakten, Perspektiven und Szenarien für Markt und Marketing, 2. Aufl., Landsberg am Lech.

Tani, H. (Hrsg.) (1983), Asahi Kamera, Band 68, Nr. 9, Tokyo, Osaka, Nugoya, Kitakyusha.

Thorson, E. (1990), »Consumer Processing of Advertising«, in: Leigh, J. H., C. R. Martin, Jr. (Hrsg.), S. 197-230.

Thorson, E., J. Moore (Hrsg.) (1996), Integrated Communication: Synergy of Persuasive Voices, Hillsdale, N. J.

Tietz, B. (Hrsg.) (1981), Die Werbung. Handbuch der Kommunikations- und Werbewirtschaft, Band 1, Landsberg am Lech.

Tietz, B. (1982), »Die Wertedynamik der Konsumenten und Unternehmer in ihren Konsequenzen auf das Marketing«, Marketing ZFP, 4. Jg., Nr. 2, S.91-102.

Tietz, B., R. Köhler, J. Zentes (Hrsg.) (1995), Handwörterbuch des Marketing, 2. Aufl., Stuttgart.

Tomczak, T., T. Rudolph, A. Roosdorp (Hrsg.) (1996), Positionierung – Kernentscheidung des Marketing, St. Gallen.

Tracy, R. J., L. S. Roesner, R. N. Kovac (1988), »The Effect of Visual Versus Auditory Imagery on Vividness and Memory«, Journal of Mental Imagery, Vol. 12, No. 3 & 4, S. 145-162.

Treistman, J. (1987), »Schlüsselbotschaft«, werben & verkaufen, Nr. 46, S.92-99.

Trommsdorff, V. (Hrsg.) (1995), Handelsforschung 1995/1996, Jahrbuch der Forschungsstelle für den Handel Berlin (FfH) e. V., Wiesbaden.

Trommsdorff, V. (2003), Konsumentenverhalten, 5. Aufl., Stuttgart.

Trommsdorff, V., M. Ernst (1983), »Automatische Auswertungsverfahren«, in: Forschungsgruppe Konsum und Verhalten (Hrsg.), S. 237-257.

Umiker-Sebeok, J. (1987), Marketing and Semiotics, New Directions in the Study of Sign for Sale, Berlin, New York.

Unger, F. (Hrsg.) (1986), Konsumentenpsychologie und Markenartikel, Heidelberg, Wien.

Unnava, H. R., R. E. Burnkrant (1991), »An Imagery-processing View of the Role of Pictures in Print Advertisements«, Journal of Marketing Research, Vol. 28, No. 2, S. 226-231.

Vinh, A.-L. (1994), Die Wirkungen von Musik in der Fernsehwerbung, Hellstadt.

Visual Transfer '90 – ein Beitrag zur Werbewirksamkeit der Hörfunkwerbung im Media-Mix, hrsg. von RMS Radio Marketing Service Lutz Kuckuck, Hamburg und Information et Publicité Allemagne Jean Méry (1990), Frankfurt/Main.

Vögele, S. (1986), Einführung in das Leseverhalten im Direkt-Marketing, DMI-Lehrfilm Nr. 1, mit Begleit-Broschüre, hrsg. vom Institut für Direktmarketing, Gelting bei München.

Vögele, S. (2003), 99 Erfolgsregeln für Direktmarketing: der Praxisratgeber für alle Branchen, 5. Aufl., Landsberg/Lech.

Wagner, R. (1978), »Studie zur emotionalen und assoziativen Wirkung von Musik«, Psychologie in Erziehung und Unterricht, 25. Jg., S. 374-376.

Walker, D., M. F. von Gonten (1989), »Die Spreu vom Weizen trennen: was gute Spots von schlechten trennt«, Viertel-Jahresheft für Media und Werbewirkung, Nr. 4, S. 5-9.

Wallendorf, M., P. Anderson (Hrsg.) (1987), Advances in Consumer Research, Vol. 14, Provo, UT.

Weidenmann, B. (1988), Psychische Prozesse beim Verstehen von Bildern, Huber Psychologie-Forschung, Bern, Stuttgart.

Weinberg, P. (1986), Nonverbale Marktkommunikation, Reihe Konsum und Verhalten, Band 11, Heidelberg.

Weinberg, P. (1992), Erlebnismarketing, München.

Weinstein, A. (1987), Market Segmentation: Using Demographics, Psychographics and Other Segmentation Techniques to Uncover and Exploit New Markets, Chicago.

Wember, B. (1983), Wie informiert das Fernsehen?, 3. Aufl., München.

Wettig, H. (1988), »Der Zuschauer vor dem Bildschirm: Scharfer Blick durch die Mattscheibe«, werben & verkaufen, Nr. 16, S. 46-56.

Williamson, J. (1978, 1987), Decoding Advertisements – Ideology and Meaning in Advertising, reprint 1987, London, New York.

Wimmer, R.-M. (1980), Wiederholungswirkungen der Werbung – eine empirische Untersuchung von Kontaktwiederholungen bei emotionaler Werbung, Gruner & Jahr, Schriftenreihe Nr. 25, Hamburg.

Wind, Y. J. (1982), Product Policy. Concepts, Methods and Strategy, Reading, Mass.

Windhorst, K.-G. (1985), Wertewandel und Konsumentenverhalten, Münster.

Winterhoff-Spurk, P. (1986), Fernsehen: Psychologische Befunde zur Medienwirkung, Bern, Stuttgart, Toronto.

Winterhoff-Spurk, P. (1989), Fernsehen und Weltwissen, Opladen.

Wiswede, G. (1991), »Der neue Konsument im Lichte des Wertewandels«, in: Szallies, R., G. Wiswede (Hrsg.), S. 11-40.

Wolf, H. (1988), Visual Thinking – Methods for Making Images Memorable, New York.

Woll, E. (1997), Erlebniswelten und Stimmungen in der Anzeigenwerbung – Analyse emotionaler Werbebotschaften, Wiesbaden.

Wollen, K. A., A. Weber, D. H. Lowry (1972),»Bizarreness versus Interaction of Mental Images as Determinants of Learning«, Cognitive Psychology, Vol. 3, No. 3, S. 518-523.

Woltman Elpers, J. L. C. M., M. Wedel, R. G. M. Pieters (2003),»Why Do Consumers Stop Viewing Television Commercial? Two Experiments on the Influence of Moment-to-Moment Entertainment and Information Value«, Journal of Marketing Research, Vol. XL, November, S. 437–453.

Wüthrich, H. A. (1991), Neuland des strategischen Denkens. Von der Strategietechnokratie zum mentalen Management, Wiesbaden.

Young, E. C. (1981),»Determining Conspicuity and Shelf Impact Through Eye Movement Tracking«, in: Stern, W. (Hrsg.), S. 535-542.

Yuille, J. C. (Hrsg.) (1983), Imagery, Memory and Cognition, Hillsdale, N. J.

Zaichkowsky, J. L. (1985),»Measuring the Involvement Construct«, Journal of Consumer Research, Vol. 12, December, S. 341-352.

Zajonc, R. B. (1980),»Feeling and Thinking. Preferences Need No Inferences«, American Psychologist, Vol. 35, S. 151-175.

Zajonc, R. B. (1968),»Attitudinal Effects of More Exposure«, Journal of Personality and Social Psychology, Monograph Supplement, Vol. 9, S. 1-27.

Zajonc, R. B., H. Markus (1982),»Affective and Cognitive Factors in Preferences«, Journal of Consumer Research, Vol. 9, No. 2, S. 123-131.

Zanna, M. P., J. M. Olson, C. P. Herman (Hrsg.) (1987), Social Influence: The Ontario Symposium, Vol. 5, Hillsdale, N. J., London.

Zentes, J. (1987),»Neuere Entwicklungen in der Marktforschung: Datengewinnung«, Marketing ZFP, 9. Jg., Nr. 1, S. 37-42.

Stichwortverzeichnis

323

Namensverzeichnis von Produkten, Dienstleistungen, Marken und Firmen

327

Herausgegeben von Hermann Diller Richard Köhler

Heymo Böhler

Marktforschung

3., völlig neu bearbeitete
und erweiterte Auflage 2004
276 Seiten. 92 Abb. 5 Tab. Kart.
€ 26,–
ISBN 3-17-018155-6

EINE REZENSION ZUR VORAUFLAGE:

„ Aufgaben, Durchführung und Auswertung der Marktforschung ... werden hier von dem Bayreuther Betriebswirt kompetent und umfassend dargestellt ... Anhand vieler Beispiele wird verdeutlicht, wie das Datenmaterial interpretierbar ist. Wer sich über die moderne Marktforschungsmethodik informieren will, kommt an diesem Lehrbuch nicht vorbei.

(Studium) **„**

Der Autor:

Prof. Dr. **Heymo Böhler** lehrt Betriebswirtschaftslehre, insbesondere Marketing, an der Universität Bayreuth.

W. Kohlhammer GmbH
70549 Stuttgart · Tel. 0711/7863 - 7280 · Fax 0711/7863 - 8430

Herausgegeben von Hermann Diller Richard Köhler

Thomas Jenner

Marketing-Planung

2003. 244 Seiten
49 Abb. 17 Tab. Kart.
€ 25,–
ISBN 3-17-017808-3

Angesichts einer zunehmenden Umweltdynamik nimmt die Halbwertszeit Erfolg versprechender Marketingkonzepte tendenziell ab. Der Prozess der Marketing-Planung gewinnt hingegen an Bedeutung.

Er stellt die Basis für die Modifikation bestehender oder die Generierung neuer Konzepte dar. Ziel des Lehrbuches ist es, die verschiedenen Aspekte der Marketing-Planung aufzuzeigen sowie eingehend zu analysieren. Dazu werden Aspekte der Marketing-Planung aus einer verhaltenswissenschaftlichen Perspektive betrachtet. Zusätzlich werden Fragen der Implementierung und Kontrolle behandelt, die in engem Zusammenhang zur Marketing-Planung stehen.

Der Autor:

PD Dr. **Thomas Jenner** ist Dozent an der Marmara-Universität in Istanbul.

W. Kohlhammer GmbH
70549 Stuttgart · Tel. 0711/7863 - 7280 · Fax 0711/7863 - 8430

Herausgegeben von Hermann Diller Richard Köhler

EDITION
MARKETING

Hartwig Steffenhagen

Marketing

Eine Einführung
5., vollständig überarbeitete
Auflage 2004. 304 Seiten. Kart.
€ 32,–
ISBN 3-17-018168-8

REZENSION ZU EINER VORAUFLAGE:

„Daß Marketing erheblich mehr als nur Werbung ist und daß Werbung eben nur eines der Marketing-Instrumente ist und daß ein Abendlehrgang über ‚marktbezogene Marktkommunikation' noch lange nichts Gravierendes über Marketing aussagt – dieses Buch macht es deutlich und klar. Und es ist eine hervorragende Einführung in das gesamte Marketing – knapp, kurz–, aber informativ und anschaulich."

(WVW Info)

Der Autor:

Univ.-Prof. **Dr. Hartwig Steffenhagen** lehrt Betriebswirtschaftslehre, insbesondere Unternehmenspolitik und Marketing, an der RWTH Aachen.

W. Kohlhammer GmbH
70549 Stuttgart · Tel. 0711/7863 - 7280 · Fax 0711/7863 - 8430